KB263540

국내외 사물인터넷 산업분석보고서 2024개정판

저자 비피기술거래 비피제이기술거래

㈜ 비티타임즈

1

서론

1. 서론

 인류는 인터넷의 급속한 발달 속에서 IT기술이 인간에게 최적화된 편의를 제공할 수 있을 것으로 생각했다. 이러한 생각은 사람, 데이터, 사물 등을 포함한 모든 것이 인터넷으로 연결되어 방대한 정보를 수집·활용하는 사물인터넷(IoT, Internet of Things)의 도래를 이끌었고, 해를 거듭할수록 사물인터넷의 발전은 가히 상상할 수 없을 정도로 규모가 커지고 있다.

 시장조사 기관 IDC는 사물인터넷에 대한 지출액이 2022년 1조 달러를 돌파하고, 2023년에는 1조 1,000억 달러까지 증가한다고 전망하기도 했으며, 조사에 따르면 사물인터넷 지출액은 2019년 7,260억 달러에서 12.6%의 성장률을 보이며 2023년까지 성장할 것으로 전망되기도 했다. 이처럼 사물인터넷 시장은 높은 성장가능성을 보이고 있는 시장으로 손꼽히고 있다.

 특히 IDC에 의하면, 2019년 13.6 제타바이트를 기록한 IoT 연결과 관련된 데이터의 양은 매우 빠른 증가 속도를 보이며 2025년에는 약 5.8배 증가한 79.4 제타바이트에 달할 것으로 추산되는데 이러한 데이터의 증가로 인해 사물인터넷은 인공지능, 빅데이터등과 융합하여 더욱 많은 방면에서 사용될 것으로 전망된다.[1]

 이에 본 보고서에서는 현재와 다가올 미래에 사물인터넷이 사용될 다양한 분야 중, 가장 빠르게 성장하고있는 스마트홈, 스마트시티, 스마트카, 스마트팩토리, 스마트그리드에 대해서 살펴보고 각 산업의 현황과 시장전망, 기술동향 등을 살펴보고자 한다.

---

[1] 품목별 보고서 - 사물인터넷, 정보통신산업진흥원

사물인터넷(IoT)란?

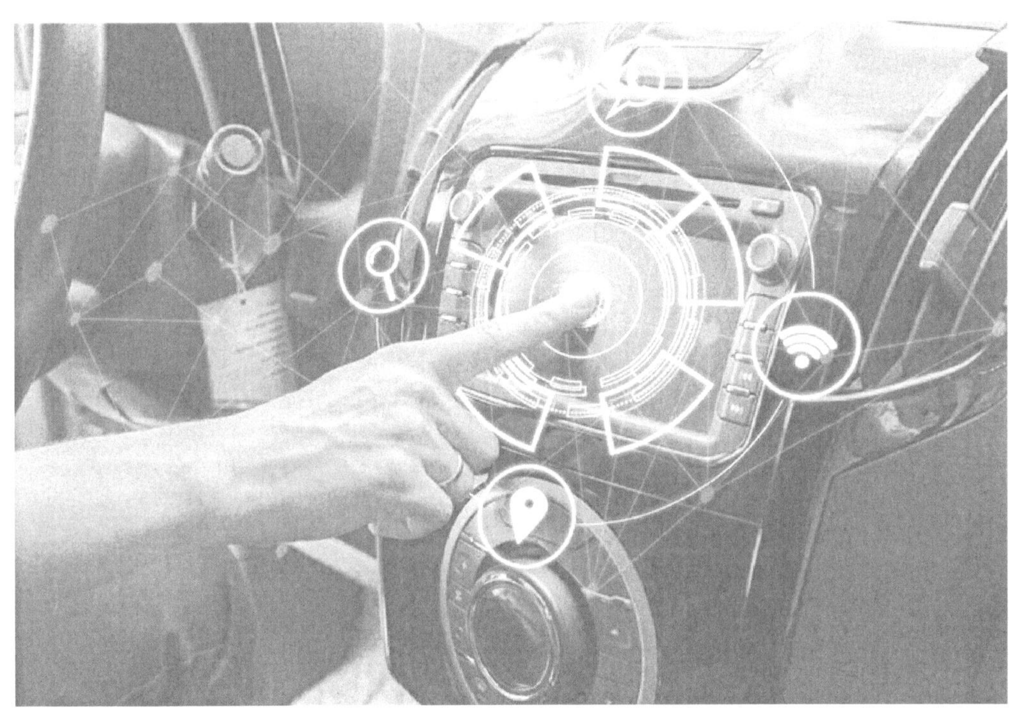

2. 사물인터넷(IoT)란?

가. 사물인터넷의 정의

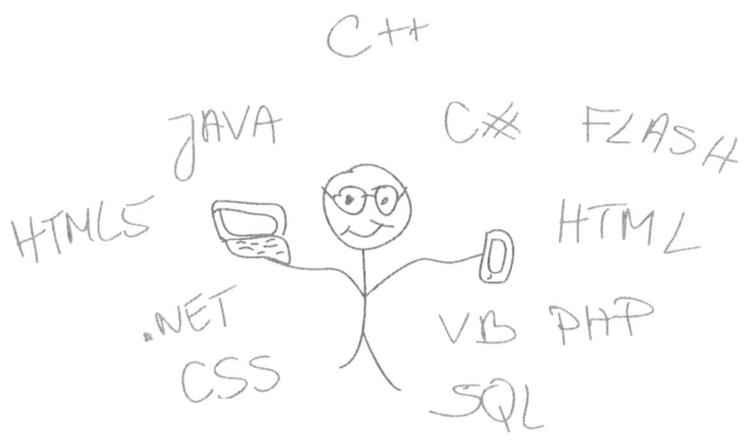

[그림 1] 사물인터넷 사진

독자들에게 한 가지 질문을 해 보겠다.

"ICT의 융합으로 이루어지는 차세대 산업혁명인 4차 산업혁명은 IoT, 무인자동차(스마트 카), 인공지능(AI)의 세 가지 범주로 분류된다."는 말을 들었을 때, ICT, IoT에 대한 정확한 뜻을 설명할 수 있는가?

생각보다 답을 하기가 쉽지는 않다. ICT는 정보통신기술의 약자이며, IoT는 사물인터넷의 약자이다. "많이 들어는 봤었지만, 설마 IoT가 사물인터넷의 약자였어?"라며 자신의 지식에 대해 한탄하는 사람도 정말 많다. 특히 IoT를 LoT으로 착각하고 있는 지인들도 매우 많은데, 이러한 독자들도 이 책을 쉽게 접할 수 있도록 사물인터넷의 전반적인 것을 설명하기에 앞서 간단하게 용어정리를 하고 본문으로 들어가겠다.

① **IT란 Information Technology의 약자로 직역하면 '정보기술'을 뜻한다.** 어떤 정보를 주고받는 것은 물론 개발, 저장, 처리, 관리하는 데 필요한 모든 기술을 통칭한다. 그렇다면 ICT는 무엇일까? ICT는 Information Communication Technology의 약자로 이른바 '정보통신기술'이라고 부른다. 사실 이 두 단어는 질적으로 별 차이를 두지 않은 채 쓰이고 있지만, 기존의 IT 시대에 비해서 오늘날에는 기기와 정보간의 통신이 특히 강조되기 때문에 ICT라는 단어로 더욱 명확하게 구분한다.

② **사물인터넷이란 Internet of Things라고 칭하며, 줄여서 IoT라 한다.** 사물인터넷이란 인터넷을 기반으로 모든 사물을 연결하여 사람과 사물, 사물과 사물간의 정보를 상호 소통하는 지능형 기술 및 서비스로 각각의 사물들을 무선통신과 같은 네트워크를 구성하여 인터넷과 같은 통신망으로 확장시켜 능동적으로 상호작용을 하는 기술을 칭한다. 즉 생활 속 사물들을 유무선 네트워크로 연결해 정보를 공유하는 환경을 뜻하는데 가전제품, 전자기기뿐만 아니라 헬스케어, 원격검침, 스마트 홈, 스마트 카 등 다양한 분야에서 사물을 네트워크로 연결해 정보를 공유할 수 있다.

③ M2M(Machine to Machine, 사물통신) : 사물통신이란 '사람과 사물', '사물과 사물' 간 지능통신 서비스를 언제 어디서나 안전하고 편리하게 실시간 이용할 수 있는 미래 방송통신 융합 ICT 인프라로의 진화를 의미한다. 사물통신은 사람이 직접 하기에 위험한 일이나 시간이 많이 소요되는 일, 또는 보안을 위한 일 등을 기계가 대신 한다는 장점이 있으며, 적용분야로 는 텔레매틱스, 운동, 내비게이션, 스마트 계량기, 자동판매기, 보안서비스 등이 있다.

[그림 2] 스마트 계량기

④ RFID(Radio Frequency Identification) : IC칩과 무선을 통해 식품·동물·사물 등 다양한 개체의 정보를 관리할 수 있는 인식기술을 지칭하며, '전자태그' 혹은 '스마트 태그', '전자라 벨', '무선식별' 등으로 불린다. 이를 기업의 제품에 활용할 경우 생산에서 판매에 이르는 전 과정의 정보를 초소형 칩(IC칩)에 내장시켜 이를 무선주파수로 추적할 수 있다.

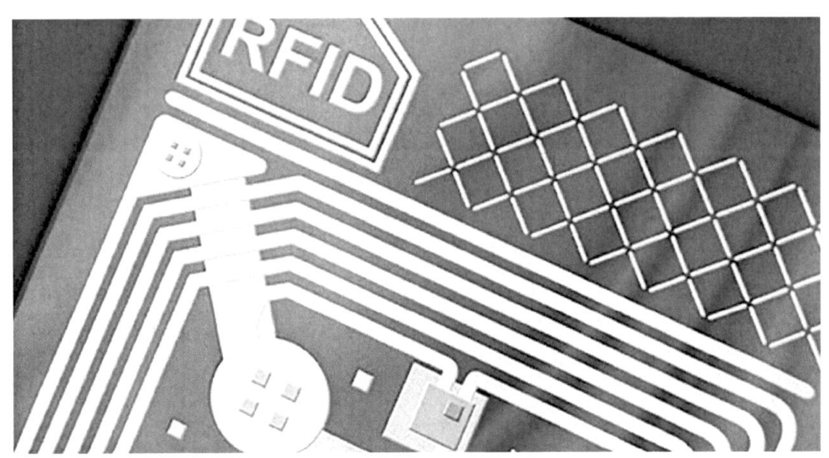

[그림 3] RFID 칩

⑤ **RFID/USN(Radio Frequency Identification / Ubiquitous Sensor Network)** : 사물에 부착된 RFID 태그 또는 센서를 초소형 무선장치에 접목하여 이들 간의 네트워킹과 통신으로 실시간 정보를 획득, 처리, 활용하는 네트워크 시스템을 일컫는다.

⑥ **NFC(Near Field Communication)** : 전자태그의 하나로 13.56Mz 주파수 대역을 사용하는 비접촉식 근거리 무선통신 모듈로 10cm의 가까운 거리에서 단말기 간 데이터를 전송하는 기술을 말한다. NFC는 결제뿐만 아니라 슈퍼마켓이나 일반 상점에서 물품 정보나 방문객을 위한 여행 정보 전송, 교통, 출입통제 잠금장치 등에 광범위하게 활용된다.

[그림 4] NFC를 통한 결제 시스템

⑦ **빅데이터** : 기존의 정보처리 기술로는 다룰 수 없는 방대한 데이터를 일괄적으로 분석해 새로운 데이터를 만들어내는 것을 말한다. 우리가 웹상에서 누르는 클릭 하나하나도 모두 방대한 정보가 되고 이들을 분석해 트렌드 동향을 파악하는 것이 대표적인 예이다. '빅데이터'라는 이름이 붙은 이유는 그렇게 다루는 정보들은 우리가 감히 상상하기도 어려울 만큼 방대하기 때문이다. 연간 전 세계에서 생기는 데이터양은 약 2조 기가바이트로 이를 DVD에 담으면 무려 지구에서 달까지 두 번 쌓을 수 있는 만큼이 된다고 한다.

[그림 5] 빅데이터

⑧ **클라우드** : 클라우드 서비스란 기기에 인터넷만 연결되어 있으면 언제 어디서나 똑같은 작업을 할 수 있게 해주는 서비스를 말한다. 컴퓨터 자체에는 아무런 소프트웨어가 없어도 클라우드 서버에 접속하면 워드 이용, 문서열람 등 사용자가 원하는 작업을 필요한 만큼 이용할 수 있다. 이것이 '구름'이라 불리는 이유는 컴퓨터 통신망이 마치 구름처럼 쌓여 안이 보이지 않고 엄청나게 복잡하지만, 사용자는 그저 구름 속으로 손을 쏙 집어넣어 자신이 원하는 작업만 쏙 꺼내 이용하기 때문이다.

[그림 6] 클라우드 서비스

1) 사물인터넷의 정의[2]

이제 용어정리를 마치고 본격적인 사물인터넷의 정의에 대해 알아보도록 하자. 사물인터넷(Internet of Things, IoT)은 장치 내 센서와 통신 기능을 내장하여 각종 사물을 무선으로 인터넷에 연결하는 기술로 정의되거나, 혹은 인터넷을 매개체로 활용하여 물리적 도메인과 가상 도메인을 결합하여 데이터를 전송하는 동적 네트워크 프레임워크를 위한 용어로 사용되고 있다.

이러한 IoT의 어원은 1982년 미국의 카네기멜론대학에서 코카콜라 자동판매기를 네트워크에 연결하면서 '인터넷에 연결된 기기'의 개념이 시작되었고, 'Internet of Things'라는 용어는 RFID를 통해 공급망을 관리하는 시스템을 만들고자 했던 P&G사가 1999년에 처음 사용했다. 이후 다양한 무선 통신 기술들이 가전, 센서 등의 말단(Endpoint)기기에 내장되면서 무선으로 통신이 가능한 시대가 열린 것으로, IoT라는 용어가 본격적으로 활용되기 시작되었으며, 이러한 IoT의 특징은 '연결' 그 자체라 할 수 있다. 즉 연결되지 않던 것들을 연결하면서 생기는 장점의 활용과 그로 인해 발생하는 문제의 해결이 IoT의 기본 핵심 기술이다.

IoT 시스템의 기본 아이디어는 효과적인 의사 결정 기술과 지능형 알고리즘을 갖춘 센서를 이용하여 WSN(Wireless Sensor Networks) 및 RFID(Radio Frequency Identification)와 같은 첨단 기술로 유도되는 장치 간 데이터를 거래하는 것이다. 이러한 IoT는 기계 간 성공적인 상호작용을 위해 저장 및 처리 세션이 있는 센서와 액추에이터와 같은 장치에서 인터넷을 통해 통신 인터페이스를 활성화하여 성공적으로 배포하는 시스템이다.

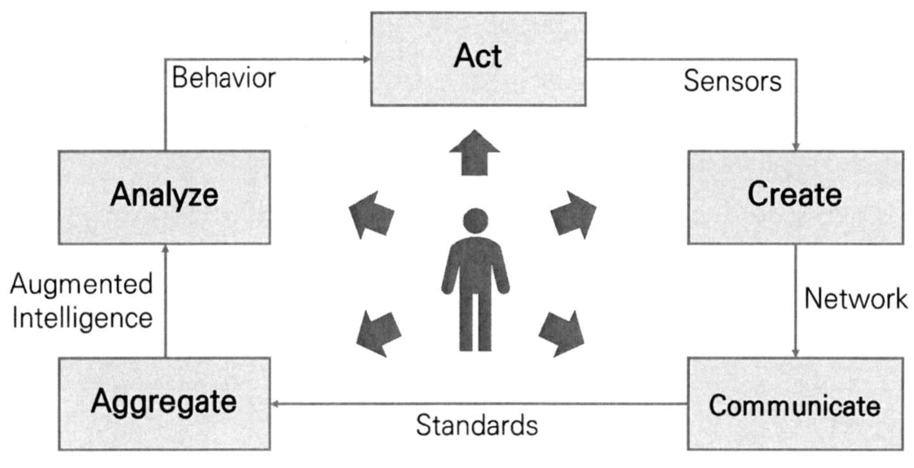

[그림 7] IoT의 구성 요소

위의 그림은 IoT의 구성 요소를 나타내는 것으로 IoT가 연결하기 위해 센서 결합 후 사람과 통신하는 네트워크와 사용자를 감지하고, 상황에 따라 분석하고 행동하기 위해 증강된 지능을 제공한다는 것을 의미한다. 즉, IoT 프로세스는 성공적인 실행을 위해 서로 상호 의존적인 모든 요소가 한 사이클로 작동하게 되는 과정이라 볼 수 있다.

---

2) 펫케어를 위한 사물인터넷 기술 활용 방안, 지능정보기술동향, 2021.05

사물인터넷 서비스는 단순히 사물이 연결되어 정보 공유와 함께 제공되는 서비스이지만 이러한 서비스들을 구성하는 기술들은 복잡하다.

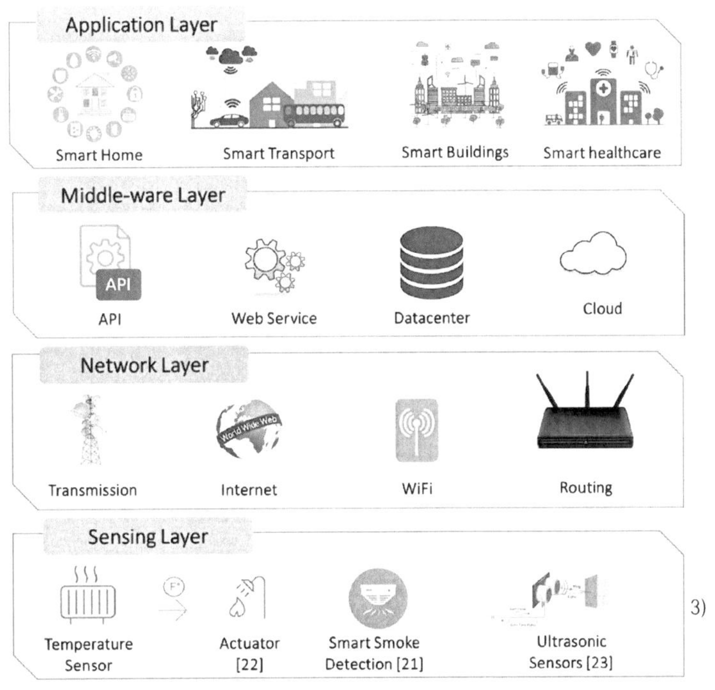

[그림 8] 사물인터넷을 구성하는 4계층

사물인터넷의 시작은 각종 센서들이 포함된 센싱 계층이다. 이러한 센서들은 네트워크 계층에서 제공하는 각종 통신 기술로 연결되어 서로 상호작용하며, 데이터를 생성하여 미들웨어 계층에 있는 플랫폼 서버에 전달한다. 서버는 센서로 부터 수집한 데이터를 취합, 분류, 분석하여 의미있는 정보를 생성하고 이를 공유하기 위한 API를 제공한다. 이렇게 가공되어 제공되는 정보들은 우리의 삶을 더욱 편리하게 만들어주는 수많은 사물인터넷 서비스들로 이어진다.4)

---

3) https://www.researchgate.net/figure/Layers-in-IoT-System_fig2_333909259
4) 사물인터넷 기술 동향, 사물인터넷표준연구실, 2020.07

2) 사물인터넷 산업 구조

사물인터넷은 인간과 사물, 서비스의 세 가지 분산된 환경요소에 대해 인간의 명시적 개입 없이 상호 협력적으로 센싱, 네트워킹, 정보처리 등 지능적 관계를 형성하는 사물 공간 연결 망을 의미한다. 사물인터넷의 주요 구성요소로는 인간, 사물, 서비스가 있다. 사물이란 유무선 네트워크에서의 End-Device 뿐 아니라, 차량, 교량, 전자장비, 문화재, 자연환경을 구성하려 는 물리적 사용을 포함하는 개념이다.

이러한 사물인터넷은 범위가 워낙 넓기 때문에 사물인터넷 기술이 구현된 제품 한 가지를 만 들기 위해서도 무수히 많은 분야의 업체들이 힘을 모아야 한다. 그중에서도 가장 필수적이고 핵심적인 분야 네 가지를 꼽자면, 부품 분야, 디바이스 분야, 네트워크 분야, 소프트웨어 및 플랫폼 분야를 꼽을 수 있다. 이 분야들은 사물인터넷 산업에 있어 없어선 안 될 분야이므로 다른 분야에 미치는 영향력 또한, 막대하다. 이 네 가지의 분야를 관찰하다 보면 사물인터넷 산업의 구조에 대해 파악할 수 있는데, 다음 표를 통해 IoT 산업의 제조적 핵심 분야와 이 분야들이 어떻게 맞물려 사물인터넷 산업이 돌아가고 있는지에 대해 알아보도록 하자.

분 야	IoT 산업이 산업에 미치는 영향
부 품	다양한 산업에 적용될 수 있는 핵심부품을 제공해주며, 제품개발에 필요한 투자 규모의 증가로 규모의 경제가 높아져서 진입장벽이 강화됨
디 바 이 스	오픈소스, SW, HW, D, I, Y 등의 다양한 모듈 및 디바이스 제작이 가능
네 트 워 크	트래픽을 유연하게 처리할 수 있는 인프라에 대한 투자가 가능하고, 사물인터넷 연결을 위한 넓은 커버리지를 제공 (저전력/저비용 구조의 비면허 대역 통신요구가 커질 것)
소프트웨어 및 플랫폼	국제 표준화로 인한 차별화 요인이 감소하고, 특화형 맞춤형 솔루션을 제공 정보보호와 같은 특정 기능 솔루션을 다양한 산업에 공통적으로 제공

표 1 사물인터넷의 분야와 영향

부품 분야에서는 센서나 칩같이 다양한 산업에 적용될 수 있는 핵심 부품을 제공해 줌으로써 사물인터넷에 기반이 되는 데이터를 수집해준다. 네트워크 분야는 이렇게 수집된 정보를 처리 할 수 있도록 처리 가능한 기기에 정보를 이동시켜주고, 그 정보를 보호해주는 역할을 맡고 있으며, 이렇게 받아진 정보들을 가지고 소프트웨어 및 플랫폼 분야에서 정보를 처리하고, 무 수히 많은 정보 중 사용자에게 필요한 정보를 찾아준다.

뿐만 아니라 부품 분야에서 특정 정보를 모을 때도 가담한다. 디바이스 분야는 이러한 데이터를 사용자가 편하게 수집하게 도와주고, 소프트웨어 및 플랫폼 분야에서 분석되어 나온 필요한 데이터를 사용자의 관점에서 편리하게 사용할 수 있도록 장치화 시키는 분야이다.

이 네 가지 분야가 서로 융합된다면 정말 편리하고 완벽한 제품이 생산되고, 각 단계가 발전함에 따라 기존 산업에도 다양한 혁신이 일어날 것이다. 하지만 IoT 산업의 발전이 더딘 이유는 복잡한 구성요소들이 연계, 통합되어 적용되는 데 오랜 시간이 소요되기 때문이다. 그뿐만 아니라 표준기술의 부재 역시 한몫을 하고 있으며, 기술발전과 수익성 유지가 반비례하는 이유도 포함된다. 쉽게 말하면 서로 겹치는 일도 많고, 어느 한 쪽이라도 참여하지 않는다면 제품 개발 및 생산 자체가 불가능하기 때문에 사물인터넷 산업의 장단점을 동시에 보여주는 보편적인 예로 들 수 있다.

이러한 사물인터넷 산업은 결론적으로 공급 측면에서 ICT 산업의 디바이스와 S/W 및 플랫폼 부문에서 다양한 기업에게 보다 많은 기회요인을 제공할 전망이다. 하지만 부품 및 네트워크 분야에서 기회 요인은 제한적일 것으로 보인다.

수요 측면에서는 센싱, 네트워킹, 인터페이스 기능의 활용을 통한 효율성 향상으로 기존의 업무 방식 및 프로세스의 변화를 가져올 것으로 보이며, 빅 데이터를 활용한 정보시스템의 활성화로 다양한 가치사슬 활동에 영향을 줄 것이다.

비용구조 및 차별화적인 측면에서는 IoT 기술이 공정혁신을 통해 비용구조 및 차별화 측면에서 주요한 역할을 할 필요가 있으며, 기술의 변화는 경쟁우위에 영향을 미친다.

이러한 IoT의 잠재력에 따라 업종불문 다양한 글로벌 기업들이 IoT 사업에 진출하고 있으며, 자동차를 비롯해 가전, 유통, 의료 건강, 유틸리티 등 다양한 산업 분야로 확산하면서 경제적 가치 창출, 효율성 증대, 편의 제공 등이 현실화되고 있다.

3) 사물인터넷의 변화

사물인터넷의 개념에서 살펴보았듯이 현재 사회는 사물인터넷에서 만물인터넷으로, 인간에서 기계로만 가는 통신이 아닌 양 갈래로 서로의 니즈를 추구할 수 있는 혁신적인 통신으로 바뀌고 있다. 이렇듯 만물인터넷의 크기는 더욱더 커지고 있는데, 현재는 양방향 통신을 넘어서 여러 시스템을 클라우드로 연결하여 소통하며, 이동통신망을 이용하여 사람과 사물, 사물과 사물 간 지능통신을 할 수 있는 M2M 개념을 인터넷으로 확장하여 사물은 물론, 현실과 가상 세계의 모든 정보와 상호작용하는 개념으로까지 진화하고 있다.

가령 '스마트 그리드'라 불리는 지능형 전력망은 전기를 쓰는 모든 것(집, 사무실, 공장, 차 등)들을 클라우드로 묶어 연결하는 것이다. 만약 위 그림과 같은 구조로 스마트 그리드가 연결된다면, 스마트 그리드와 연결된 모든 전기를 쓰는 기구들은 또 그것을 사용하는 인간이 누구냐에 따라서 막대한 정보를 저장하게 될 것이다.

만약 아래와 같은 상황이 구현된다면, 기술적으로는 완벽하게 편리한 사회가 만들어지겠지만, 앞에서 말했듯이 이는 막대한 정보로 보안이 어려워지고, 인간의 존엄성을 해하는 부작용이 되어 돌아올 수도 있다는 것을 반드시 명심해야 한다.

[그림 9] 스마트 그리드 사진

나. 사물인터넷의 종류

 위에서 우리는 사물인터넷에 대해 핵심 분야(부품 분야, 디바이스 분야, 네트워크 분야, 소프트웨어 및 플랫폼 분야)와 적용 분야(개인 사물인터넷, 공공 사물인터넷, 산업 사물인터넷)로 나누어 봤다. 이렇듯 나누는 기준에 따라서도 천차만별로 분류되는 사물인터넷을 기계별로 총 나열하는 것은 불가능하다고 생각한다. 그래서 우리는 성장 가능성이 큰 몇 개의 분야에 관해 설명하려 한다.

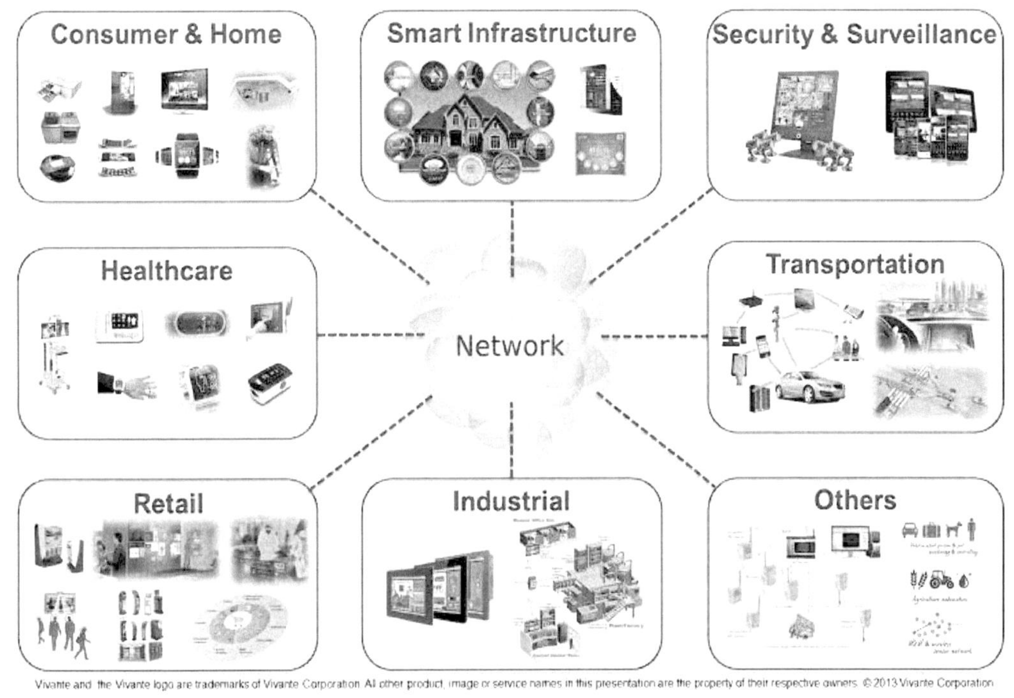

그림 10 사물인터넷의 종류

5)

 현대경제연구원에 따르면 IoT 산업의 3대 부문을 스마트 홈, 스마트 시티, 커넥티드카로 꼽을 수 있다. 하지만 우리는 산업 이 세 가지 부문에 더해 IoT 기술의 적용력이 월등한 기술, 그중에서도 특히 IoT 성장률 혹은 전망이 밝은 스마트 팩토리, 스마트 그리드에 대해서도 추가적으로 동등하게 다루어 볼 예정이다. 이들의 기술 동향, 발전 가능성, 시장 규모와 전망 등을 살펴보기에 앞서 각각의 분야에 대해 간단히 짚고 넘어가 보자.

---

5) Vivante Corporation 2013

1) 스마트 홈

[그림 11] 스마트 홈

스마트 홈(Smart Home)의 사전적 의미는 자동화를 지원하는 개인 주택을 의미하며, 미국에서는 Domotics라고도 부른다. 각종 자동화 기법으로 조명, 전자기기제어, 온도제어, 보안, 의료시스템 접속 등이 가능한 인텔리전트 하우스 또는 IT 하우스라는 의미다.

글로벌 리서치 기관인 BSRIA(Building Services Research and Information Association)의 정의에 따르면 스마트 홈이란 '집 안에 존재하는 개별 시스템들을 네트워크로 연동하고 통합해 제어하는 것'을 뜻하며, 여기서 개별 시스템이란 냉난방 기기, 세탁기 냉장고 오븐 등의 가전, TV 게임기 PC 스마트폰 태블릿 등의 각종 전자기기, CCTV 등의 보안 시스템, 조명, 문, 창문, 블라인드, 커튼 등을 모두 포함하는 개념을 의미한다.

하지만 스마트 홈은 새로운 개념이라기보다는 '홈 오토메이션(Home Automation)'의 개념에서 한 단계 진화한 것으로 보인다. 홈 오토메이션이란 조명, 보안, 가전, 냉난방 등을 한 군데에서 편하게 제어하는 것으로, 스마트 홈의 토대이자 기본적인 기능이라고 정의할 수 있다. 이 기술이 진화하여 U-City라는 이름으로 '홈 네트워크+ 유비쿼터스 네트워크' 개념으로 실생활에 도입되었고, 2010년 이후부터 스마트폰, 스마트 가전 등 개인용 유·무선네트워크 및 디바이스 환경이 급속히 발전하고 개방형 OS 기술이 발전하면서 '스마트 홈'이라는 개념으로 진화한 것이다.

스마트홈 환경에서는 가전제품(TV, 에어컨, 냉장고 등), 에너지 소비장치(수도, 전기, 냉난방 등), 보안기기(도어록, 감시카메라 등) 등을 네트워크 통신망으로 연결하여 실시간으로 점검하고 제어할 수 있다. 스마트홈은 홈네트워크의 진화된 개념으로 기존 서버와 통신사의 클라우드 서버를 동시에 사용한다.

 가정에 설치된 서버를 통해서만 제어 가능한 홈네트워크 기술과 달리 스마트홈은 통신사 클라우드 서버를 통해 기존에 구현된 기기 외에 신규 제품을 추가 등록해서 제어할 수 있고, 집내/외부 정보를 취합해 스스로 판단한 뒤 사용자에게 서비스를 제공한다.

 스마트홈을 구현하기 위해서 응용 애플리케이션, 디바이스, 클라우드 서버, 게이트웨이, 통신 기술 등이 요구된다. 즉, 스마트홈 산업은 통신 및 방송, 가전, 건설, 콘텐츠, 로봇, 보건 등 다양한 분야의 기술이 필요한 산업이며, 관련 기술의 융합과 응용의 폭이 확대됨으로써, 지속적으로 신규 및 대체수요를 창출하고 있다. 또한, 평균수명연장 및 급격한 출산율 저하, 고령화에 따른 독거노인 증가 등 사회 문제 해결을 위해 필요한 산업으로서, 일과 놀이의 융합, 사교육비 부담 해소, 웰빙 문화 확산 등의 효과가 기대된다.

산업 특징	세부 내용
기술집약형 산업	소프트웨어, 통신, 전자, 기계 분야 등 다방면의 전문지식이 필요한 기술집약형 산업이며, 다양한 플랫폼 및 기기와의 연동을 고려하는 제품 설계가 중요함.
성장기 산업	에너지 효율화 개선을 위해 조명 및 공조 자동제어에 대한 수요는 증가하고 있고, IT 기술의 발전에 힘입어 기기의 가격이 인하되면서 스마트홈관련 기기 시장이 급성장하고 있음.
고부가가치 산업	다양한 플랫폼 및 규격을 만족하는 제품 기획을 통해 제품 경쟁력을 높일 수 있는 등 고부가가치 서비스 기반 산업임.
진입장벽 높은 산업	주요 IT 대기업 위주로 플랫폼을 출시하면서 스마트홈 시장을 선도하고 있으며, 적용 분야 확대 및 플랫폼 시장의 다변화를 통해 다수 중소기업 규모의 업체도 진입할 수 있다고 예상됨.

[표 2] 스마트홈 산업 특징

 스마트홈기기 및 관련 서비스는 사용자에게 부가적인 편의를 제공하여 고부가가치를 창출할 수 있고, 디바이스에 인공지능 기술을 탑재한 제품이 출시되고 있다. 동산업은 통신, 가전, 보안, 교육, 의료, 에너지, 미디어, 콘텐츠, 건축, 모바일기기 등과 관련되어 전후방 파급효과가 큰 산업이며, 다양한 제품에 IoT 기술을 접목한 융합 산업이다. 성장기 산업으로서 가전, 통신사, SW, 보안 등 다양한 업계의 시장 진입이 활발하고, 해당 산업의 Value Chain은 전자기기, 통신망, 응용SW → 스마트홈 → 건설, 일반 소비자 등으로 구성된다.

후방산업	스마트홈 제품	전방산업
- 전자 및 기계 부품 등 - 플랫폼 및 소프트웨어 - 운영체제, 네트워크 시스템	- 스마트스피커, 가전기기 등 - 스마트미터, 플러그 - 스마트헬스케어	- 스마트홈 서비스 관리업체, 건설업체, 보안업체 등

[표 3] 스마트홈의 Value Chain

2) 스마트 시티

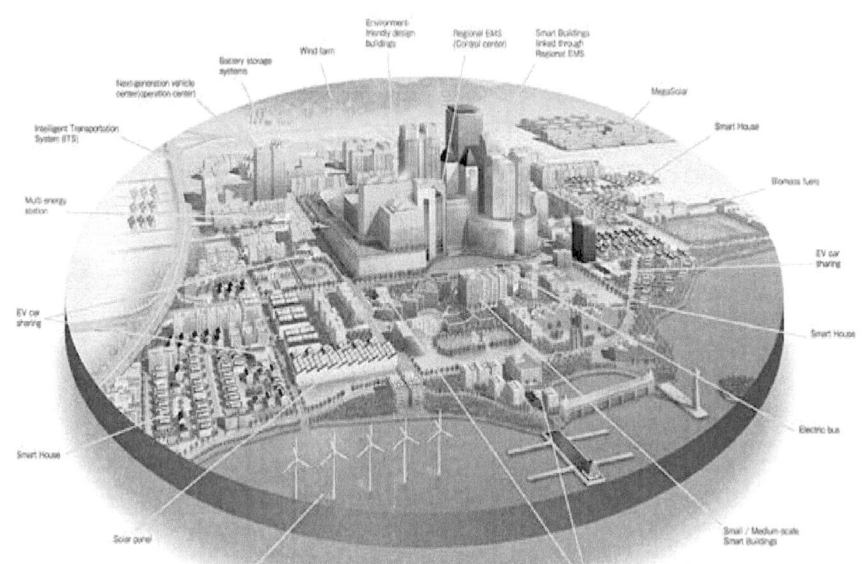

[그림 12] 스마트 시티 전망

　스마트 시티란 언제 어디서나 정보통신기술을 자유롭게 사용할 수 있는 미래형 첨단도시를
칭하는 단어로 교통, 환경, 주거, 시설 등 일상생활에서 대두하는 문제를 해결하고자 ICT 기
술과 친환경 에너지를 도입하여 시민들이 쾌적하고 편리한 삶을 누릴 수 있도록 보장해 주는
미래형 도시이다.

　스마트 시티는 단순히 '스마트(Smart)'와 '도시(City)'라는 개념의 결합을 뛰어넘어, 현재 도
시에서 발생하고 있는 많은 교통, 환경, 주거, 시설 등의 도시 문제를 해결할 수 있도록 도시
를 스마트하게 만드는 기술이다.

　스마트시티의 핵심은 기존 도시에 스마트시티 플랫폼을 구축하여 도시 문제를 해결하는 것이
다. 과거 도시는 교통체증, 전력난, 환경오염 등 문제 발생 시 도로 확충이나 발전소 건설 등
물리적 방식을 통해 문제를 해결했지만, 스마트시티는 도시 시설물에 설치된 센서, CCTV 등
에서 생성된 데이터를 인터넷을 통해 공유하고 분석하여 문제 해결 방안을 찾는다. 이를 통해
교통정보, 에너지 관리, 산업지원, 헬스케어, 문화, 빌딩관리 등 여러 분야에서 IT 신 서비스
를 제공하여 도시민들의 삶의 질과 도시경쟁력을 확보할 수 있다.

　스마트시티는 도시 플랫폼과 서비스로 크게 분류할 수 있다. 도시 플랫폼은 공공 IoT 플랫
폼, 데이터허브 플랫폼, 디지털트윈 플랫폼이 데이터의 수집 → 저장/관리 → 분석/활용의 역
할을 담당하고 있으며 사이버보안 플랫폼이 이를 지원하는 형태이다. 이러한 플랫폼의 구조
위에 스마트시티 인프라, 스마트시티 통합플랫폼 프로그램, 스마트시티 디바이스가 융합된 스
마트시티 서비스를 통합운영센터 등에서 운영·관리하는 형태이며, 다양한 서비스를 제공하고
있다.6)

---

6) 스마트시티 보안모델, 한국인터넷진흥원, 2020.12

3) 스마트 카

[그림 13] 스마트 카 사진

 스마트 카란 자동차와 IT 기술을 융합하여 인터넷 접속이 가능한 자동차를 뜻한다. 이를 커넥티드 카 라고도 하는데, 커넥티드 카는 다른 차량이나 교통 및 통신 기반 시설(infrastructure)과 무선으로 연결하여 위험 경고, 실시간 내비게이션, 원격 차량 제어 및 관리 서비스뿐만 아니라 전자 우편(e-mail), 멀티미디어 스트리밍, 누리 소통망 서비스(SNS)까지 제공한다. 이를 통해 교통안전 및 혼잡해소뿐만 아니라 다양한 사용자 맞춤형 이동서비스 산업을 창출할 수 있는 미래 성장 동력이다.

 이러한 스마트 카는 제품 중심형과 서비스 중심형으로 분류되는데, 제품 중심형 스마트 카는 교통사고를 줄이고, 사용자의 운전 편의성을 극대화하는 자동차로서 자동브레이크장치, 교차로충돌예방장치, 자율주행기술, 자동주차 등이 이에 해당하고, 서비스 중심형 스마트 카는 이동통신 기반에 운전자의 다양한 요구에 부합하는 커넥티드 서비스 제공이 가능한 자동차로서 텔레매틱스, 인포테인먼트, 모바일오피스, 클라우드/IoT 등이 이에 해당한다.

 향후 자율 주행이나 자동차의 자동 충전, 그리고 운전자의 건강 상태나 혈중알코올농도를 파악하여 운전 가능 여부를 점검하는 서비스를 추가하는 방향으로 진화될 전망이다.

4) 스마트 팩토리[7]

스마트팩토리는 제품의 기획, 설계, 생산, 유통 · 판매 등 전 과정이 사물인터넷(IoT, Internet of Things), 사이버 - 물리 시스템(CPS, Cyber - Physical System), 임베디드 운영 체제(ex. IoS) 등의 ICT와 융합하여 자동화 및 정보화되어 가치사슬 전체가 실시간 연동·통합됨으로써 생산성 향상, 에너지 절감, 인간중심의 작업 환경을 구현하고, 최적비용 및 시간으로 고객맞춤형 제품을 생산하는 팩토리를 말한다.

이는 현재의 소품종 대량생산, 생산자 주도에서 미래에는 다품종 유연생산, 소비자 주도로 생산방식의 전환이며, ICT를 활용하여 기존 제조업의 전 과정을 디지털화하고, 미래 첨단 산업으로 디지털 전환(Digital Transformation) 함으로써 국가 산업구조를 혁신하기 위한 제반 활동을 의미한다.

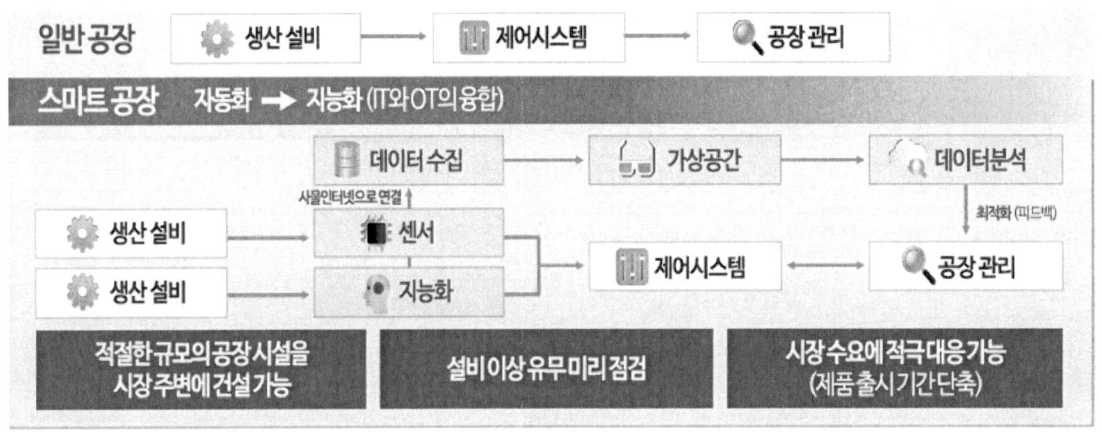

[그림 14] 스마트팩토리 개념

미국을 중심으로 한 스마트제조(Smart Manufacturing), 독일 Industry 4.0을 중심으로 한 스마트팩토리(Smart Factory)와 그 맥을 같이 한다. 즉, 미국 정부주도의 스마트제조 연합체인 SMLC(Smart Manufacturing Leadership Coalition)에서는 스마트제조를 "미래 제조업의 발전된 가치를 창출할 수 있도록 현존하거나 앞으로 발생할 수 있는 문제점을 개방형 인프라를 통해 해결하는 제반 활동"으로 제시하였다. 독일 Industry 4.0은 스마트팩토리를 사물인터넷(IoT), 사이버- 물리 시스템(CPS) 등 첨단 ICT를 제조현장에 접목시킴으로써 팩토리 설비와 공정이 서로 연결되고, 제조활동과 관련된 모든 정보가 실시간으로 공유되고 최적으로 활용되는 팩토리로 정의한다.

디지털- 물리세계 팩토리의 융합제품·서비스(스마트팩토리 솔루션)는 하드웨어와 소프트웨어를 결합한 단일 또는 패키지 단위 솔루션 공급을 통해 최적 생산, 개인화 생산, 사람 - 기계 협업 제조, 작업자 증강 지원 등 디지털 - 물리세계를 융합한 새로운 고부가가치 팩토리 서비스를 제공한다. 이는 스마트 장비, 지능형 센서, AR/VR 장비, 팩토리 운영시스템, 공정시뮬레이션 등 특정 기능을 제공하는 솔루션 제품과 지능형 생산, 개인화 생산, 최적 생산, 안전 및

보안 패키지 등 목적에 따라 스마트팩토리에 필요한 핵심 기능들을 하나로 모은 하드웨어 및 소프트웨어 패키지 단위의 솔루션 제품 등이다. 패키지 단위의 솔루션 제품은 개별 솔루션 보급에 비해 기능의 확장, 표준화 등이 유리하며, 스마트팩토리 도입을 희망하는 기업은 단기간에 효율적으로 스마트화가 가능하다.

 제조와 서비스의 융합제품·서비스(개방형 제조 플랫폼)는 제품 및 제조 공정에서의 혁신 이외에 개방형 제조 플랫폼을 통한 제품 기획, 시제품 제작, 공급 사슬망 관리(SCM, Supply Chain Management), 사후 서비스, 유통, 물류 등 가치 사슬 전반에서의 획기적 비용절감과 고부가가치화 서비스를 제공한다. 이는 제조 밸류 체인 상에 있는 다양한 사업 주체들이 수평적으로 협업하고, 복수의 팩토리들을 연결하여 고객들에게 제조 전 주기를 서비스의 형태로 제공할 수 있는 플랫폼 솔루션을 제공한다. 이 솔루션을 기반으로 제품설계 협업, 공정설계, 생산, 유지보수, 품질관리, 진단·분석 등이 사물인터넷(IoT), 빅데이터, AI 등 첨단 ICT 기술과 융합하여 다양한 고부가가치 서비스로 제공된다.

5) 스마트 그리드

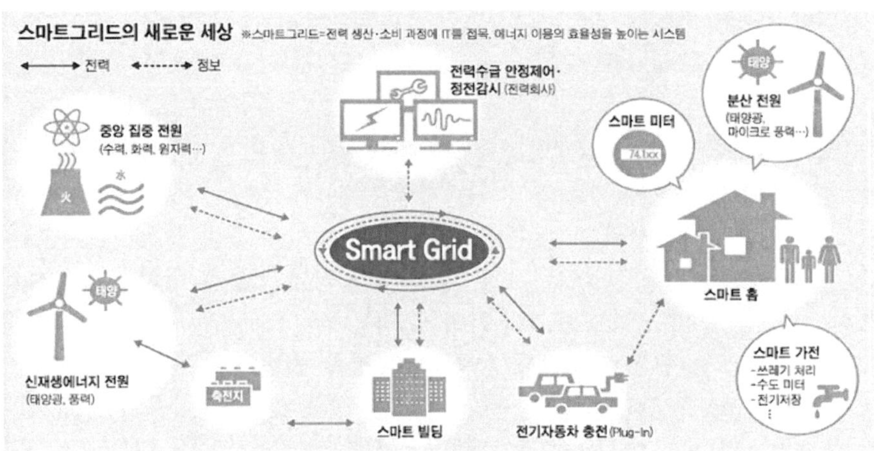

그림 15 스마트 그리드 전망

스마트그리드란 기존의 전력망(Grid)에 정보통신기술(Information & Communication Technology, ICT)을 접목하여, 공급자와 수요자간 양방향으로 실시간 정보를 교환함으로써 지능형 전력수요관리, 신재생 에너지 연계, 전기차 충전 등을 가능하게 하는 차세대 전력인프라 시스템을 의미한다. 즉, 발전소/송배전 시설과 전력소비자를 정보통신망으로 연결하여 정보를 공유함으로써 전력시스템 전체가 하나의 유기체처럼 효율적으로 작동할 수 있도록 하여 에너지 이용효율을 극대화하는 것이 스마트그리드의 기본적인 개념이다.

기존 전력망이 중앙집중형으로 수요에 따라 공급자 중심으로 설비를 운영하고 전력을 공급했다면, 스마트그리드는 지역별 분산전원들이 네트워크로 연결되어 생산된 전력을 사용, 양방향으로 정보 전달 과정이 자동적으로 이루어지며, 신재생에너지를 통한 전력생산에도 기여하여 소비자의 역할과 생산자의 역할을 동시에 수행할 수 있는 에너지 프로슈머(prosumer)로 모든 사람들이 에너지의 생산과 소비를 담당하게 된다.

스마트그리드의 주요 구성요소로는 에너지저장시스템(Energy Storage System, ESS), 지능형 원격검침 인프라(Advanced Metering Infrastructure, AMI), 에너지관리시스템(Energy Management System, EMS), V2G(Vehicle to Grid), 마이크로그리드, 양방향 정보통신 기술, 지능형 송·배전시스템 등을 들 수 있다.[8]

현재의 전력시스템은 최대 수요량에 맞춰 예비율을 두고 일반적인 예상수요보다 15% 정도 많이 생산하도록 설계되어 있다. 전기를 생산하기 위해 연료를 확보해야 하고 각종 발전설비가 추가적으로 필요하며, 버리는 전기량이 많아 에너지 효율도 떨어지고, 석탄, 석유 가스 등을 태우는 과정에서 이산화탄소 배출도 늘어나는 실정이다. 이러한 상황에서 스마트 그리드가 활성화된다면 에너지 효율 향상에 의해 에너지 낭비를 절감하고, 신·재생에너지에 바탕을 둔 분산전원의 활성화를 통해 에너지 해외 의존도 감소 및 기존의 발전설비에 들어가는 화석연료 사용 절감을 통한 온실가스 감소 효과로 지구 온난화도 막을 수 있게 될 것으로 전망된다.

---

8) 스마트그리드, 한국IR협의회, 2021.02.25

　추가적으로 스마트 그리드는 전력 수급 상황별 차등요금제를 적용하여 전력 수요를 분산시키고, 소비자에게 사용량과 요금을 실시간으로 보여줌으로써 자발적인 에너지 절약 유도할 수 있는 기술도 추가될 전망이며, 이러한 기술을 보유한다면 전력사업자는 전력망의 안정성을 제고시킬 수 있다. 또한, 원격자동검침을 통하여 비용 절감 등 운영 효율성 향상 및 최대수요전력 감소로 인해 발전소 투자비용까지 감소할 것으로 전망된다.

3

—

사물인터넷 시장 현황

3. 사물인터넷 시장 현황
가. 국내 사물인터넷 시장 현황

1) 스마트 홈

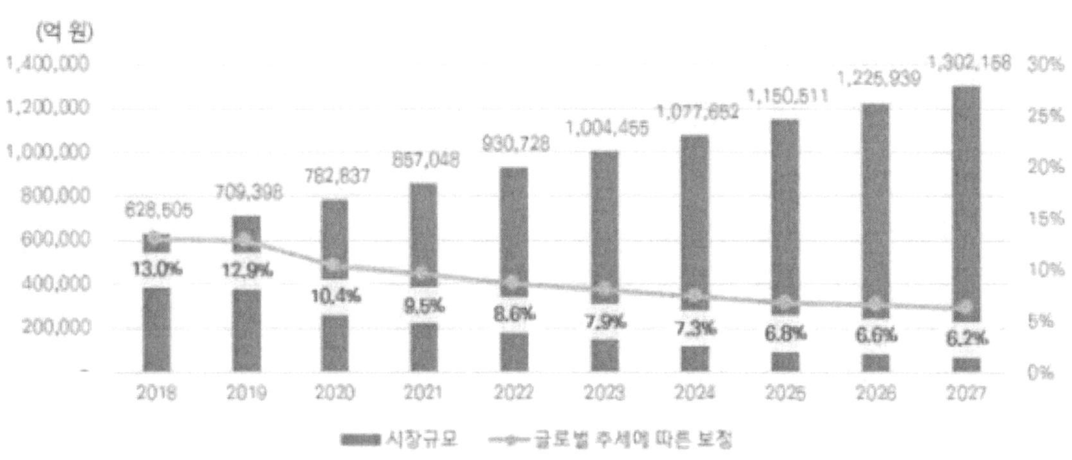

[그림 17] 우리나라의 스마트 홈 시장 매출

9)한국 AI 스마트 홈 산업협회가 2021년에 발표한 '국내 스마트 홈 산업 동향조사 보고서'에 따르면 국내 스마트 홈 시장은 2021년에 85조 7048억 원에서 2023년에 약 100조 4455억 원으로 증가할 것으로 전망된다.

스마트 홈 기업의 총자산 증가율은 다른 산업에 비해 낮지만, 수익성은 높은 것으로 분석된다. 2019년 기준 스마트 홈 기업 총자산 증가율은 2.52%를 기록해 제조업(5.7%), 비제조업(8.1%), 전산업(6.1%)보다 낮았다. 반면 스마트 홈 기업 영업이익률은 평균 11.6%로 전산업 4.2%, 제조업 4.4%, 비제조업 4%보다 높았다.10)

일반 국민(소비자)을 대상으로 한 조사 결과, 스마트 홈에 대한 인지도는 약 75.2%로 높은 편이었다. 그러나 스마트홈 제품 및 서비스 이용률은 약 68%로, 인지도에 비해 활성화가 다소 저조한 것으로 나타났다. 이는 최근 AI스피커, IoT기기 등의 제품 보급이 확산됨에 따라 스마트홈에 대한 인지도가 높게 나타나고 있지만, 가치를 체감할 수 있는 서비스가 부족한 것이 원인으로 파악된다. 이밖에 소비자들은 향후 스마트융합가전(IoT가전), 홈 보안 제품 및 서비스를 이용할 의사가 높은 것으로 조사됐다.

또한 스마트홈 제품·서비스의 만족도는 5점 만점에 약 3.7점으로 다소 미흡한 수준이었다. 이는 품질수준이 초기 도입 비용이나 이용료에 비해 소비자의 눈높이 수준에 미치지 못하고 있기 때문으로 나타났다.

---

9) 국내 스마트홈 산업 동향조사 보고서, 한국AI스마트홈산업협회, 2021
10) 2년 뒤 국내 스마트 홈 시장 100조 원 넘는다.' 글로벌 표준 대응 절실', 전자신문, 2021.07.18

국내 스마트홈 산업 경쟁력 역시 5점 만점에 약 3.05점을 기록, 해외에 비해 다소 미흡한 것으로 조사됐다. 국내 제품의(HW/SW) 경쟁력은 우수하지만, 다양한 시나리오 기반 비즈니스 모델이 해외에 비해 부족하고 부품의 중국 의존도가 심화되고 있는 것이 주요 원인으로 조사됐다.[11]

스마트홈산업협회의 스마트홈 산업 동향 조사 결과에 따른 스마트홈 산업 부문별 국내 시장은 다음과 같다.

구분	2018	2021	2025	CAGR
스마트 융합가전	74,012	85,335	100,517	4.6%
홈 오토메이션	6,817	7,648	8,723	3.6%
스마트 홈 시큐리티	8,248	10,338	12,930	6.5%
스마트 그린홈	3,164	4,007	4,632	9.5%
스마트TV &홈ENT	77,945	121,580	180,168	14.1%

[표 4] 국내 스마트 홈 시장 규모 추이(단위: 억 원, %)

---

[11] 국내 스마트홈 산업, 2025년 31조원 시장 전망, 아이티데일리, 2019.01.15

2) 스마트 시티

12) 한국과학기술연구원의 자료에 따르면, 국내 시장 규모는 21년 151조에서 2030년에는 600조까지 성장할 것으로 전망된다. 또한, 13)기후 변화 문제가 심각해지고 IoT(사물인터넷) 활용이 증가함에 따라 스마트시티의 인공지능(AI) 시스템 적용이 예상된다. 관련 시장은 10년 후에 약 7조 8000억 원 규모로 예상되며, 연평균성장률(CAGR)은 28%로 고성장할 것으로 예상됐다.

국내 스마트시티 시장은 크게 두 가지로 나눌 수 있다. 첫 번째는 국가전략프로젝트 연구개발 (R&D)을 통한 스마트시티 관련 산업 활성화 부문이고, 두 번째는 국내 스마트시티 관련 산업의 해외진출 부문이다. 14)국가시범 스마트시티 조성사업은 싱가포르, 일본, 중국, 베트남 등에서 국가 선정 및 추진되고 있으며, 이를 바탕으로 한 스마트시티와 관련된 연구개발(R&D)은 매년 약 13% 성장하고, 2026년에는 8737억 달러 규모로 시장이 팽창할 것으로 기대된다.

 이러한 국가차원의 연구개발 투자를 통해 4차 산업혁명의 다양한 기술과 서비스를 구현하도록 함으로써 스마트시티 산업의 시장은 확대될 전망이다.

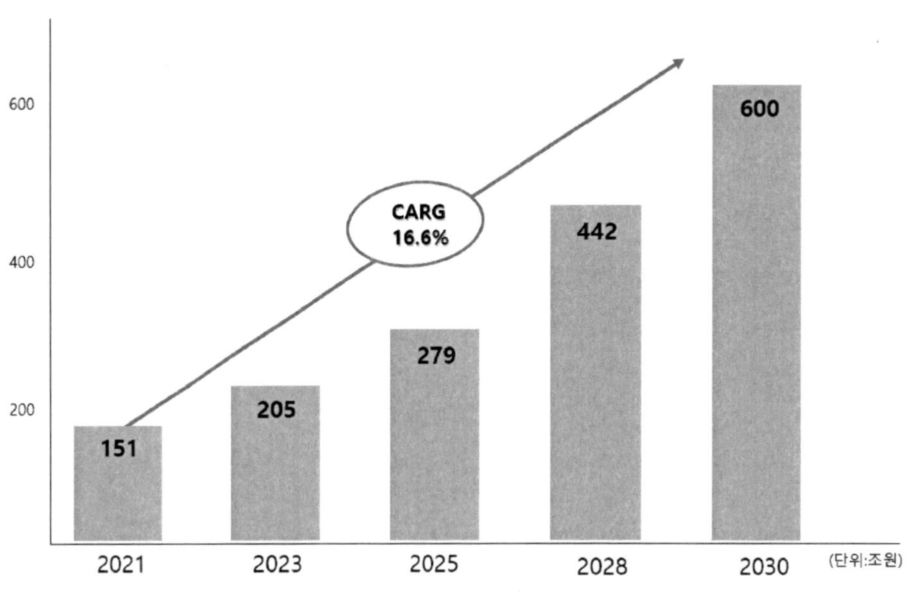

[표 5] 스마트시티 국내 시장 규모전망

---

12) 스마트시티 시장 규모, KDB미래전략연구소
13) 스마트시티 AI시장, smartcitytody
14) 국내 1위 ds넥트웍스 스마트시티 혁신기술에 60억투자,

3) 스마트 카

statista에 따르면, 국내 자율주행 자동차 시장 규모는 2023년 4조 5100억원으로 예상되며,매
출은 연간 성장률(2023-2028 CAGR)인 16.41%를 보여줄 것으로 예상된다. 이로인해 2028년
에는 9조 6500억원의 시장규모를 차지할 것으로 예상된다. 국내 시장은 2030년이 지나면, 자
율주행과 인프라 기술의 발전으로 제한 자율주행 자동차 시장규모와 완전 자율주행 자동차 시
장규모가 역전될 것으로 보인다. 자율주행 자동차 산업은 최근 태동기를 지니고 있으며, 향후
지속 성장할 유망 산업으로 평가되고 있다.[15]

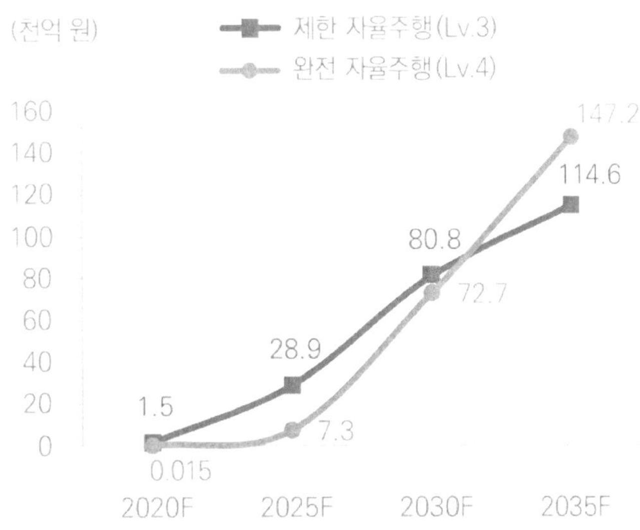

[그림 19] 국내 자율주행 자동차 시장규모 전망

[16]한국자동차산업협회(KAMA)에 따르면, 국내 커넥티드카는 2023년 3월을 기준으로 708만대
를 넘어섰으며, 이는 전체 자동차 등록 대수(약 2564만대)의 27.6%를 차지하고 있습니다. 커
넥티드카 시장은 작년에 285억 달러였으며, 매년 약 18.4%씩 성장할 것으로 예측되어 2032
년에는 1535억 달러까지 성장할 그것으로 예상된다

[17]국내 컨설팅 기업 맥킨지앤컴퍼니에 따르면, 국내 첨단 운전자 보조 시스템(ADAS) 시장은
2020년 130억 달러에서 연평균 성장률 13%씩 증가하여, 2030년에는 430억 달러에 이를 것
으로 전망되고 있다.

---

16) 커넥티드카 한국 연평균 증가율, 교통신문
17) 첨단 운전자 보조 시스템(ADAS), 맥킨지앤 컴퍼니

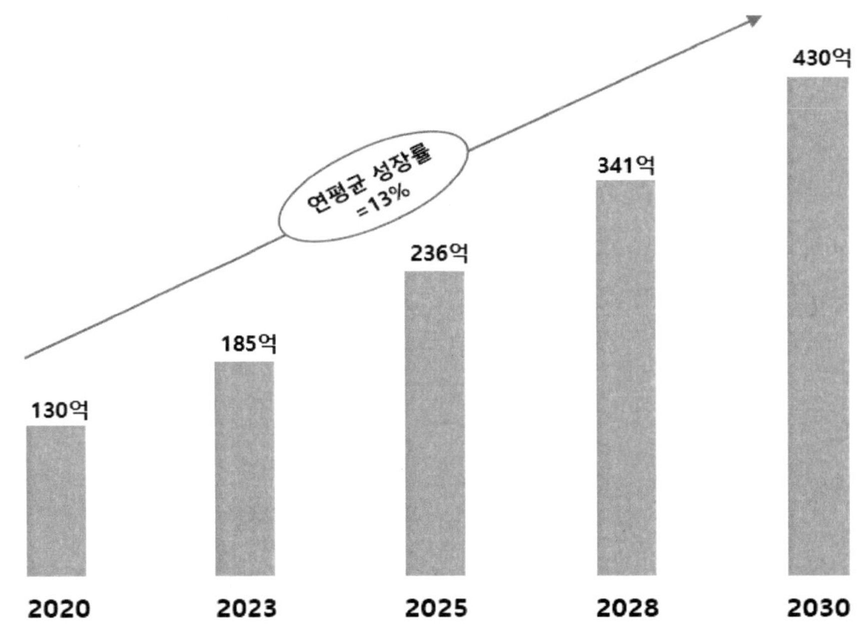

[그림 19] 국내 첨단 운전자 보조 시스템 시장 규모 및 전망(단위: 억달러)

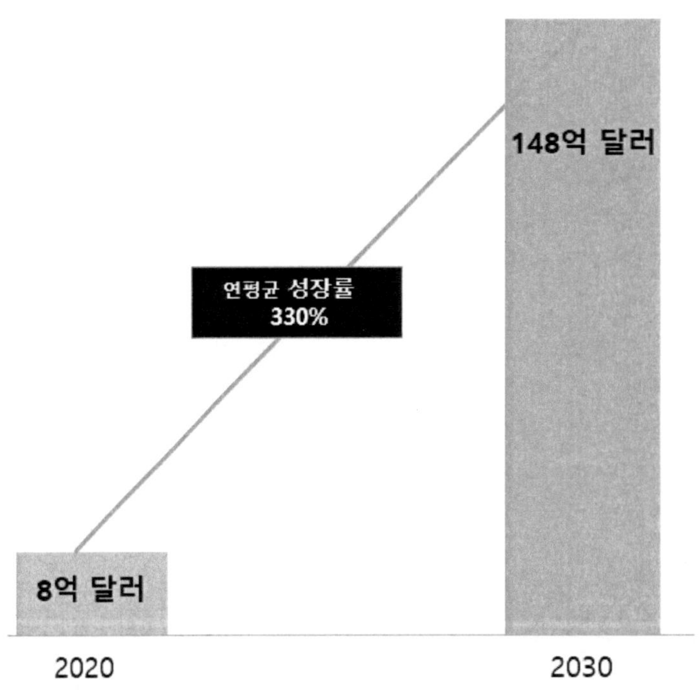

[그림 21] 국내 자동차 V2X 시장 규모 및 전망(단위:억달러)

4) 스마트 팩토리

MarketsandMarkets에 따르면, 한국의 스마트팩토리 시장 규모는 2018년 기준 약 80.6억 달러에 달하며, 2024년에는 1.9배 규모인 약 152.8억 달러 규모를 형성할 것으로 전망된다. 한국의 스마트팩토리 시장 연평균 성장률은 11.4%로 세계 시장에 비해 빠른속도(세계 스마트 팩토리 시장 연평균 성장률 9.8%)로 성장할 것으로 예측된다.

스마트팩토리 시장은 필드 디바이스 시장과 기술 요소 시장으로 구성된다. 필드 디바이스 시장은 PLM, MES와 같이 스마트팩토리 플랫폼에 사용되는 시스템들의 시장을 의미하며, 기술 요소 시장은 산업용 로봇, 센서, 머신비전, 3D 프린팅 등 요소 기술들에 대한 시장을 의미한다.[18)

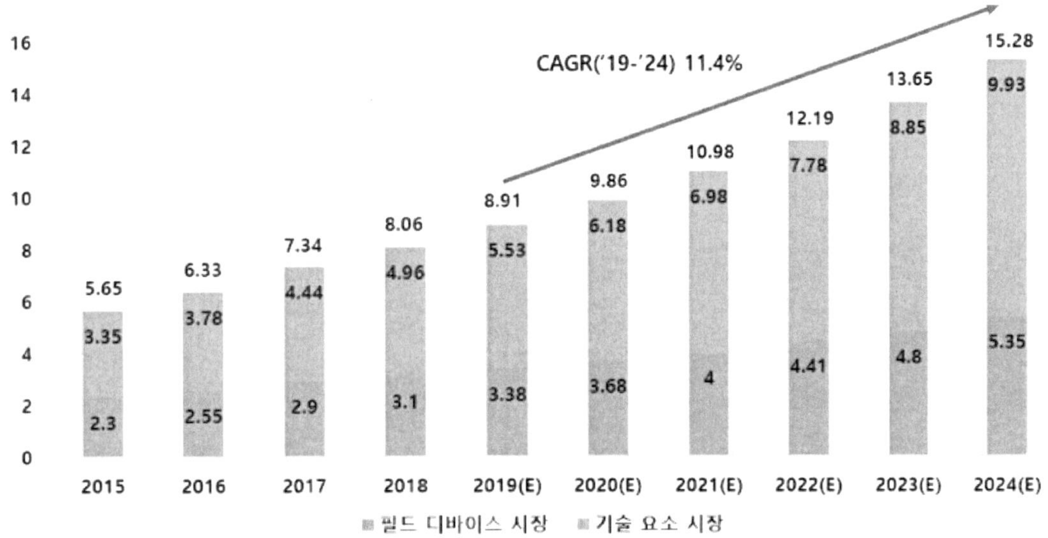

[그림 22] 한국 스마트팩토리 시장 전망 (단위: 10억 달러)

한국은 필드 디바이스보다는 기술 요소 시장의 비중이 더 크며, 2019년부터 2024년까지 필드 디바이스 시장의 CAGR은 9.6%, 기술 요소 시장의 CAGR은 12.4%로 기술 요소 시장의 높은 성장률에 힘입어 빠른 속도고 성장할 것으로 전망된다.

특히 국내 기술 요소 시장은 산업용 로봇 분야가 주류를 차지하고 있다. 국내 산업용 로봇 시장은 2018년 기준 26.9억 달러 규모로, 국내 스마트팩토리 기술 요소 시장의 54.2%를 차지하고 있으며, 2024년에는 49.8억 달러 규모까지 성장하며 국내 단일 기술 요소 시장 중 최대 규모를 유지할 것으로 전망된다.

산업용 3D 프린팅 시장은 2018년 기준 국내 스마트팩토리 기술 요소 시장 중 가장 작은 비중(1.8%)을 차지하는 상황이나, 2024년에는 국내 기술 요소 시장의 약 8.3% 수준까지 성장하여 기술 요소 시장들 중 가장 빠른 성장세를 보일 것으로 전망된다.

[18) 스마트팩토리 솔루션, 한국 IR 협의회, 2021.07.02

5) 스마트 그리드

[19]국내 스마트그리드 시장 규모는 연평균 4% 이상으로 성장할 것으로 예상되며, 2030년까지 세계 최초의 국가 단위 스마트그리드 구축을 계획하고 있다. COVID-19 팬데믹으로 인해 대한민국에서는 공급망 중단과 봉쇄 조치로 인해 진행 중인 프로젝트에 영향을 받아 시장이 혼란스러웠습니다. 시장 성장을 위해 정부가 다수의 스마트 시티를 구축하고 신재생 에너지를 그리드 네트워크에 통합하며 에너지 효율적인 인프라를 조성하는 정책 등이 향후 시장을 주도할 것으로 예상됩니다. 그러나 스마트 그리드 구조를 개발하는 데 필요한 높은 투자 비용으로 인해 예측 기간 동안 시장 성장에 제한이 있을 것으로 예상된다.

- AMI(Advanced Metering Infrastructure)부문은 그리드 개발 증가로 인해 양방향 전기흐름 모니터링을 제공하여 스마트 그리드 네트워크 시장을 크게 주도할 것으로 예상된다.
- 한국은 다른 정책으로 스마트 미터를 보급하여 100% 시장을 커버하는 것을 목표로 하고 있다.
- 재생 에너지 용량의 증가와 정부 정책 및 프로그램은 예측 기간 동안 한국 스마트 그리드 네트워크 시장을 주도할 가능성이 높다.

 스마트 그리드 시장은 총 5개의 분야(지능형 전력망, 지능형 소비자, 지능형 서비스, 지능형 운송, 지능형 신재생)로 나누어 볼 수 있으며, 이 중 지능형 전력망 부문이 가장 큰 시장규모를 차지할 것으로 전망되며, 지능형 신재생과 지능형 서비스 시장은 50%가 넘는 고성장이 예상된다.[20]국내 스마트 변압기 시장은 2022년 9,310만 달러에서 연평균 성장률 10.89%로 증가하여, 2028년에는 12,695만 달러에 이를 것으로 전망된다.

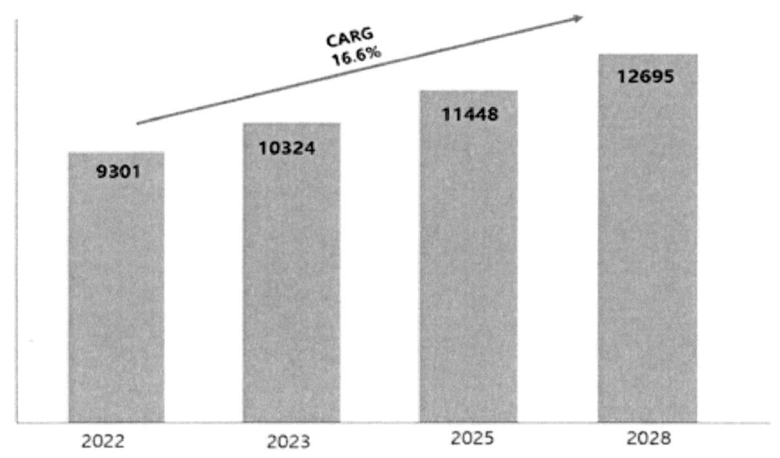

[그림 23] 우리나라 스마트 변압기 시장 규모 및 전망

---

[19] mordorintellignece, south korea smart gird network market size
[20] 스마트그리드, 한국IR협의회, 2021.02.25

국내 스마트 변압기 시장은 유형별로 배전 변압기, 특수 변압기, 전력 변압기, 계기용 변압기로 분류할 수 있다. 배전 변압기는 2022년 4,170만 달러에서 연평균 성장률 11.38%로 증가하여, 2025년에는 6,837만 달러에 이를 것으로 전망되며, 특수 변압기는 2022년 2,140만 달러에서 연평균 성장률 10.73%로 증가하여, 2025년에는 4,056만 달러에 이를 것으로 전망된다. 전력 변압기는 2022년 2,060만 달러에서 연평균 성장률 11.56%로 증가하여, 2025년에는 만 4,358달러에 이를 것으로 전망되며, 마지막으로 계기용 변압기는 2022년 930만 달러에서 연평균 성장률 7.92%로 증가하여, 2025년에는 1,544만 달러에 이를 것으로 전망된다.

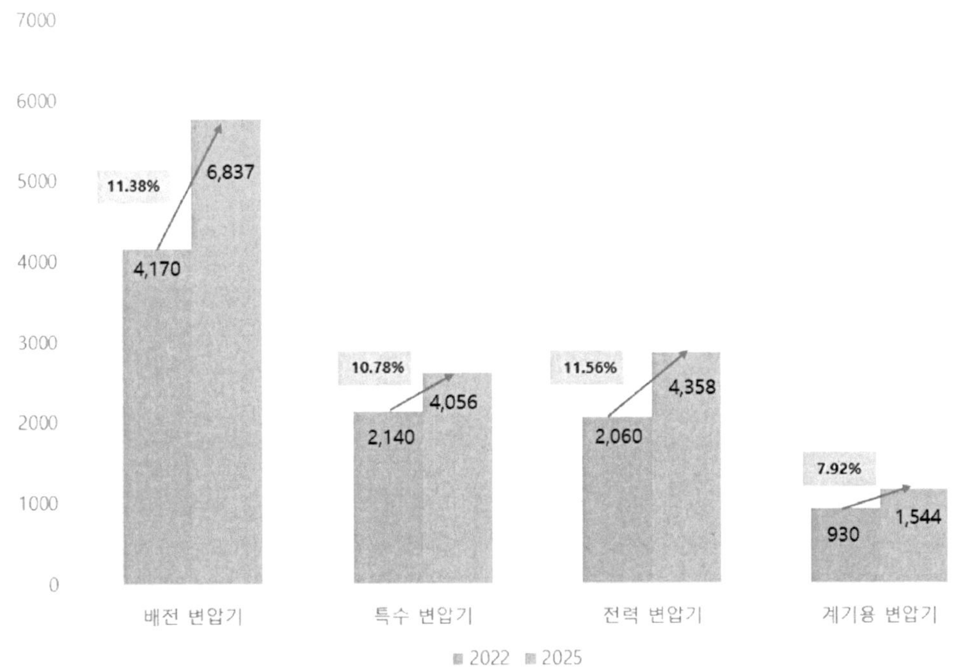

[그림 24] 우리나라 스마트 변압기 시장의 유형별 시장 규모 및 전망 (단위: 백만 달러)

국내 스마트 변압기 시장은 용도별로 스마트 그리드용, 기관차 견인용, 전기 자동차 충전용, 기타로 분류할 수 있다. 스마트 그리드용은 2022년 6,430만 달러에서 연평균 성장률 11.26%로 증가하여, 2025년에는 8,856만 달러에 이를 것으로 전망되며, 기관차 견인용은 2022년 1,030만 달러에서 연평균 성장률 10.67%로 증가하여, 2025년에는 1,396만 달러에 이를 것으로 전망된다. 전기 자동차 충전용은 2022년 850달러에서 연평균 성장률 10.61%로 증가하여, 2022년에는 1,150달러에 이를 것으로 전망되며, 마지막으로 기타는 2022년 640만 달러에서 연평균 성장률 9.13%로 증가하여, 2022년에는 990만 달러에 이를 것으로 전망된다.[21]

---

21) 스마트 변압기 시장, 연구개발특구진흥재단, 2019.01

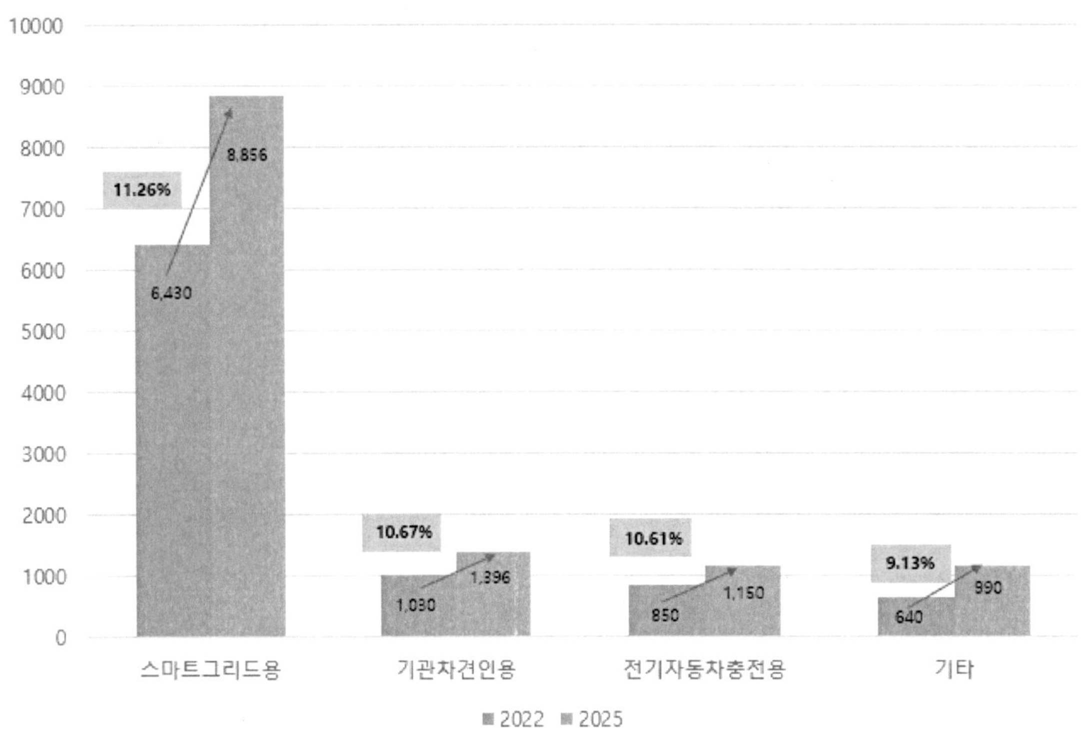

[그림 25] 우리나라 스마트 변압기 시장의 용도별 시장 규모 및 전망 (단위: 백만 달러)

나. 해외 사물인터넷 시장 현황

1) 스마트 홈

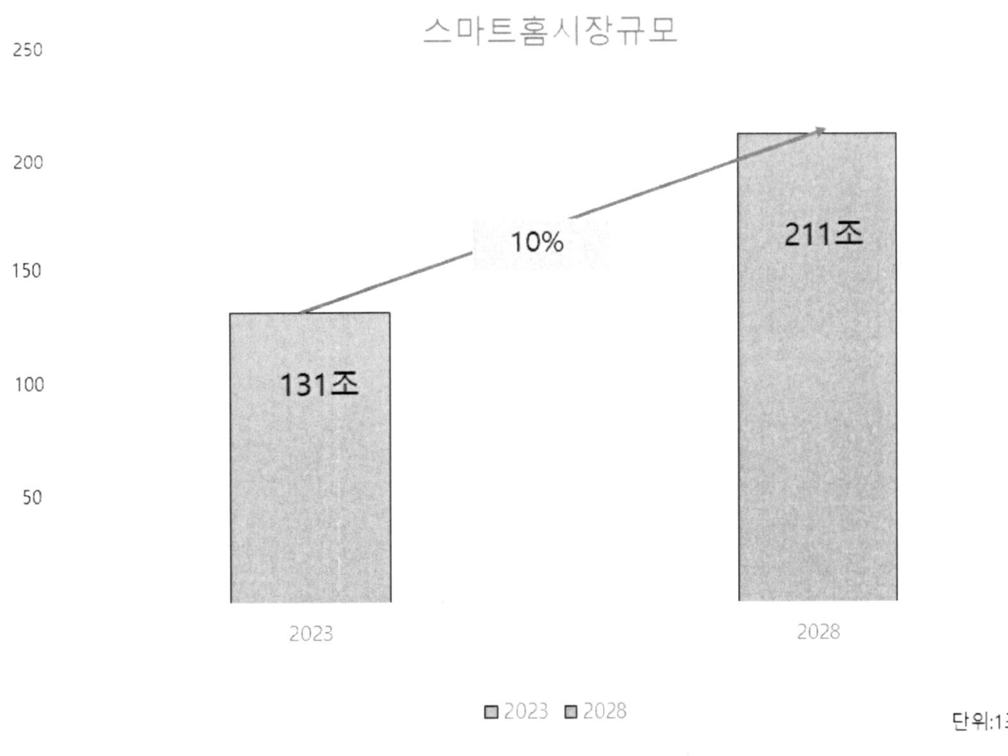

[그림 26] 글로벌 스마트 홈 시장 규모

[22] Statista에 따르면, 글로벌 스마트 홈 시장 보고서 규모는 2023년 약 131조 원 달러에서 2028년까지 약 211조 원으로 성장할 것으로 예상한다. 2023년부터 2028년까지 연평균 성장률 (CAGR) 10.0%로 성장할 것이다. 스마트 홈 분야의 최대 시장은 미국과 유럽이며 중국 시장에서도 빠르게 확대될 전망이다. 현재 애플, 구글, 삼성전자를 비롯하여 AT&T, 도이치텔레콤, 아마존 등도 스마트 홈 서비스와 플랫폼 출시에 박차를 가하고 있다.

 Strategic Analysis의 자료에 덧붙여 스태티스타의 '스마트홈 보고서 2020'에 나온 스마트 홈 시장 전망에 대해서도 알아보자. 스태티스타의 보고서에 따르면 세계 스마트홈 시장은 2019년 664억 달러에서 연평균 17.6% 증가하여 2025년에는 1,757억 달러 규모로 예상된다.

 세계 스마트홈 시장 중에서 중국이 주도하고 있는 스마트가전 부문이 가장 많은 비중을 차지하고, 스마트 도어 및 전구를 포함하는 컴포트앤라이트닝 부문은 이케아, 필립스휴, 티피링크 등 소수 선도업체가 독점하고 있는 것으로 조사되었다. 향후, 스마트홈과 스마트오피스, 스마트빌딩, 스마트시티 등 유비쿼터스 환경에 대한 수요가 늘어날 것으로 전망되며, 스마트가전 및 스마트헬스케어 같은 새로운 분야로 적용분야가 넓어지면서, 스마트홈 시장은 계속 성장할

---

[22] Global Smart Home Market, marketsandmarkets, 2023

것으로 전망된다.

 사물인터넷, 빅데이터, 인공지능과 같은 디지털 기술들이 다양한 산업 기술들과 결합하여 산업의 패러다임을 변화시킨 4차 산업혁명 시대를 맞이하여, 스마트홈 산업도 건물 내부공간을 편리하게 활용하고, 관련된 서비스들을 원활하게 이용할 수 있는 방향으로 발전하고 있다. 1인 가구 및 맞벌이 가구의 증가, 고령화 등으로 인하여 스마트홈에 대한 관심은 더욱 높아질 것으로 기대된다. [23]

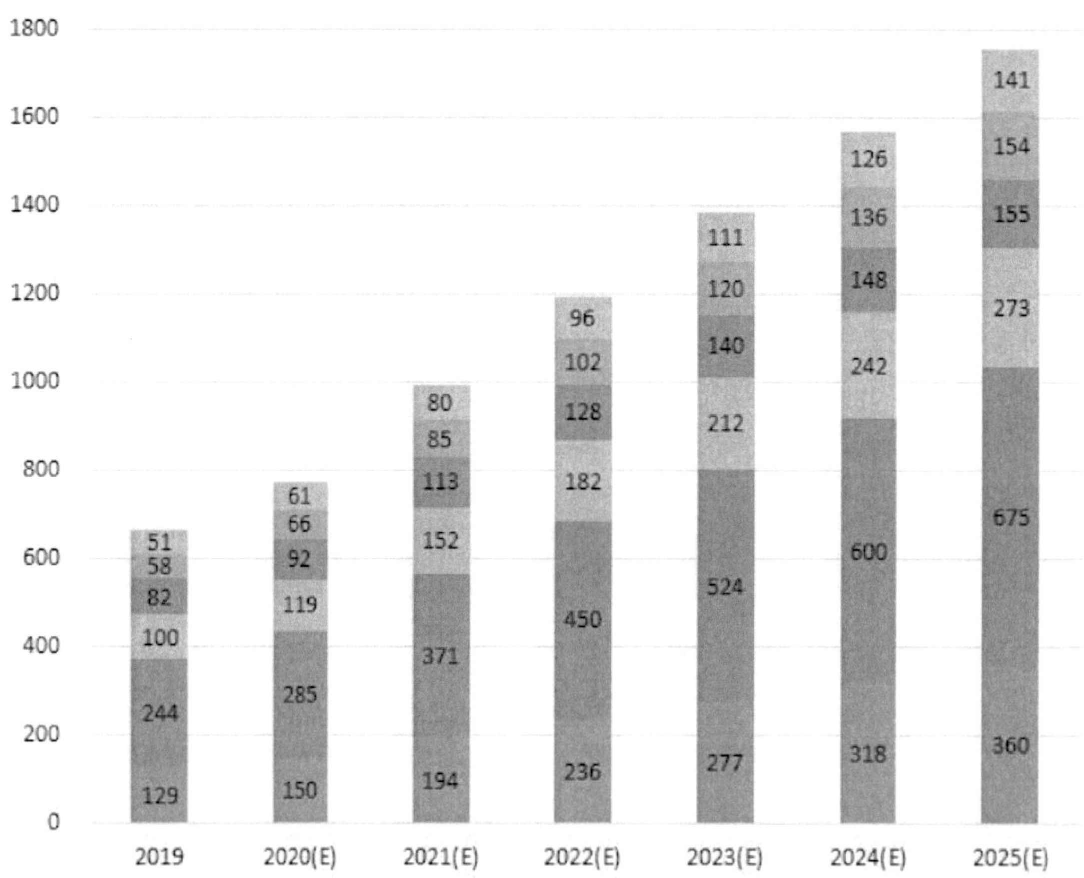

[그림 27] 세계 스마트홈 시장 규모 및 추이(단위: 억 달러)

---

[23] 코맥스(036690), IR협의회, 2021.03.18

2) 스마트 시티[24]

 인구의 급격한 증가와 도시 관리 필요성에 대한 인식 증가로 스마트 시티관련 지출은 매년 증가하고 있다. [25]그랜드뷰 리서치(Grand View Research) 조사에 따르면, 스마트 시티 세계 시장은 2022년 기준으로 1조 2,269억 달러(1500조)로 추정되며, 2030년까지 6조 9,650억 달러(9000조)로 성장할 것으로 전망된다. 또한, 2023년에는 스마트 시티 세계 시장이 연간 약 25.8% 성장률을 기록할 것으로 예측된다.

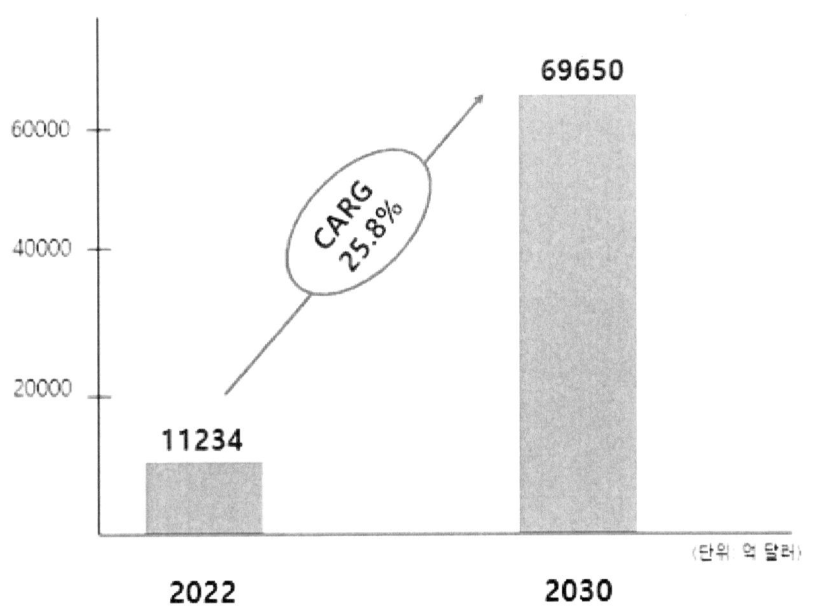

[그림 28] 스마트 시티 관련 지출 (단위: 억 달러)

 스태티스타의 조사에 따르면, 모빌리티 분야는 스마트 시티 프로젝트 중 규모가 가장 클 것으로 예측된다. 2019년 스마트 시티 모빌리티 분야 시장규모는 1,557억 달러를 기록했으며, 2025년까지 연평균 13.5%씩 증가하여 3,328억 달러를 기록할 것으로 보인다.

 에너지 분야 시장규모는 2019년 1,185억 달러에서 연평균 9.7%씩 증가하여 2025년 2,061억 달러를 기록할 전망이다. 스마트 인프라와 스마트 빌딩, 스마트 헬스케어 프로젝트의 연평균 성장률은 각각 5.7%, 11.7%, 10.8%를 기록하여 2025년에는 1,639억 달러, 1,855억 달러, 587억 달러까지 증가할 것으로 추산된다.

---

24) 품목별 보고서 - 스마트 ICT, 정보통신산업진흥원, 2020
25) 스마트 시티 글로벌 시장 규모, 그랜드뷰 리서치(Grand View Research),2023

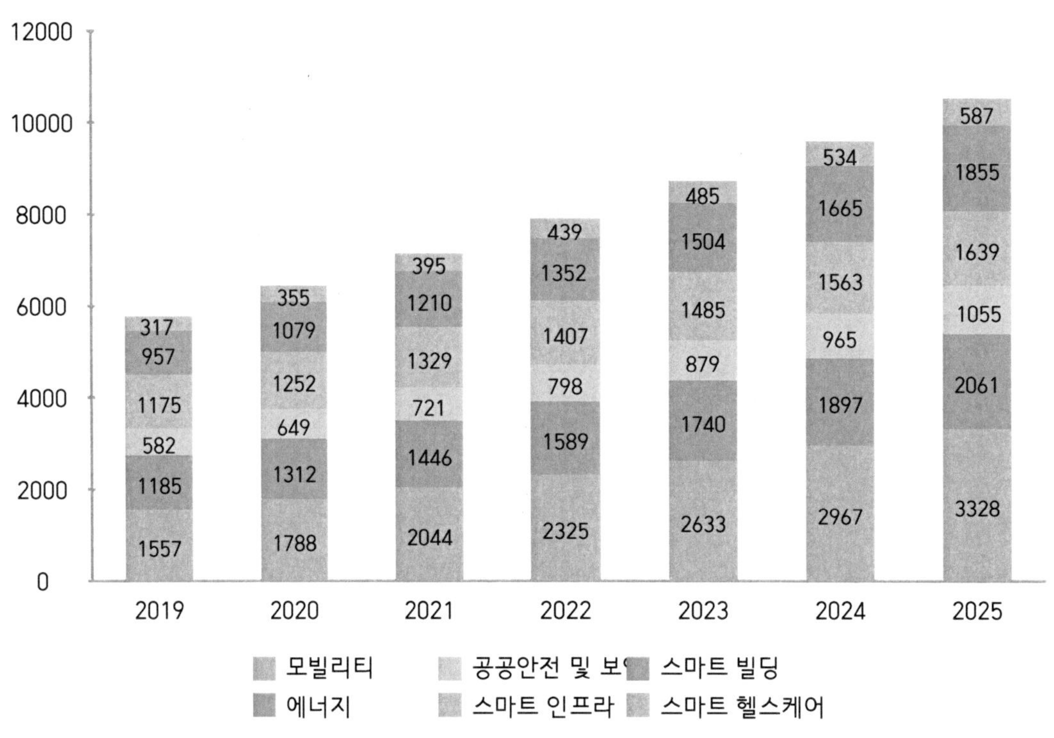

[그림 29] 스마트 시티 관련 지출 (단위: 억 달러)

IDC에 따르면, 2020년 스마트 시티 계획에 가장 많은 지출을 할 것으로 예상되는 국가는 전체 지출의 25.9%를 차지한 미국으로 나타났다. 2위는 서유럽으로 24.7%를 차지한 것으로 나타났으며 3위는 21.5%의 중국으로 나타났다. 한편, 스마트 시티 분야에 가장 많은 지출을 할 것으로 예상되는 상위 4개 도시에는 싱가포르와 도쿄, 뉴욕, 런던이 포함되었으며 네 도시의 총 지출은 10억 달러를 기록할 전망이다.

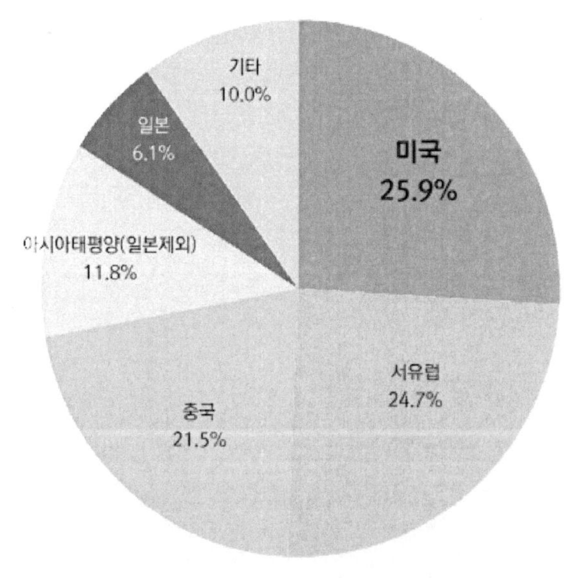

[그림 30] 2020년 스마트 시티 분야 지출 예상 순위

3) 스마트 카

 시장조사기업 IHS마킷(IHS Markit)은 2020년 전 세계 커넥티드카(Connected Car) 판매량
이 4,750만대이며, 2021년에는 20%가량 증가해 5,680만대가 판매될 것으로 전망했다. 컨설
팅기업 PwC 또한, 커넥티드카의 성장을 예견했다. 전 세계 자동차 시장은 2015년 5조 달러
규모에서 2030년 7조 8천억 달러 규모로 지속적인 성장이 전망된다.

 그러나 전체 시장 대비 완성차 매출은 2015년 49%에서 2030년 44%로 감소할 것이며, 커넥
티드카 관련 부문이 전체 자동차 시장 성장을 견인할 것으로 전망했다. 컨설팅기업 BI 인텔리
전스(BI Intelligence)는 미국 커넥티드카 서비스 및 하드웨어 산업 규모가 2015년 500억 달
러 규모에서 2020년 약 1,600억 달러 규모로 성장했다고 조사 결과를 발표했다.

 시장조사기업 얼라이드 마켓 리서치(Allied Market Research)는 차량용 인포테인먼트 시장
이 2026년까지 연평균 8.3% 성장해 2,153억 달러 규모에 달할 것으로 전망했다. 통신기술과
자율주행 기술의 발전, 커넥티드카 확산에 따른 예측이다.

 차량용 인포테인먼트(In-Vehicle Infotainment, 이하 IVI) 시장은 설치유형, 구성요소, 지역
에 따라 구분된다. 설치유형에 따라 OEM과 애프터마켓으로 나뉜다. 애프터마켓(After
Market)은 2020년 기준 전체 인포테인먼트 시장의 3/5를 차지하고 있으며, OEM 부분은
2026년까지 연평균 10% 성장이 전망된다. 구성요소는 하드웨어와 소프트웨어로 구분된다. 하
드웨어 부문은 2018년까지 인포테인먼트 시장 총매출의 2/3을 차지했다. 그러나 소프트웨어
부문이 2026년까지 연평균 9.1%의 빠른 성장세를 기록할 것으로 전망되며 무게중심이 하드웨
어에서 소프트웨어로 이동 중이다. 지역별로는 북미, 유럽, 동아시아 및 LAMEA3 지역을 중
심으로 성장 중이다. 특히 유럽은 CAGR(연평균성장률) 9.9%를 기록하며 가장 빠르게 성장하
는 시장이다.[26]

 글로벌 자율주행 자동차 시장 규모는 2025년 약 1,549억 달러, 2030년에 6,565억 달러,
2035년에 약 1조 1,204억 달러를 기록하며 연평균 41.0% 성장할 것으로 예상된다. 2030년을
지나 자율주행 기술이 성숙되면서, 제한 자율주행 자동차와 완전 자율주행 자동차의 시장 규
모가 역전될 것으로 보인다. 특히 완전 자율주행 자동차 시장의 연평균 성장률은 2035년까지
84.2%를 유지할 것으로 전망되었는데, 이는 자율주행 기술 및 인프라 발전에 대한 시장의 높
은 기대감을 보여준다.[27]

---

26) 차량용 인포테인먼트 시장의 경쟁 전략, Korea Communication Agency, 2021
27) 자율주행이 만드는 새로운 변화, KPMG, 2020

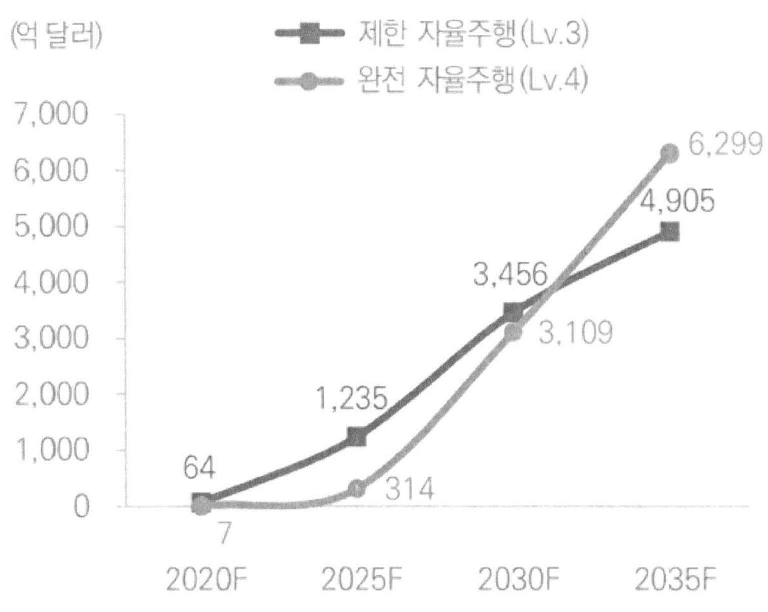

[그림 31] 글로벌 자율주행 자동차 시장규모 전망

[28]PRECEDENCE RESEARCH에 따르면 2022년에는 446.2억 달러로 평가된 자율주행 ADAS 센서 시장 규모가 있으며, 2023년부터 2032년까지 연평균 복합 성장률(CAGR)이 13.8%로 성장하여 2032년에는 1,582.4역 달러에 도달할 것으로 예상한다. 자율주행 ADAS는 운전 중에 운전자에게 편의, 안전 및 효율성을 제공하여 운전자, 승객 및 보행자의 안전과 보안을 향상하는 다양한 액티브 및 패시브 시스템으로 구성됩니다. ADAS 센서 시장은 주로 레이더(Radar), 카메라(Camera), 초음파(Ultrasonic), 라이다(LiDAR) 등 다양한 유형의 센서로 구성되어 있다. 현재, 글로벌 ADAS 센서 시장은 꾸준한 성장세를 이어가고 있다. 센서 기술의 발전과 자율주행차량의 증가에 따른 수요 증가가 이러한 성장을 견인하고 있다. 시장의 주요 업체들은 자동차의 안전 조치, 더 많은 편의성 및 높은 효율성에 대한 수요의 증가로 인해 연구 및 개발에 막대한 투자를 하고 있다.

---

[28] Smart Mobility Market, precedenceresearch, 2020

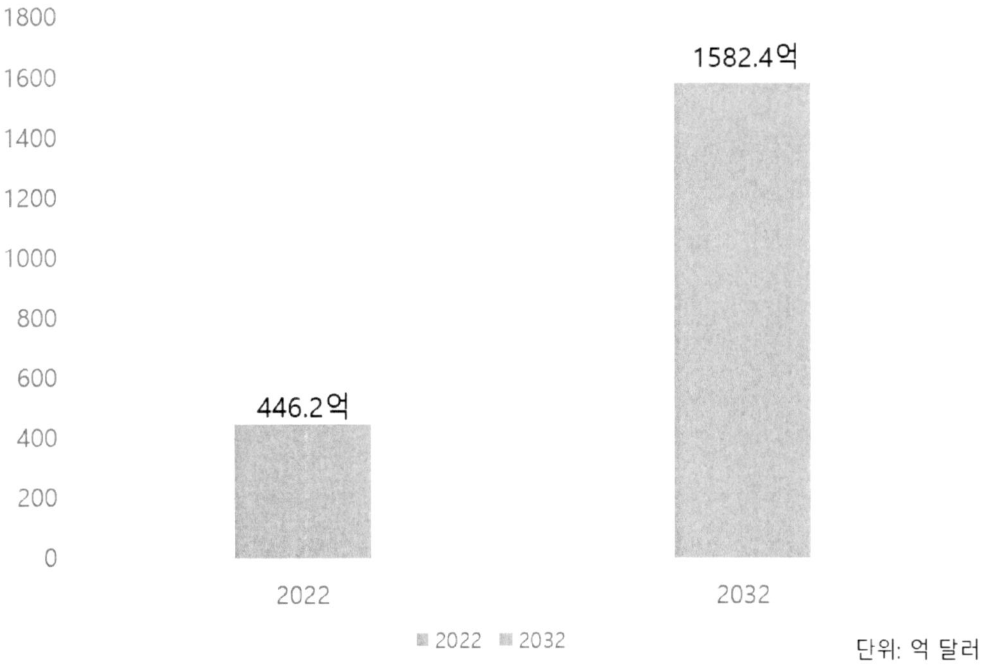

[그림 33] 글로벌 ADAS(첨단 운전자 보조 시스템) 시장 규모 전망

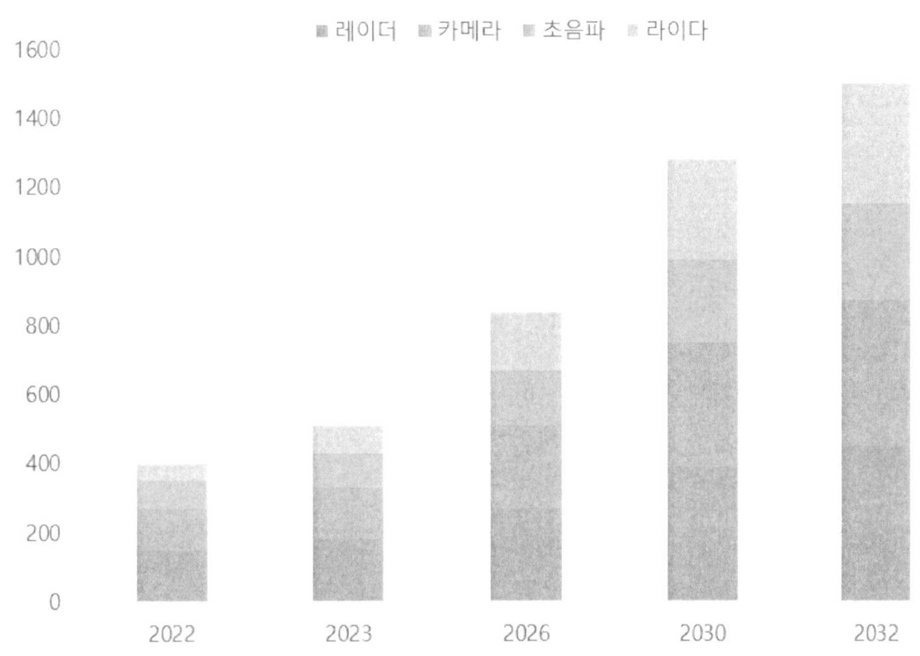

[그림 34] 글로벌 ADAS(첨단 운전자 보조 시스템) 센서 시장 규모 전망

　2020년 기준으로 전 세계 V2X 시장 규모는 약 35억 달러를 기록한 이후 연평균 35.2% 성장하여 2025년에는 약 158억 달러에 이를 것으로 전망되며, 셀룰러 기반의 Cellular-V2X 시장 규모 또한 2018년 약 4억 달러에서 2025년 8억 3천만 달러 규모로 연평균 11.0% 성장할 것으로 보인다.

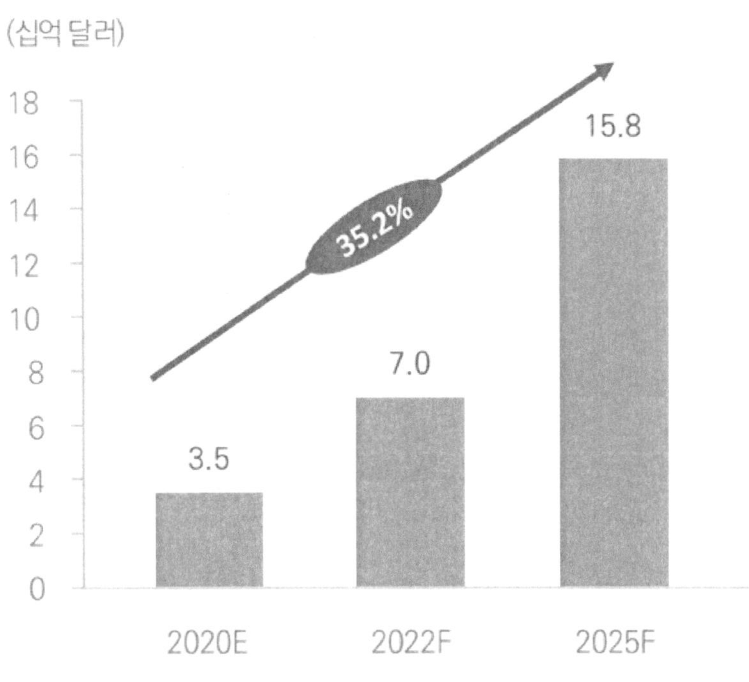

[그림 36] 글로벌 V2X 시장 규모 전망

　글로벌 차량공유 비즈니스 시장 규모는 2025년 2,000억 달러를 기록한 이후 2050년 4조 달러를 초과할 것으로 전망되고 있다. 이에 따라 자율주행 인프라에 대한 수요가 증가할 것으로 보인다.

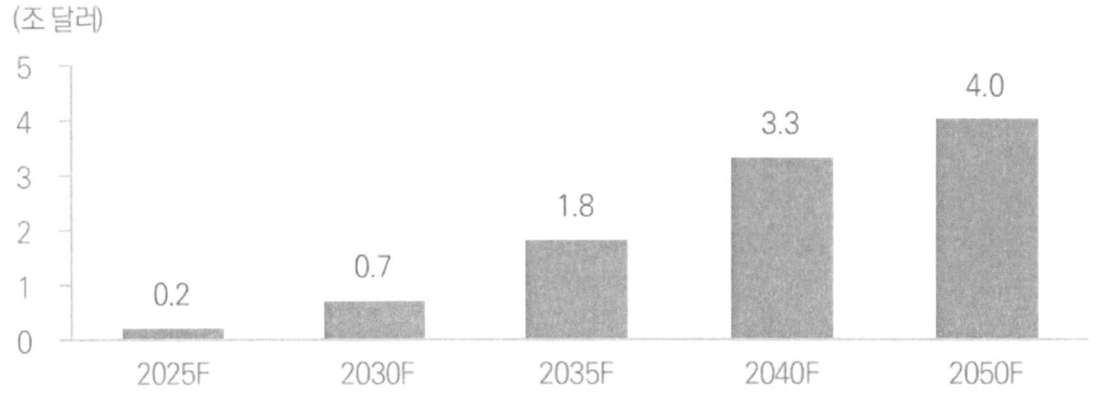

[그림 37] 차량공유 비즈니스 시장 규모 전망

4) 스마트 팩토리[29)

 MarketsandMarkets 에 따르면, 스마트팩토리 시장 규모는 2022년 1,100억 달러를 넘어섰
으며 2023년부터 2032년까지 9% 이상의 CAGR을 보일 것으로 예상한다..

스마트 팩토리에 5G 네트워크가 빠르게 구축됨에 따라 업계 전망이 크게 가속화될 것이다.
최근 몇 년 동안, 여러 스마트 팩토리 소유자는 5G 기술의 도움으로 셀룰러 기술을 더욱 안
전하게 배치하고 다양한 사용자에 알맞게 개인화하고 있다. 5G 지원 장비를 통한 센서의 통
합으로 연결이 없는 제조 네트워크에서 기계로의 데이터 수집이 원활한 실시간 최적화를 제공
할 수 있으므로, 강력하고 신뢰할 수 있는 연결을 확보하기 위해 스마트 팩토리에서 5G 네트
워크를 과도하게 채택하는 것은 산업 확장에 영향을 미칠 것이다.

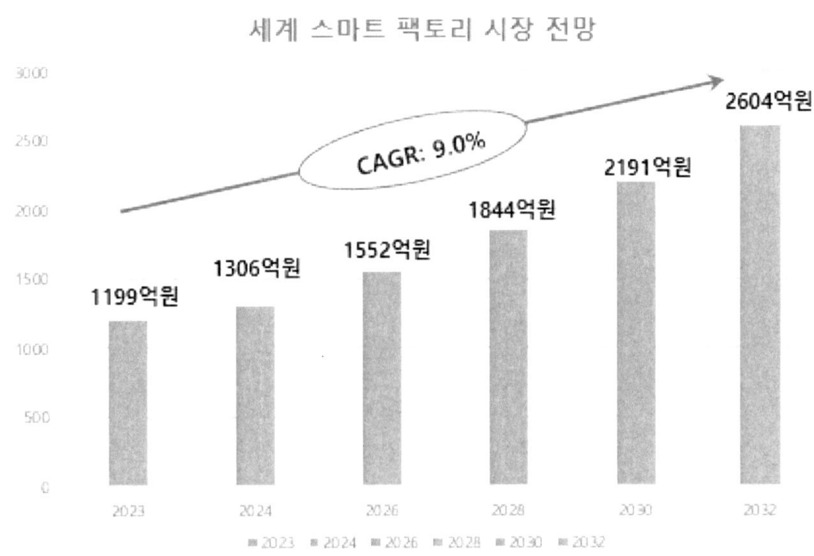

[그림 38] 세계 스마트팩토리 시장 전망(단위: 10억 달러)

 시장조사 전문기관인 MAXIMIZE에 따르면 전 세계 스마트팩토리 시장은 2027년 2938억
5000만 달러에 달할 것으로 예상하는 가운데 코로나 19 영향으로 2019년부터 2027년 연평균
성장률은 9.7%에 이를 것으로 보인다.[30)

---

29) 스마트 팩토리 솔루션, 한국 IR 협의회, 2021.07.02
30) gminsight. smart factory market

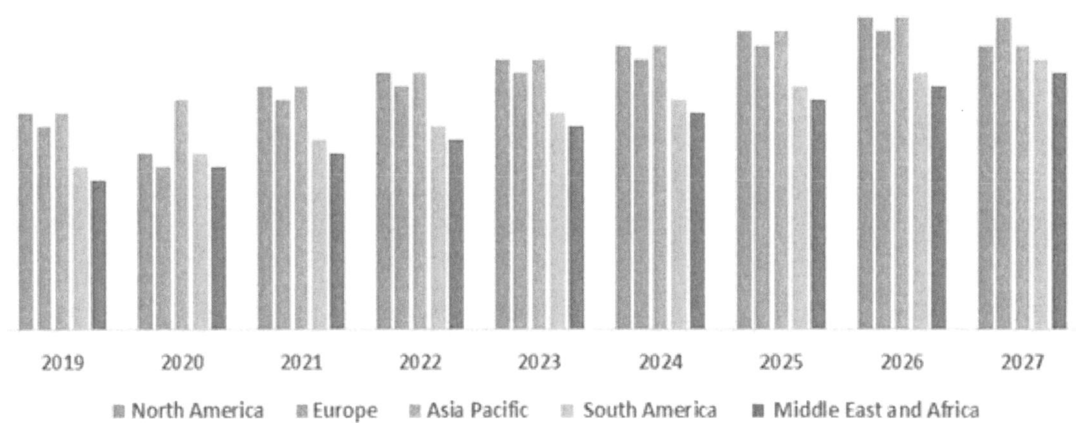

[그림 39] 전 세계 지역별 스마트팩토리 시장(2020~2027) (단위: 십억 달러)

5) 스마트 그리드

31) MarketsandMarkets 에 따르면, 전 세계 스마트 그리드 시장 규모는 2021년 431억 달러로 평가되었으며, 스마트 그리드 산업은 2021년부터 2026년까지 연평균 19.1% 성장하며 2026년까지 1034억 달러에 이를 것으로 예상한다. 또한, 세계 정부는 스마트 그리드에 대한 투자를 장려하고 있다.

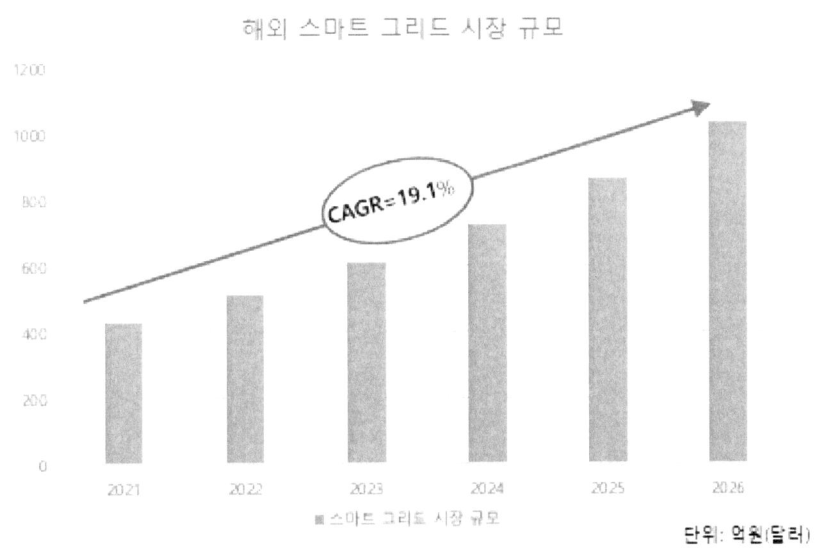

[그림 40] 스마트 그리드 시장 규모 및 전망

32)스마트 그리드 시장은 종류별로 소프트웨어, 하드웨어, 서비스로 분류할 수 있다. 소프트웨어는 2018년 93억 330만 달러에서 연평균 성장률 26.1%로 증가하여, 2023년에는 296억 8,800만 달러에 이를 것으로 전망되며, 하드웨어는 2018년 80억 1,140만 달러에서 연평균 성장률 9.1%로 증가하여, 2023년에는 123억 7,900만 달러에 이를 것으로 전망된다. 마지막으로 서비스는 2018년 64억 3,540만 달러에서 연평균 성장률 24.4%로 증가하여, 2023년에는 191억 8,310만 달러에 이를 것으로 전망된다.

---

31) south korea smart grid network market,mordorintelligence, 2020
32) 스마트 그리드 시장, 연구개발특구진흥재단, 2019.01

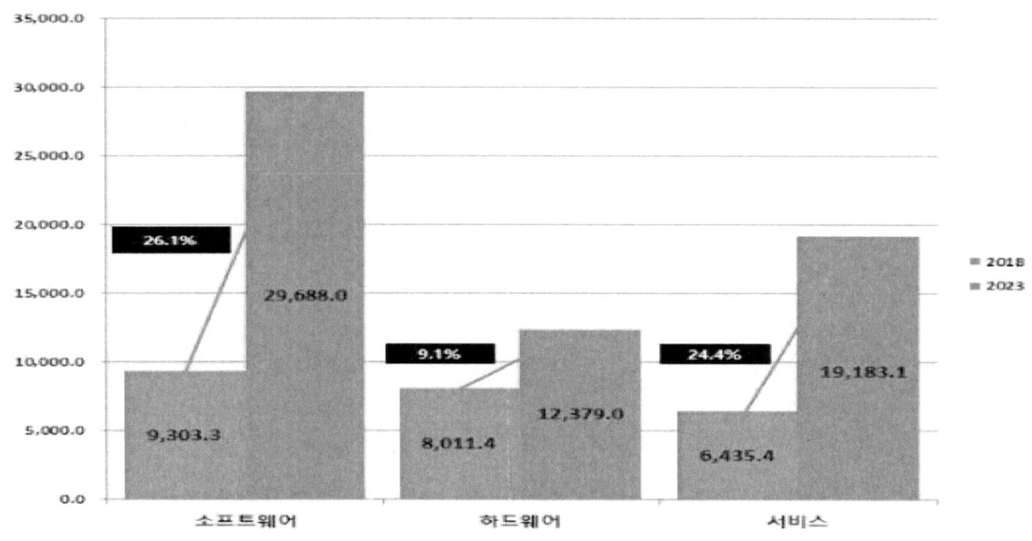

[그림 41] 스마트 그리드 시장의 종류별 시장 규모 및 전망 (단위: 백만 달러)

스마트 그리드 시장은 소프트웨어별로 스마트 그리드 배전 관리, 변전소 자동화, 스마트 그리드 네트워크관리, 그리드 자산 관리, 지능형 검침 인프라(AMI), 스마트 그리드 보안, 청구 및 고객 정보 시스템(CIS)으로 분류할 수 있다. 스마트 그리드 배전 관리는 2018년 21억 5,480만 달러에서 연평균 성장률 33.2%로 증가하여, 2023년에는 90억 2,120만 달러에 이를 것으로 전망되며, 변전소 자동화는 2018년 18억 8,260만 달러에서 연평균 성장률 14.4%로 증가하여, 2023년에는 36억 9,510만 달러에 이를 것으로 전망된다. 스마트 그리드 네트워크 관리는 2018년 17억 5,250만 달러에서 연평균 성장률 27.6%로 증가하여, 2023년에는 59억 3,800만 달러에 이를 것으로 전망되며, 그리드 자산 관리는 2018년 15억 3,800만 달러에서 연평균 성장률 26.9%로 증가하여, 2023년에는 50억 6,240만 달러에 이를 것으로 전망된다. 지능형 검침 인프라(AMI)는 2018년 9억 6,010만 달러에서 연평균 성장률 29.5%로 증가하여, 2023년에는 34억 9,250만 달러에 이를 것으로 전망되고, 스마트 그리드 보안은 2018년 6억 2,020만 달러에서 연평균 성장률 21.2%로 증가하여, 2023년에는 16억 2,110만 달러에 이를 것으로 전망되며, 마지막으로 청구 및 고객 정보 시스템(CIS)은 2018년 3억 9,500만 달러에서 연평균 성장률 16.8%로 증가하여, 2023년에는 8억 5,770만 달러에 이를 것으로 전망된다.

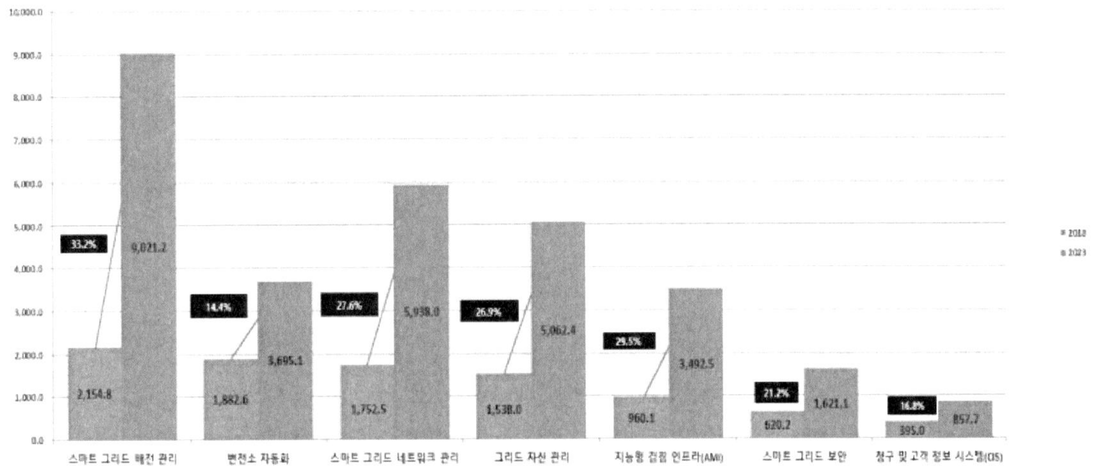

[그림 42] 스마트 그리드 시장의 소프트웨어별 시장 규모 및 전망 (단위: 백만 달러)

4

—

사물인터넷 산업 현황

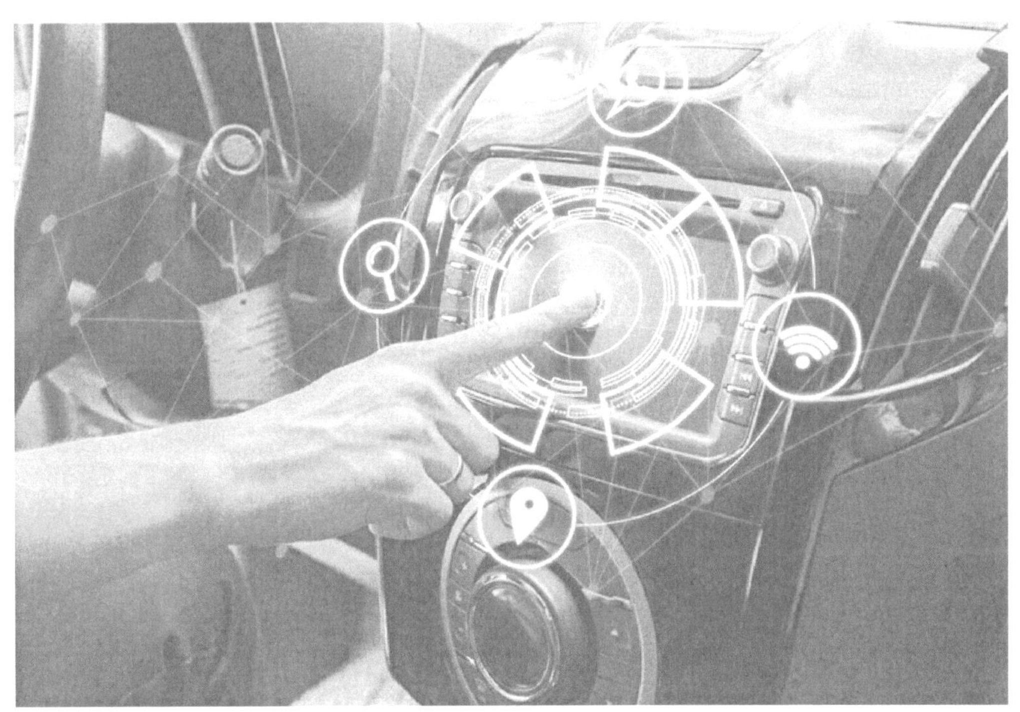

4. 사물인터넷 산업 현황
가. 국내 사물인터넷 산업 현황
1) 스마트 홈[33)

스마트 홈 시장의 성장과 함께 국내외 주요 기업은 스마트홈 시장에 활발히 진출하고 있다. 국내에서는 가전, 가구, 통신, 건설, 인터넷 사업자 등 다양한 업종의 기업이 스마트홈을 신사업으로 추진 중이다. 먼저 가전 제조업을 살펴보면, 인공지능과 사물인터넷 중심의 첨단 ICT를 적용한 스마트가전 신제품 출시를 강화하고 타 기업 또는 업종과 협력하여 스마트홈 플랫폼 확장을 진행하는 중이다.

삼성전자는 2020년 3월 주주총회에서 5G 기반의 기기 간 연결 확대와 빅데이터·AI 접목을 통한 빠른 IoT화, 건설사 및 가전 유통·설치업체와 협력한 빌트인 가전·홈IoT 사업의 확대를 발표하였다. 주요 가전의 스마트제품 출시뿐 아니라 제조, 통신, 플랫폼 영역을 모두 결합한 스마트홈 종합 기업으로 변화하고 있다. [34)2023년 1월, 삼성전자는 저렴하고 사용자 친화적인 스마트 홈용 허브인 SmartThings Station을 공개했으며, 급속 충전 스테이션도 겸하고 있다. 더해 사용자 친화적인 새로운 스마트 홈 허브를 통해 수많은 연결된 장치를 쉽게 상호 운용하고 제어할 수 있다. 빠르게 확장되고 있는 자산 추적 서비스인 삼성의 SmartThings find도 SmartThings station과 연결된다. 사용자는 이를 사용하여 잃어버린 가제트를 찾을 수 있다.

LG전자는 프리미엄 전략의 성공적 추진에 힘입어 2020년 각종 AI 신제품 출시를 확대하고 스마트홈 B2B 사업을 추진하였다. 2020년 9월에는 「국제가전박람회 IFA2020」에서 각종 스마트홈 기술과 제품이 집적된 모델하우스 'LG 씽큐 홈'을 소개하였다.

중견기업은 제품과 서비스를 결합한 렌탈방식의 판매 모델을 통해 고객만족도와 부가가치를 높이고 있다. 렌탈 모델은 소비자의 지출 여력을 높이는 방식으로 국내 스마트가전 보급에 긍정적 영향을 끼친 것으로 판단된다. 이에 따라, 주요 중견기업의 최근 실적은 높은 성장세를 유지하고 있다.

---

33) 포스트 코로나 시대의 스마트 홈 산업 발전전략, KIET, 2021
34) 삼성전자 스마트홈 손쉽게 구현 '스마트싱스 스테이션' 출시, 한겨례, 2023

기업명	제품명	제품 개요
KY 금영	쥬크5 (JUKE5)	프리미엄 가정용 반주기
비컨	비컨 (Becon)	탈모/두피 진단기
시큐라인	에너로이드 2	배터리 자동충전기
아이와나테크	맘 공기청정기	자동차 에어컨 필터 호환 소형 공기청정기
에쓰밴드	아이비스킷 (ibiscuit)	아이 이탈 알림 스마트 IoT 디바이스
에이치씨랩	백키퍼 (BackKeeper)	헬스케어 IoT 스마트 방석
초이스테크놀로지	써모세이퍼 XST400	스마트 모니터링 체온계
파이네트웍스	파이골프	실내 골프 시뮬레이터
래브라도 시스템즈	래브라도 리트리버	가정용 AMR
모엔	스마트 수도꼭지(smart faucet)	음성, 몸동작 제어 수도꼭지

[표 5] 중소기업의 스마트 디바이스 주요 제품

 중소기업은 포스트 코로나시대의 소비자 수요에 부합하는 스마트 소형 가전제품을 활발하게 출시하고 있다. 주요한 특징은 다양한 업종이 스마트홈 시장에 참여하면서 업종 간 협력과 경쟁이 활발하다는 점이다. 건설, 이동통신, 홈네트워크, 인터넷서비스 등 다양한 분야의 사업자가 스마트홈 사업을 추진하면서 업종 간 협력을 통한 제품개발이 활발하며 시장지배력 강화를 위한 노력이 시도되고 있다. 제조기업은 서비스와 콘텐츠를 강화하고, 서비스기업은 전용 제품의 출시로 제조 영역을 강화하는 등 부족한 영역을 보완하여 시장에 진출하는 모습이다.

 스마트홈 관련 인공지능 기술력과 산업 경쟁력 강화를 위해 기업 협의체가 구성되었다. 2020년 2월에는 SKT, 카카오, 삼성전자의 AI 협의체가 출범하였고, 이어지는 2020년 6월에는 KT, LG전자, LG유플러스가 'AI원팀'을 구성했다. 이러한 협력체는 업종 간 협력을 통해 기존 사업의 다각화와 신사업 추진을 촉진하며, 신서비스와 신제품을 빠른 속도로 출시하고 있다. 그리고 [35]현재 2023년에는 KT와 코웨이가 미래 스마트홈 시장에서의 협력을 위해 파트너십을 맺었다. 이 협력의 주요 분야에는 홈디지털 고도화와 신규 서비스 출시, 양사 상품 결합 시너지 확대, 그리고 펫가구와 1인가구 등의 특화사업이 포함된다. 이를 위해 먼저, KT의 인공지능 플랫폼인 기가지니에 연동되는 코웨이의 환경 가전 제품 라인업을 확대하는 작업이 시작될 예정이다.

---

[35] 코웨이, KT와 전략적 비즈니스 파트너십 체결. 데일리팝, 2022.11

	주요동향
건설	• 주요 기업은 경쟁사와 차별화를 위해 수년 전부터 통신·가전·인터넷서비스사 등과 협력하여 자사 브랜드에 스마트홈을 구축하기 시작, 최근에는 자체 스마트홈 플랫폼 개발을 추진 중 • 주요 기업(플랫폼명) : 현대건설(하이오티), 삼성물산(래미안 AIoT 플랫폼), 포스코건설(아이큐텍), GS건설(자이AI 플랫폼), 대우건설(스마트홈 푸르지오 플랫폼), 롯데건설(캐슬 스마트홈)
이동통신	• 기존 가정용 통신·인터넷 서비스에 스마트 기기와 서비스를 결합한 스마트홈 솔루션 공급으로 새로운 수익 창출 • LG유플러스의 스마트홈 서비스는 여러 제조사의 스마트가전 및 기기를 결합한 패키지 형태로 제공하며, 약정에 따른 월 이용료를 부과
홈네트워크	• 코맥스, 코콤 등 주요 기업은 댁내 스마트 월패드 기반의 음성인식, 가전제품 연동, 보안·감시 서비스 등을 포함하는 스마트홈 솔루션 제공
인터넷서비스	• 네이버, 카카오는 스마트스피커 시장에 진출하여 AI 기술을 기반으로 가전, 통신, 건설 등 다양한 업종의 기업과 협력을 확대하고 있으며, 이를 통해 자사의 서비스 채널을 확대 • IoT 전문기업 그립은 스마트홈 서비스를 제공하는 독립형 IoT 허브를 2018년 출시하였고, 중소 가전제조사의 디지털 전환을 지원하는 AIoT(인공지능 사물인터넷) 플랫폼 서비스를 제공

[표 6] 산업 분야별 스마트홈 추진 동향

2) 스마트시티[36)]

  정부는 2019년 7월 15일 '제3차 스마트시티 종합계획(2019~2023)'을 수립하여 고시했다. 정부는 2016년 5월 스마트시티 사업정책 총괄부서인 '도시경제과' 신설을 시작으로, '스마트시티 특별위원회' 신설하고 '스마트시티 추진 전략'을 마련하여 스마트 도시의 조성 및 확산을 추진하였다. 제3차 스마트시티 종합계획에서는 과거 신도시에만 획일적으로 적용되던 스마트시티 조성사업을 '국가 시범도시', '기존도시', '노후도시'로 세분화하여 단계별로 접근하였다. 국가 시범도시에서의 경험을 바탕으로 도출한 선도 모델을 기존도시와 노후도시로 확산시키겠다는 계획이다. 또한, 도시 플랫폼은 도시에 ICT, 빅데이터 등의 신기술을 접목하여 각종 도시문제를 해결하고 삶의 질을 개선할 수 있는 도시모델로 정의되며, 이는 다양한 혁신기술을 도시 인프라와 결합해 구현하고 융복합할 수 있는 공간을 의미합니다. 이와 관련하여 스마트시티 사업은 시민들의 체감을 높이기 위해 교통, 스마트홈, 환경 등과 시민의 일상생활과 밀접한 관련이 있는 기술들을 집중적으로 육성했습니다. 예를 들어, 지능형 CCTV, 자율주행, 미세먼지 감지센서, 제로에너지빌딩 등 다양한 기술들이 후보로 선정되었습니다.

  정부는 시민이 스마트시티 사업에 적극적으로 참여할 수 있도록 다양한 제도적 방안을 시행했다. 크라우드 펀딩, 리빙랩, 창업생태계, 스마트시티 표준화, 스마트시티 공식 홈페이지 구축 등이 추진되고 있다. 정부는 이를 통해 스마트시티 사업에 대한 국민적 관심이 높아질 것으로 기대하고 있다. 정부는 스마트 도시에 연간 1,682~1,936억원의 투자를 통해 기술 개발을 활성화하고 있다. 그 중에서도 세부사업인 'U 시범도시 지정 및 지원'은 R&D를 통해 개발된 핵심기술과 표준모델을 적용한 U-city 시범도시를 조성하여 U-city 성공모델을 구현하기 위해 추진하고 있다. 이를 통해 정부는 지속적인 투자를 통해 스마트 도시의 발전과 성장을 촉진하고 있다.

  그러나 정부의 목표보다 시민들의 기대는 그 이상이다. 미래에 스마트시티가 성공적으로 눈앞에 그려지도록 하기 위한 전략들이 필요하다. 첫째, 스마트시티가 목표로 한 4대 변화는 모두 데이터의 수집-분석-활용을 전제로 한다. 디지털 경제의 핵심 자원은 석유가 아닌 데이터인만큼, 스마트시티 성공을 위해 데이터 허브를 성공적으로 구축하고 활용할 수 있도록 해야 할 것이다. 앞서 글로벌 스마트시티 구축 동향에서 살펴본 도시의 사례들은 모두 스마트시티를 조성하는 과정에서 데이터를 중심에 두고 있다. 싱가포르의 통합 모빌리티 서비스 구축과 취리히의 스마트 에너지 관리 시스템은 정부가 직접 관여하는 통합 플랫폼을 통해서 시민들의 다양한 데이터를 수집·분석·활용하는 사례라고 할 수 있다. 런던 또한 정부가 주도적으로 만든 플랫폼을 기반으로 축적된 시민들의 건강 데이터를 통합적으로 활용하고 있다.

  둘째, 디지털 트윈의 적용이다. 디지털 트윈을 활용하여 현실 도시의 각 부문을 컴퓨터 속 가상도시로 구현해야 한다. 디지털 트윈은 도시를 가장 효율적으로 관리하고 문제를 해결할 수 있는 최적의 플랫폼이라고 평가된다. 헬싱키가 디지털 트윈을 활용하여 도시 내 풍속을 분석하고 건물 설계를 사전에 테스트하고 시민의 불편을 최소화하고 있는 사례는 디지털 트윈의 중요성을 보여준다.

---

36) 글로벌 스마트시티 구축 동향, 정보통신기획평가원, 2021.05.26.
   스마트도시 지원사업 분석, 국회예산정책처,2023.4

셋째, 디지털 격차를 해소할 방안을 마련해야 한다. 스마트시티로 구현될 일상의 변화들에 적응하지 못하는 디지털 소외계층이 발생할 수 있고, 이는 궁극적인 스마트시티의 철학에 부합하지 않는다. 변화가 눈앞에 그려지기 전에, 시민들이 그 변화를 충분히 인식하고 변화된 환경에 걸맞는 삶을 영위할 수 있도록 하는 정부의 노력이 선행되어야 할 것이다. 런던과 헬싱키는 정부가 주도해 스마트시티 플랫폼 및 생태계를 구축하고 기업과 시민의 참여를 적극적으로 장려하고 있다. 이는 스마트시티가 불러올 변화의 과정에 시민들이 직접 참여하는 기회가 되는 동시에 디지털 격차를 사전에 방지하는 역할을 하고 있다.

3) 스마트 카[37]

시장조사업체 Guidehouse Insight는 매년 자율주행차 기술 수준을 발표하고 있다. 최근 발표된 Guidehouse Insight의 자동화 운전 시스템 종합 순위에 따르면, 한국 기업인 Autonomous A2Z은 훌륭한 성과를 이뤄 유일하게 13위에 올랐다. 이전에는 현대지동치기 순위에 올랐었지만, 이번에는 완전 자율주행 기술을 개발하는 스타트업이 처음으로 순위에 포함되었다. Autonomous A2Z은 현재 한국에서 가장 많은 32대의 자율주행 차량을 운영하며, 6만 4,250km에 이르는 가장 긴 자율주행 거리를 달성했다. 물론 Guidehouse Insight 보고서의 순위는 순수한 기술력 순위라기 보다는 전략과 실행 부문의 10가지 평가 기준을 통해 자율주행 기술 수준 순위를 매기고 있어 결과 해석에 주의가 필요하지만, 조사 결과가 시사하는 것은 앞으로 점차 완성차 업체와 ICT 업체들 간의 기술력 격차가 더욱 벌어지게 될 것이라는 점으로, 완성차 업체들은 ICT가 핵심 역량이 아니므로 기술력을 가진 ICT 업체와의 협업이 필요한 외부 역량을 확보하고 사업 리스크를 줄이는 매우 효과적인 방법이다.

	2021	2023
1	Waymo	Mobileye
2	Nvidia	Waymo
3	ArgoAI	Baidu
4	Baidu	Cruise
5	Cruise	Motional
6	Motional	Nvidia
7	Mobileye	Aurora
8	Aurora	WeRide
9	Zoox	Zoox
10	Nuro	Gatik
11	Yandex	Nuro
12	AutoX	AutoX
13	Gatik	Autonomous A2Z
14	May Mobility	May Mobility
15	Tesla	Pony AI
16		Tesla
	Leaders	Contenders	Challengers	Followers	Leaders	Contenders	Challengers	Followers

[그림 29] Guidehouse Insight

2014년 이후 완성차 업체와 타 업체 간의 제휴 관계를 조사한 맥킨지에 따르면, ICT 업체와의 협업 비중이 낮은 전기차 분야와 달리, 커넥티드카, 자율주행차, 차량공유 분야에서는 ICT 업체와의 제휴가 가장 큰 비중을 차지하고 있는 것으로 분석되었다.

---

37) 자율주행차 분야의 최근 D.N.A 동향, 정보통신기획평가원, 2020.12.31.
   Autonomous Vehicle Weekly News, Guidehouse Insights, 2023

미국 소비자 정보 잡지인 Consumer Reports는 최근 완성차 업체의 17종 ADAS 시스템을 대상으로 레벨 2 자율주행 기술력 평가 결과를 발표했는데, 현대/기아자동차는 종합평가 46점으로 벤츠, 쓰바루와 함께 공동 5위를 차지했다. Consumer Reports의 조사는 자동차에 탑재된 ADAS 시스템의 완성도 자체만을 평가한다는 차이가 있다.

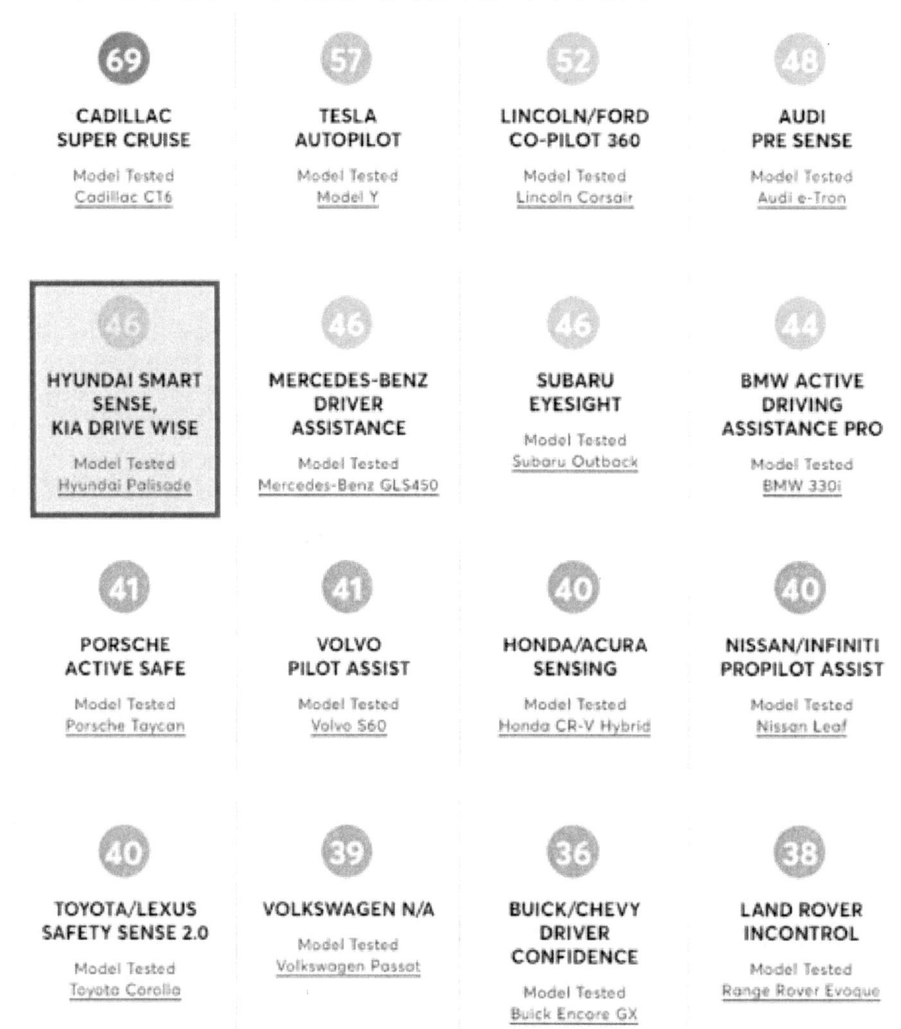

[그림 30] 주요 완성차 업체들의 레벨 2 ADAS 시스템 기술력 평가

38)영국 자동차 데이터 분석 기관 컴퓨즈닷컴은 '자율주행차 준비도 상위 30개국'을 발표했ek 정책 및 입법, 기업 본사, 자율주행 관련 특허, 소비자 수용도, 전기차 충전 인프라, 도로 품질 등을 점수로 평가하여 미국, 일본, 프랑스, 영국, 독일이 상위권을 차지했고, 우리나라는 16위를 차지했ek, 우리나라는 자율주행 관련 특허 출원에서 미국에 이어 2위에 올랐으며, 도로 품질도 뛰어나다는 평가를 받았다. 그러나 정책 및 입법 부문과 부족한 충전 인프라 등에서는 다소 낮은 점수를 기록했다, 현재 국내 자율주행 기술은 레벨 2 '운전자 보조' 수준이며, 레벨 3 이상의 '조건부 자율주행' 단계 차량의 사용화를 앞두고 있습니다, 대부분의 상황에서 운전자 개입 없이 자율주행이 가능한 레벨 4 단계도 실증 연구가 진행되고 있지만, 완전 자율주행이 가능한 레벨 5 단계가 사용화되기까지는 향후 10년 이상의 시간이 소요될 것으로 예

---

38) 2022년 국가별 자율주행기술, 어디까지 왔나?, 하이 현대트랜시스, 2022.5

측된다.

[그림 31] 세계 자율주행차 국가별 준비도 지수 순위와 한국 경쟁력 현황

가) 센서

 기술력이 뛰어난 토종 스타트업들이 시장에 도전하고 있으나, 아직 내세울만한 공급 실적은 없는 편이다. 국내 자율주행 센서 개발은 LG이노텍, 현대모비스, 만도 등 대기업을 제외하면, 주로 스타트업에서 R&D 투자가 진행되고 있다. 투자와 인력 부족이라는 2중고를 겪고 있는 열악한 국내 자율주행차 생태계 속에서, 스트라드비젼, 에스오에스랩 등 일부 업체는 국제적으로 인지도와 기술력을 인정받고 있다.

 자율주행 분야에서 투자는 많이 필요하고 투자회수 기간은 길다는 점을 감안했을 때, 국내 스타트업들은 보다 빨리 제품 상용화를 통해 비즈니스 모델을 증명하거나 인수합병으로 투자 회수에 나서는 것이 필요하다.

구분	업체명	최근 동향
카메라	스트라드비젼 (StradVision)	• 전 올라웍스 임원진이 2014년 창업 • 카메라 기반 자율주행 소프트웨어를 개발 • 국내 자율주행 스타트업 가운데 가장 많은 472억 원 투자 유치
	마스오토 (MarsAuto)	• 카메라·레이더를 이용한 자율주행 트럭 솔루션 개발 • 국내 최초로 파주-대전 물류센터 간 자율주행 화물 운송 임시운행 허가 취득
레이더	스마트레이더시스템 (Smart Radar System)	• 국내 1세대 벤처기업 휴맥스 출신들을 주축으로 설립 • 거리/높이/깊이/속도를 감지할 수 있는 4-D 이미지 레이더를 개발
	비트센싱 (Bitsensing)	• 만도 트래픽 레이더 개발 인력이 설립 • 고해상도 4-D 이미징 레이더 AIR 4D를 개발해 CES 2021에 출품
라이다	에스오에스랩 (SOS Lab)	• 국내에서 가장 많은 라이다 특허 보유 기업 • 화각 180도, 최대 감지거리 120m인 고정형 라이다 ML개발 • 국내 라이다 스타트업 중 가장 많은 173억 원 투자 유치
	서울로보틱스 (Seoul Robotics)	• 국내 유일 라이다 소프트웨어 전문 기업 • 주차장 등 제한된 구역에서 자율주행과 자동주차를 지원하는 라이다 SW 플랫폼 SENSR-S+ 개발 • BMW와 공동으로 향후 3년간 자율주행 라이다 인지 시스템 개발 예정
	뷰런테크놀로지 (Vueron Technology)	• 카이스트 출신이 설립한 라이다 인지 솔루션 스타트업

[표 7] 국내 자율주행차 센서 관련 스타트업 동향

나) V2X

국내 업체들은 주로 내수 시장에서 하드웨어 중심으로 사업화를 추진하고 있다. V2X 관련 국내 업체로 5~10 곳 정도를 꼽을 수 있으며, 대부분 V2X 하드웨어 (RSU/OBU)제조 업체로 핵심 부품인 V2X 칩셋으로는 퀄컴, NXP 등 외산 제품을 주로 채택하고 있다. 국내 업체들은 C-ITS 시범사업에 주로 참여하고 있으며, 최근 DSRC·C-V2X 겸용 하이브리드 단말기 개발에 주력하고 있다.

업체명	업체 동향	업체 구분
LG이노텍	• LTE-V2X 통신 모듈 개발(2018년 11월) • 세계 최초 5G 퀄컴칩 기반 차량용 통신모듈 개발(2019년 10월)	통신모듈
켐트로닉스	• 1983년 설립된 전자·화학 회사 • WAVE 및 LTE-V2X 기반 V2X 연결 OBU 개발 • 판교제로시티, 세종시, 제주도 등 C-ITS 시범사업에 참여	통신모듈 OBU/RSU
에티포스	• 실리콘 밸리 소재 한국계 V2X 스타트업 • WAVE 및 LTE-V2X 기반 V2X 연결 OBU/RSU 개발 • SDR 기반 5G NR V2X 사이드링크 모뎀 개발(2020년 11월 4일)	OBU/RSU
이씨스	• 2005년 설립된 전장부품 전문업체 • 국내 하이패스 단말기 시장에서 60% 시장 점유 • 국내 C-ITS용 OBU/RSU 납품 실적 보유 (대전-세종 구간) • KT, 퀄컴과 5G C-V2X 결합 서비스 시연(2019년 7월)	OBU/RSU
라닉스	• 하이패스 및 WAVE용 모뎀 칩, IoT용 보안칩 개발 • 하이패스 비포마켓용 반도체 국내 시장 85% 점유 • C-V2X 모뎀 칩도 개발 중	칩셋

[표 8] 국내 주요 V2X 관련 업체 동향

다) 인공지능

기술력을 인정받는 토종 자율주행 풀스택 스타트업들이 주목받고 있지만 아직 프로토타입 테스트 단계에 머물러 있다. 국내에서는 완성차 관련 업체(현대기아자동차, 쌍용자동차, 현대모비스, 만도 등)를 제외하고, ICT 대기업 중 삼성전자, LG전자, 네이버, 카카오, SK텔레콤, KT 등이 자율주행차 임시 운행허가를 받아 국내에서 자율주행 기술을 테스트 하고 있다.

국내 자율주행차 스타트업 가운데, 인지 센서 솔루션(카메라, 레이더, 라이다) 업체를 제외한 풀스택 자율주행차 스타트업은 10곳 내외를 꼽을 수 있으며, 아직 연구개발 및 프로토타입의 시범 운영을 하고 있다.

업체명	최근 동향
토르드라이브 (ThorDrive)	• 미국에 본사를 둔, 완전자율주행 종합 솔루션과 플랫폼을 개발하는 스타트업 • Thor AI Driver는 센서, GPS, AI를 기반으로 사물인식, 측위, 주행 판단, 경로생성, 제어를 실시간으로 수행 • 자체 개발한 실내 자율주행 전동차 에어 라이드(Air Ride)가 2020년 10월부터 인천국제공항 제1여객터미널 입국장과 제2여객터미널 출국장에서 시범 운영 • 현재까지 누적 투자금액 114억 원을 유치
팬텀AI (Phantom AI)	• 미국에 본사를 두고 있으며, 테슬라 오토파일럿 개발팀 출신 조형기 대표와 현대차 HDA를 개발한 이찬규 대표가 공동 설립 • 컴퓨터 비전 기술에 중점을 둔 레벨 2~3 수준의 ADAS를 양산하고, 장기적으로 레벨 4 이상의 완전자율주행 풀스택 솔루션을 개발할 계획 • 국내에서는 세종시에서 2021년 초 주거단지내 자율주행 실증 계획 • 현재까지 누적 투자금액 310억 원을 유치
라이드플럭스 (RideFlux)	• 2018년 창업하여 제주도에 본사를 둔 자율주행 스타트업 • 완전자율주행을 위한 소프트웨어 인지, 측위, 예측, 판단, 제어 등 풀스택 개발 기술력을 확보 • 2020년 5월 18일부터 제주공항과 쏘카 렌터카 차고지를 잇는 도로구간에서 자율주행 셔틀 서비스를 운영 중
오토노머스에이투지 (Autonomous A2Z)	• 현대자동차 자율주행기술센터 출신 엔지니어들이 설립한 스타트업 • 자율주행 시스템의 핵심은 라이다 신호처리 기술과 자체 개발한 자율주행 알고리즘으로, 위치는 GPS가 아닌 정밀지도를 활용
언맨드솔루션 (Unmanned Solution)	• 2008년 창업해 자율주행 셔틀 위더스(WITH:US)를 개발한 자율주행 솔루션 전문기업 • 2018년 자동차 부품 전문기업 효림그룹 계열사로 편입 • 자율주행차 이외에도 자율주행 로봇, 자율주행 트랙터 등 보다 넓은 범위의 자율주행 솔루션 기업을 지향

[표 9] 국내 자율주행차 풀스택 스타트업 동향

4) 스마트 팩토리[39]

 최근 제조업의 패러다임 변화에 대응하고, 국내 제조업의 경쟁력 강화를 위해 중소, 중견기업을 대상으로 스마트팩토리 보급 및 확장 사업이 진행 중에 있다. 스마트팩토리 보급 및 확장 사업은 제조 산업과 공급 산업을 발전시키기 위함이다. 제조 산업 발전은 제조 기술 고도화를 통한 제조 경쟁력 강화, 해외 진출 제조 기업의 회귀, 고급 일자리 창출을 목적으로 하고 있다. 공급 산업 발전은 스마트팩토리 솔루션의 기술 발전은 통한 제조기업과 공급기업 간의 규형 발전 및 신규 일자리 창출을 목적으로 하고 있다.

 스마트팩토리 솔루션들의 도입을 통해 제조 산업은 맞춤형 생산, 데이터 패턴 분석에 따른 생산 지능화, 사이버 자산 보안, 소재의 첨단화를 꾀하고 있다. 기존에는 소품종 대량 생산 체제로 공장 자동화가 이루어졌다면, 스마트팩토리 솔루션을 통해 다품종 대량 생산 체제로 변경되고 있다. 다품종 대량 생산, 즉, 맞춤형 생산을 위해서는 산업 전반의 밸류체인에 걸쳐 데이터를 수집하고 관리하는 것이 필수적이다. 제품의 개발 및 설계 단계부터 서비스 단계까지 데이터를 일관된 형태로 생성, 수집 그리고 관리해야 한다.

 데이터 패턴 분석에 따른 생산 지능화는 빅데이터와 인공지능 기술을 기반으로 실현될 수 있다. 인공지능 기술이 발전함에 따라 방대한 양의 정보를 분석하고, 해당 데이터를 기반으로 공장이 능동적으로 움직일 수 있도록 한다. LS일렉트릭은 데이터 분석을 통해 제품이 부족한 것을 스스로 인식하여 무인 운반차가 부품을 운반하는 등의 스마트팩토리 기술을 현실화하여 공장에 적용 중이다.

 스마트팩토리에서 사용자 및 사물들이 모두 네트워크로 연결되고, 이러한 유기적 연결에서 발생하는 데이터들이 증가하면서 사이버 위협도 증가하고 있다. 사이버 공격 또한 지능화되고 있으며 작은 부분에 대한 위협도 플랫폼 간 밀접한 연결을 고려하였을 때 근간을 흔드는 큰 위협이 될 수 있다. 네트워크 보안, 클라우드 보안, 엔드 포인트 보안 등 사이버 보안 기술을 통해 밸류체인을 보호하는 것이 큰 이슈로 자리잡고 있다. 향후, 산업에서 사이버 보안에 대한 관심 및 중요성이 상당히 부각될 것으로 예상된다. 스마트팩토리에서는 이종 소재 간 융복합을 통한 첨단 소재 개발 및 상용화가 더욱 가속화될 것으로 예상된다. 전통적인 소재들로 개발에 한계가 보이던 지능형 반도체, 초소형 첨단 센서, 첨단 로봇 등의 분야에는 소재 첨단화를 통해 기술 발전이 다시 진전되고 있는 추세이다.

 국내 제조업은 신흥 강국으로 성장하는 중국과의 격차를 벌리고 미국 및 독일, 일본 등 선진국과의 경쟁을 위해 적극적인 스마트 팩토리 도입이 필요한 시점이다. 높은 수준의 ICT 기술과 인프라를 활용해 스마트 공정 방식을 도입하여, 경쟁력 강화를 모색하고 있으나, 국내 기업의 경쟁력 저하, 재무구조 악화 및 해외기술에 의존적인 공장 운영, 폐쇄적 기술공유에 따른 제조기술발전 저해는 경쟁력 확보에 한계를 가져왔다. 따라서, 양적 투입 중심의 제조업 성장 방식에 대한 한계를 극복하고 다품종 소량생산을 위한 제조기술과 생산체계의 변화로 시장의 수요에 능동적인 대응을 통해 부가가치를 높일 필요가 있다.

---

39) 스마트팩토리 솔루션, 한국 IR 협의회, 2021.07.02

산업통상자원부는 2017년 스마트 제조혁신 비전 2025를 발표하였으며, 2025년까지 스마트 팩토리 3만 개 보급 및 확산을 통해 중소/중견기업 제조 경쟁력을 강화할 계획임을 밝혔다. 우선, 스마트 팩토리 자발적 구축 기업에 대한 인증 제도를 신설할 계획이며, 대기업 협력사 인증호환, 정부R&D 우대 등 인센티브 제공을 통해 민간 보급 확산을 촉진할 방침이다. [40)]

가) 스마트 제조[41)]

국내 중소·중견기업의 스마트 제조시스템 도입효과 분석에 의하면, 스마트 제조 시스템을 도입한 기업들이 가동률, 생산성이 획기적으로 개선된 것으로 나타났다. 납기단축, 재고량, 불량률, 제조원가, 납품단가, 제조 리드타임, 의사결정 시간, 기업 내 정보공유 역시 스마트 제조시스템 도입으로 유의하게 개선되었다. 특히 제조원가 하락효과가 크고, MES 솔루션을 활용하는 기업, 스마트 제조 관련 경영비전 혹은 중장기 계획을 수립한 기업에서 성과가 컸다.

스마트 제조시스템의 도입은 작업장 구조 재배치와 교육·훈련 시스템의 도입 혹은 개편·확대와 같은 일터혁신을 촉진하였으며, 공정개선에 그치지 않고 높은 수준의 공정혁신으로 이어졌다. 다만 제품의 기술력, 제품 품목 수, 판매처 증가 등 제품혁신으로 충분히 이어지지 못하고 있다.

한편 스마트 제조시스템 도입 과정에서 타기업·타기관과 협력하여 제품 혹은 공정 혁신을 추진하는 경향은 아직 약하지만, 스마트 제조시스템 도입 수준이 고도화될수록 타기업·타기관과의 협력을 통해 혁신을 도모할 가능성이 높은 것으로 나타났다. 스마트 제조시스템 도입 후 기간이 늘어날수록 매출액이 증가했고 고용증대 효과도 커졌지만, 도입 기업의 영업이익을 증가시키지는 못한 것으로 나타났다. 이는 스마트 제조시스템 도입으로 매출이 증가하는 만큼 장비 및 시스템 구입 등 비용증가가 더욱 컸기 때문인 것으로 보인다.

공정 효율성의 향상에 기반한 긍정적 성과들에도 불구하고 우리나라 중소·중견기업들은 투자대비 기대이익의 불확실성으로 인해 자발적으로 스마트 제조 시스템을 도입하거나 고도화할 유인이 여전히 약한 것으로 보인다.

국내 스마트제조 공급기업에 대한 실태조사 결과 전체 공급기업의 57.5%가 솔루션·서비스+설비 분야를 모두 영위하고 있으며, 솔루션·서비스 또는 설비만을 판매하는 기업은 각각 38.6%, 3.9%로 나타났다. 2025년에는 솔루션·서비스와 설비 모든 분야로 진출할 계획이라는 기업이 74.9%로, 2019년에 비해 17.4%포인트 증가하고 있어 솔루션·서비스 기업과 설비기업 간의 사업영역 확장과 통합화된 패키지 서비스 제공이 늘어날 것으로 전망된다.

국내 스마트 제조 공급업체들은 주로 소프트웨어, 플랫폼, 컨설팅업체 비중이 높지만 로봇 등 설비 공급업체 비중이 높아지는 추세이다. 솔루션의 경우 ① 제조실행 시스템(Manufacturing Execution System, MES), ② 기업자원관리시스템(Enterprise Resources Planning, ERP), ③ 공급망관리(Supply Chain Management, SCM) 등 어플리케이션 공급업

---

40) 포스코ICT(022100), 한국 IR 협의회, 2020.09.03
41) 한국형 스마트 제조전략 수립의 중요성과 기본방향, KIET, 2020.01

체가 많지만 2025년에는 ④ 최적 공급사슬계획 시스템(Advanced Planning & Scheduling, APS), ⑤ 제품수명주기관리(Product Lifecycle Management, PLM) 등 데이터를 기반으로 제품 기획단계나 수요 예측을 할 수 있는 소프트웨어로 확장할 것으로 예상된다. 설비는 로봇, 통신 네트워크 장비에서 점차 3D 프린팅시스템 ⑥ 증강현실·가상현실(Augmented Reality·Virtual Reality, AR·VR), ⑦ 사이버물리시스템(Cyber physical systems, CPS) 등의 비중이 점차 높아질 것으로 예상된다.

국내 스마트 제조 공급업체들은 주로 생산단계에 집중하고 있어 가치사슬 전반에 영향을 미치지는 못하는데 특히 물류, 판매·마케팅, 서비스에 적용되는 요소의 공급이 미흡하다. 그러나 2025년에도 생산단계 비중이 높지만 점차 판매·마케팅, 서비스까지 공급을 늘릴 것이라는 계획을 밝히고 있다.

국내 스마트제조 공급업체들은 주로 단일 부품이나 소프트웨어, 서비스를 공급하며 완제품, 시스템화된 제품, 통합적 서비스나 소프트웨어를 제공하는 비중은 작다. 설비업체들의 경우 소재, 부품 등 단일부품을 생산하는 비중이 가장 높고 모듈이나 완제품 공급 비중은 낮은 편이며, 솔루션·서비스업체들은 패키지SW, IT서비스 비중이 높다. 국내 공급업체들은 단일 제품이나 서비스는 경쟁력이 있으나 기술획득 방식이나 시장공략을 독자적으로 추진하면서 지속적으로 고도화하는 역량은 부족한 것으로 보인다. 대부분 해외 솔루션에 비해 경쟁력이 낮고, 이로 인해 내수시장 중심으로 사업을 진행하고 있다.

현재 정부의 스마트공장 보급지원 사업으로 내수시장이 창출되고 있어 해외진출에 대한 필요가 낮을 수 있지만 지속성장과 빠르게 변화하는 관련 기술을 습득하기 위해서는 해외 진출이 필요하다. 그러나 우리 스마트 제조 공급업체들은 해외업체와의 경쟁력 비교에서 기술경쟁력은 물론 브랜드파워가 취약하여 해외시장 진출 의지가 있어도 걸림돌로 작용하고 있다. 스마트제조 공급부문의 전반적인 기술경쟁력은 76(미국=100)으로 평가된다.

스마트제조 공급업체들의 매출액 대비 수출비중은 3.7%로, 제조업 전체(47.3%), 기계산업(48.8%)에 비하면 상당히 낮았으며, 주요 거래업체도 95% 이상 국내에 공급하고 있는 것으로 나타났다. 생산설비에서 해외기업 거래는 단위부품을 공급하는 형태이며, 솔루션·서비스도 국내 제조업체들의 해외 공장 투자와 관련된 것으로 추정된다.

국내 스마트제조 공급분야 업체의 영세성도 문제로 지적될 수 있다. 단위부품, 단순 솔루션 등을 공급하는 군소업체들이 난립하고 있어 스마트 제조시스템 구축 후 업그레이드와 사후관리에 어려움을 겪고 있다. 이로 인해 국내 기업들이 스마트공장 구축을 주저하거나 해외업체 제품을 선호하는 경향이 나타난다.

스마트 제조 공급업체들의 부품, SW, 소재 등의 해외의존도는 설비업체들에서 높게 나타나는데, 자율이송로봇, 통신네트워크 장비, 스마트 센서, 머신비전에서, SW는 AR·VR, CPS, 제조로봇에서 해외의존이 높다. 솔루션·서비스 공급업체의 경우 보안, FEMS, PLM 등 경쟁력 열위 분야에서 해외 의존율이 높은 편이다. 국가별로 보면 SW는 미국, 소재는 일본과 중국, 부품은 일본, 독일, 중국에 의존도가 높다.

5) 스마트 그리드[42]

스마트 그리드를 총 5개의 분야(지능형 전력망, 지능형 소비자, 지능형 서비스, 지능형 운송, 지능형 신재생)로 나누어 살펴보면, 5개 분야 중 지능형 전력망 부문이 가장 큰 시장규모를 차지할 것으로 전망되며, 지능형 신재생과 지능형 서비스 시장은 50%가 넘는 고성장이 예상된다. 산업통상자원부 자료에 따르면 국내에서는 2010년 5개 분야의 기술개발 계획을 포함하는 스마트그리드 국가로드맵을 수립하여 추진해오고 있으며 2010년부터 2030년까지 총 3단계에 걸쳐 추진될 예정이다. 2011년에는 중/장기 정책목표, 기술개발, 전문인력양성, 표준화, 국외 진출, 투자 등을 포함하는'지능형전력망의 구축 및 이용촉진에 관한 법'을 제정하기도 하였다.

	1단계 (2013~2020년)	2단계 (2013년~2020년)	3단계 (2021~2030년)
지능형 전력망	지능형 전력망 구축기반조성 ·지능형 송배전시스템 개발 ·DC 배전시스템 기술개발	도시단위 지능형 전력망 구축 ·지능형 송배전시스템 보급 ·광역계통감시제어시스템 구축	국가단위 지능형 전력망 운영 ·국가단위 운영시스템 구축 ·통합 에너지스마트그리드 구축 및 운영
지능형 소비자	AMI 기반기술 확보 ·지능형 홈 전력관리 시스템 ·AMI 인프라 구축 및 실증	AMI 시스템 구축 ·지능형 전력관리 상용화 ·소비자 중심 전력거래	양방향 전력거래 활성화 ·제로 에너지 홈/빌딩 ·융복합 서비스 보편화
지능형 운송	시범도시 충전인프라 구축 ·다양한 충전인프라 개발 ·법제도 정비, 인증체계 구축	V2G 및 VPP 기술 확보 ·V2G 서비스 기술/기업 ·배터리 임대/재생 사업	EV 및 충전서비스 보편화 ·V2G 서비스 기술/기업 ·배터리 임대/재생 사업
지능형 신재생	지능형 신재생발전 플랫폼 구축 및 실증 ·신재생발전 안정적 연계 ·마이크로그리드 시범단지 운영	지능형 신재생발전 안정적 연계운영기술 확보 ·신재생발전의 대량보급 체계구축 ·마이크로그리드 시범보급 ·중대용량 전력저장장치 운용	대규모 신재생발전 보급 인프라 구축 ·대규모 신재생발전 보편화 ·마이크로그리드 상용화
지능형 전력서비스	실시간 DR 시스템 구축 ·RTP 설계 및 실증 ·실시간 DR 운영시스템	지능형 전력거래시스템 구축 ·소비자전력거래 포털구축 ·선진 도매전력 거래시스템	통합전력거래시스템 구축 ·국가간 연계 거래시스템 ·통합 서비스 운영시스템

[표 10] 스마트그리드 국가로드맵

2012년에는 다양한 선택형 요금제 도입을 비롯한 제도개선, 지능형 커뮤니티 구현 및 신산업 창출을 위한 상용화기술 개발, 스마트그리드 상호운용성 확보 및 적합성 평가 시스템 구축 등을 주요 골자로 하는 7대 광역권별 스마트그리드 거점도시 구축을 위한 1차 지능형전력망 기본계획(2012~2016년)을 수립하였으며, 2018년에는 소비자가 중심이 되는 전력시장생태계 조성을 위한 제2차 지능형전력망 기본계획(2018~2022년)을 수립하기도 하였다.

---

42) 스마트그리드, 한국IR협의회, 2021.02.25

　2021년 1월에는 산업통상자원부가'건물 에너지관리 시스템(BEMS)에 대한 국가표준(KS) 제정안을 고시하였는데, 이를 통해 BEMS 관련된 국제표준이 없는 상황에서 BEMS 데이터관리 전반에 대한 세부적인 표준 체계를 마련하였다고 할 수 있다. 세부 내용을 살펴보면 데이터 수집 단계에서는 에너지 소비에 영향을 주는 필수적인 데이터의 측정 지점과 수집 방식을 제시했으며, 데이터 분석 단계의 경우 수집된 데이터의 저장 코드를 표준화하고, 데이터의 종류, 단위, 검증 등 분석 정보의 관리 방법도 규정했다. 또한, 데이터 활용 단계에서는 에너지 절감량 효과 산정 기준 및 방법을 표준화하여 체계적이고 객관적인 성과 분석이 가능하도록 하였다.

　이를 통해 국내 에너지 소비 전체의 약 20% 정도를 차지하는 건물 부문의 에너지 효율을 높이고, 2050년 탄소중립 실현과 에너지 전환 확산을 위한 초석을 마련할 수 있는 계기를 마련할 수 있을 것으로 보인다.

나. 해외 사물인터넷 산업 현황
1) 스마트 홈[43)]

 해외에서는 미국과 중국의 주요 가전사와 플랫폼 사업자가 스마트홈 시장에서 영향력을 확대하고 있다. 성숙한 시장을 보유한 유럽에서도 다양한 혁신기업이 스마트홈 서비스를 제공하고 있으며, 특히 조명과 에너지 분야에서 경쟁력이 높은 편이다.

 먼저 미국의 아마존, 구글, 애플은 각 사가 보유한 인공지능 플랫폼(각각 Alexa, Assistant, Siri)기술을 토대로 세계 스마트스피커 시장을 선점하였다. 제조업 시장에서 이들의 영향력은 미미한 편이나 인수합병(아마존과 Nest, 구글과 Ring)과 협업을 통해 스마트홈 사업을 강화하고 서비스 영역을 확장해나가고 있다. 또한, 가전 제조사를 포함한 스마트홈 기업에 인공지능 플랫폼을 공급하면서 시장에서의 영향력을 더욱 확대하는 추세이다. 한편, 미국의 전통적 가전 대기업인 월풀(Whirlpool)도 브랜드 마케팅의 초점을 '건강한 삶과 스마트홈'에 맞추고 관련제품 출시를 강화하는 중이다. 로봇청소기 세계 1위인 아이로봇(iRobot)은 인공지능 기반의 각종 스마트 기능을 탑재하여 스마트홈에 맞춘 제품기능과 서비스를 제공한다.

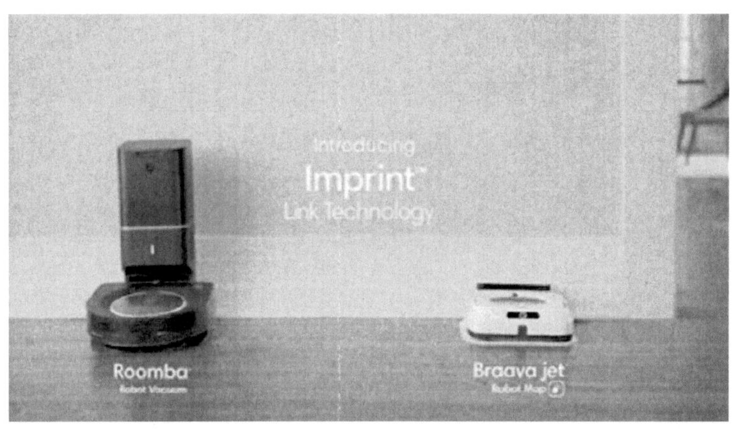

[그림 32] 아이로봇 룸바 s9+

 중국의 대표적인 글로벌 가전 제조사 하이얼(Haier)은 2023년 자사의 스마트홈 플랫폼 등록자 1,000만 가구를 목표로 하는 'Haier Smarthome' 프로젝트를 추진한다. 주요 IT기업인 알리바바(Alibaba), 바이두(Baidu), 샤오미(Xiaomi) 등은 중국 내 스마트스피커 시장을 선점하고 사물인터넷 생태계 조성에 힘쓰면서 스마트홈 시장에서 플랫폼 중심으로 영향력을 높이고 있다.

 유럽은 세계 스마트홈 시장에서 영향력이 다소 낮은 것으로 판단되나, 성숙한 유럽 시장을 토대로 다양한 세부분야의 혁신기업이 제품과 서비스를 출시하고 있다. 특히 조명 분야를 중심으로 한 네덜란드의 필립스(Philips)가 높은 글로벌 점유율을 보유하고, 전통적인 가전 제조사 BSH, 밀레(Miele)도 스마트가전을 활발하게 출시 중이다. 에너지관리 분야에서는 하이브(Hive)의 온도조절시스템, 와티(Watty)의 전기에너지 솔루션이 대표적이다.

---

43) 포스트 코로나시대의 스마트홈산업 발전전략, KIET, 2021

2) 스마트 시티[44]

① 싱가포르

싱가포르는 2025년까지 디지털 사회 구축을 목표로 "스마트 네이션(Smart Nation)" 건설을 추진하고 있다. 싱가포르는 2014년 "스마트 네이션 이니셔티브(Smart Nation Initiatives)"를 정부주도로 시작하였으며 2017년에는 성공적인 스마트시티 조성사업을 위해 약 17억 달러의 정부자금을 투입했다. 싱가포르는 민간 영역의 참여가 부족한 초기 단계에 총리실 산하에 스마트시티 사업을 총괄하는 SNDGO(Smart Nation and Digital Government Office)를 설치하고 GovTech(Government Technology Agency)를 시행기관으로 두었다.

싱가포르가 세계에서 가장 스마트한 도시를 구축했다고 평가받는 이유는 데이터에 기반한 도로교통 체계를 구축했기 때문이다. 싱가포르 정부는 "스마트 모빌리티 2030(SmartMobility 2030)" 비전을 제시하면서 지능형교통체계(Intelligent Transport Systems:ITS)의 시작을 알렸다. 스마트 모빌리티 2030은 자율주행차, 오픈 데이터, 비대면 결제, 보안시스템, 클라우드 등의 다양한 디지털 기술들과 데이터를 활용하는 것에 초점을 맞추고 있다. 가령, 싱가포르는 공유경제 플랫폼을 활용하여 통합 모빌리티 서비스를 구축하는 동시에 수요자의 도로교통 수요에 대한 데이터를 통합적으로 활용하고 있다. 도로교통 수요를 실시간으로 예측하여 최적의 도로교통 상태를 유지하는 등 데이터를 기반으로 도로교통 체계를 관리하고 있는 것이다. 그 결과 2017년 12월에 설립된 싱가포르의 전기자동차 공유업체인 BlueSG는 세계에서 2번째로 큰 전기자동차 공유업체로 성장했다. Scootbee는 세계 최초로 수요 기반 전기스쿠터 공유 서비스를 시작했으며 고객들이 스마트폰 애플리케이션을 통해 시간과 날짜만 입력하면 전기스쿠터가 고객의 집 앞까지 스스로 주행해서 오는 서비스를 제공하고 있다.

[그림 33] ㅍ싱가포르의 전기자동차 공유업체 BlueSG와 자율주행 스쿠터

② 런던

2018년 사디크 칸(Sadiz Khan) 런던 시장은 "스마터 런던 투게더(Smarter London Together)" 계획을 발표했다. 런던시는 스마터 런던 투게더를 통해 5가지 주요 목표를 제시하고 있다. 5가지 주요 목표에는 "사용자 친화적 서비스(More-user-designed services)"와 "도시 데이터의 새로운 활용(Strike a new deal for city data)"이 포함되어 있는데 런던이

---

44) 글로벌 스마트시티 구축 동향, 정보통신기획평가원, 2021.05.26

데이터 허브의 성공적인 구축과 디지털 격차의 해소를 중요하게 생각하고 있음을 알 수 있다. 특히, 런던시는 다양한 스마트시티 사업 분야 중에서도 스마트 헬스케어 부문에서 강점을 보이고 있다. 런던시는 웨어러블 기술을 활용하는 동시에 관련 기술을 개발하는 스타트업을 적극적으로 지원하여 시민들의 건강 데이터를 효율적으로 관리하고 있다. 2017년 런던 스포츠(London Sport)가 설립한 스포츠 테크 허브(Sport Tech Hub)가 대표적이다. 지금까지 120개의 스포츠 테크 스타트업들이 스포츠 테크 허브 프로그램을 통해 다양한 건강 디지털 플랫폼을 개발했다. 예를 들어, Breathe happy는 실시간 요가 강의 플랫폼을 제공한다. 고객들은 플랫폼에서 인공지능을 통해 실시간으로 요가 자세에 대한 전문 강사의 피드백을 들을 수 있다. Good Fit은 고객과 개인 트레이너를 연결하는 플랫폼을 통해 효과적인 홈트레이닝을 할 수 있는 서비스를 제공한다.

[그림 34] 영국의 Breathe Happy와 Good Fit

③ 헬싱키

핀란드의 헬싱키는 세계에서 가장 모범적인 스마트시티 사례로 지목된다. 특히, 헬싱키 도심 북동쪽에 위치한 옛 항구 도시 칼라사타마(Kalasatama)는 현재 세계에서 시민의 참여가 가장 활발히 이루어지는 리빙랩(Living Lab)이다. 헬싱키시는 2014년부터 "스마트 칼라사타마(Smart Kalasatama)"를 추진하고 있다. 애자일 파일럿팅 프로그램(The Agile Piloting Programme), 리빙랩, 혁신가 클럽(Innovator's Club) 등 다양한 스마트도시 인프라를 구축하여 현재 3,000명인 칼라사타마의 주민 수를 2035년까지 2만 5,000명으로 늘리겠다는 계획이다. 애자일 파일럿팅 프로그램과 혁신가 클럽의 특징은 기업과 시민들의 참여를 적극적으로 권장한다는 것이다. 이는 정부의 스마트시티 사업에 대한 민간주체들의 이해도를 높여 디지털 격차를 해소하는 역할을 하고 있다. 또한, 다양한 기업의 참여가 정부의 플랫폼을 기반으로 이루어지기 때문에 데이터의 통합적인 관리가 가능하다는 점에서 세계적인 모범 사례로 지목되고 있다.

헬싱키시는 현실 도시의 모습을 가상세계에 그대로 옮겨 놓은 디지털트윈(Digital Twin)6) 프로젝트도 진행하고 있다. 헬싱키시는 디지털 트윈에서 만들어지는 다양한 데이터를 기업과 시민에게 개방함으로써 또 다른 혁신적인 스마트시티 서비스 들이 만들어질 것으로 기대하고 있다. 예를 들어, 가상세계에서 풍향을 분석하여 고층빌딩 신규 건설의 적합성을 평가하는 서비스들이 검토되고 있다. 디지털 트윈은 다양한 물리적 시스템의 구조, 맥락, 작동을 나타내는 데이터와 정보의 조합으로, 과거와 현재의 운용상태를 이해하고 미래를 예측할 수 있는 인터 페이스라고 할 수 있다. 이러한 점에서 헬싱키시는 디지털 트윈을 적극적으로 활용해 효율적으로 도시 문제를 사전에 점검하고 있다.

[그림 35] 디지털 트윈으로 구현한 칼라사타마와 가상현실을 통한 풍향 분석

또한, 칼라사타마는 시민과 기업들이 워크샵을 진행할 수 있는 칼라사타마 도시연구실 (Kalasatama Urban Lab)을 제공하고 있다. 도시연구실을 이용하면 3D 모델링 등의 다양한 디지털 기기를 활용하여 효과적으로 스마트시티 서비스를 실험해볼 수 있다. 칼라사타마는 학교, 사무실 등 민간시설을 대여하여 공유공간으로 만들 수 있는 슈퍼 플렉시스페이스(super flexi-space) 리빙랩 프로그램도 운영중이다. Foller, Smart Waste, Nifty Neighbour, Tuup 등의 프로젝트가 애자일 파일럿 방식을 통해 개발되었다. 최근에는 친환경 도시 조성 사업(The Healthy Liveable Neighbourhoods), 드론 배송 프로젝트(Drone-as-a-service), 라스트마일 배송 프로젝트(Home-onDemand) 등이 시민과 기업의 참여를 기다리고 있다.

④ 취리히
취리히는 "취리히 2035 전략(Strategies Zurich 2035)"을 발표하고 취리히가 당면하고 있는 도시 문제들에 대한 해결책을 제시하고 있다. 그리고 그 핵심에는 지속 가능한 에너지와 스마트시티 조성이 있다. 먼저 취리히는 시민들의 전력 사용량을 줄이기 위한 시도를 진행했다. 가장 대표적인 예가 "2000 Watt Society" 프로젝트이다. 2,000 Watt Society 프로젝트는 취리히 시민이 1년간 평균적으로 사용하는 에너지 소비량을 5,000 Watt에서 2,000 Watt까지 줄이려는 취지에서 진행되었다. 이를 위해서 취리히는 데이터를 활용한 에너지 소비 패턴 분석, 디지털 기술을 활용한 에너지 효율화 등을 추진하고있다. 스마트 빌딩 관리 시스템(Smart Building Management System)과 스마트 도로조명(Smart Streetlight)이 대표적인 예다.

취리히에서 사용되는 약 40%의 에너지가 빌딩 관리에 소모되고 있다. 취리히 당국은 스마트 빌딩 관리 시스템을 통해 전력 사용량을 최소화하는 동시에 이산화탄소 배출량을 줄일 수 있을 것으로 기대하고 있다. 데이터를 바탕으로 시간과 날씨에 따른 에너지 사용량을 분석하고 이를 바탕으로 냉난방 시스템, 전력 장치, 조명 등 빌딩 내 많은 에너지를 사용하는 장치들을 자동화해 효율적으로 건물 시설을 관리하고 있기 때문이다.

취리히는 스마트 교통 인프라(Smart Transportation Infrastructure) 구축을 위해서도 노력하고 있다. 2017년부터 취리히 도로 곳곳에 스마트 도로조명이 설치되기 시작했다. 스마트 도로조명은 차량이 지나갈 때만 전력을 사용한다. 도로에 차가 없다면 자동화된 시스템이 전력을 끊어 에너지 소비를 최소화 한다. 이렇게 저장된 전력은 전기자동차 충전에 사용된다. 스마트 도로조명은 교통, 환경 등 주변 상황에 대한 데이터 수집이 가능하다. 스마트 도로조명은 공공와이파이로 사용되기도 하며 비어 있는 무료 주차공간을 찾아주기도 한다. 또한, 도로 위 쓰레기통을 비워야 할 때를 자동으로 알려줘 불필요한 에너지 소비를 최소화시키는 기능도 갖고 있다.

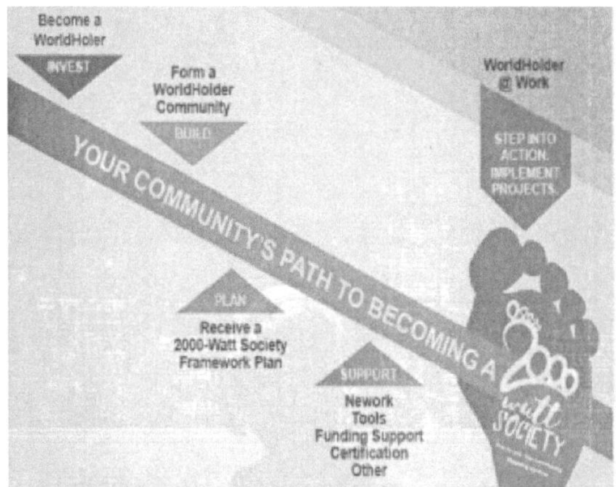

[그림 36] 취리히의 스마트 도로조명(Smart Streetlight)과 2000 Watt Society 프로젝트

취리히는 더 나아가 도시 곳곳에 그린시티(Green City)를 조성하고 있다. 그린시티에서 사용되는 에너지는 대부분 재생에너지로 확충된다. 소형 태양 전지판을 이용해 에너지를 저장하고 냉난방은 지하수를 이용하는 등 지속 가능한 도시구축 프로젝트가 추진되고있다. 그 결과 취리히에서 사용되는 전기 에너지의 82%는 재생에너지를 통해서 만들어지고 있다.

45)⑤미국

미국은 세계 최고의 기술력을 기반으로 스마트시티 시장을 선점하고 있으며, 연방정부는 세계 표준을 선도하기 위한 프로토콜 등 플랫폼 기술을 중점적으로 지원하고 있다. 국가과학재단(NSF)과 국립표준기술연구소(NIST)는 각각 3,500만 달러와 500만 달러를 투자하여 스마트시티 리서치 인프라 개발을 주도하고 있다. 미국의 연방정부는 미래 신사업 육성 및 다양한 도시 문제의 해결을 위해 기초과학, R&D 투자, 인재양성을 중심으로 스마트시티 구축 계획을 추진하고 있다. 2017년 스마트시티 법안 발의를 통해 스마트시티에 관한 기관 위원회 설립, 연방기관 간의 조정 및 민감부문과의 협력 강화, 스마트시티 공동체 기술지원과 국제적 협력을 위한 장기 계획 수립 등이 규정되었다. 또한, 2019년 국가스펙트럼 전략 수립을 통해 민간 주도의 사업 추진 계획과 정부의 규제 완화 등 정책지원, 5G, AI, 첨단 제조, 양자 정보과학 등 미래 기술에 대한 집중적인 투자 개발 계획을 수립했다.

---

45) 스마트도시 해외사례 및 주요기관 미국 스마트도시 관련 정책제도, 건축도시공간연구소, 2019

3) 스마트 카[46)]

　자율주행 레벨 3는 2021년부터, 레벨 4는 빨라도 2025년 이후 상용화가 개시 될 전망이다.
레벨 3 이상 자율주행차의 경우, 기술의 미성국, 각국의 규제·제도 미비, 소비자 신뢰 부족,
비싼 가격 등의 한계로 인해 본격 상용화까지는 더 많은 시간이 필요한 상황이다. 최근의 업
계 동향을 기반으로 판단할 때, 2021년부터 레벨 3 자율주행차가 시장에 보급되기 시작할 것
이며, 레벨 4 자율주행차는 앞서 언급한 자율주행차 한계들이 어느 정도 극복된다는 가정하에
빨라도 2025년 이후 상용화가 시작될 것으로 예상된다.

　비교적 중단기 전망을 제공하고 있는 가트너와 IDC의 전망을 비교해보면, 비록 초기 시장에
서는 차이를 보이나 2024~2025년경에는 두 기관 모두 100만 대 내외 시장을 형성할 것으로
예상된다. 또 다른 시장조사기관인 IHS 마켓은 레벨 4 자율주행차가 상용화될 것으로 예상되
는 2030년 세계 자율주행차 시장 규모가 400만 대에 이를 것으로 전망했다. 시장조사기관인
가트너는 2028년까지 전 세계 국가 중 약 20%가 자율주행차 법·제도를 정비할 것이라고 예
상하고 있는데, 자율주행차 준비도 수준이 높은 주요 선진국에서도 관련 법·제도 정비는 빨라
도 2023~2025년경에나 가능할 전망이다.

　레벨 2 ADAS 옵션은 현재 상당히 대중화되기는 했지만 여전히 주로 고급 차종에서 선호되
고 있는데, 레벨 3 자율주행차 역시 비싼 가격이 도입 확산에 큰 장애 요인이 될 것이며, 시
장 초기에는 고가 차량에서 채택되기 시작할 전망이다. 또한 시장조사기관인 가트너는 2025년
경이면 대부분의 적용 사례에서 자율주행차 인지 알고리즘이 사람이 운전하는 것보다 안전하
다는 사실이 입증될 것으로 예상했다.

　레벨 4 완전자율주행차의 경우, 매우 높은 가격으로 인해 시장 초기에는 일반 소비자용으로
시장성이 없기 때문에 MaaS와 같은 새로운 수요를 개발하는 것이 필요할 것이다. 1세대 레
벨 4 자율주행차의 가격은 대략 30~40만 달러 수준이 될 것으로 예상된다.

[그림 37] 자율주행차 시장 활성화를 위해 극복해야 할 시장저해요인

[46)] 자율주행차 분야의 최근 D.N.A 동향, 정보통신기획평가원, 2020.12.31

47)최근에는 자율주행차 VC 투자의 성장세가 주춤하고 있다. 전 세계적으로 자율주행차 기술을 개발하는 기업들에 대한 VC 투자는 매년 크게 증가하고 있다. 그러나 지난 몇 년 동안 상장한 자율주행차 기술 기업 14개를 분석한 결과, 평균적인 상장 후 하락률은 80% 이상을 기록했다. Embark, Velodyne Lidar, Quanergy와 같은 자율주행 트럭 개발 기업과 LiDAR 기술 기업은 95% 이상의 하락을 기록했다. Quanergy와 Embark는 역주식분할을 실시하여 상장 폐지 위험을 낮추려 했지만, 가치는 더욱 하락했다.

이러한 14개 기업의 성과를 전체적으로 살펴보면, 투자자들이 대부분의 투자를 철회한 것으로 보인다. 예를 들어, 자율주행 트럭을 구동하기 위한 소프트웨어 개발 기업인 Embark Technology는 상장 시점의 가치가 약 52억 달러였다. 이 기업은 사전 상장 단계에서 1억 1700만 달러 이상의 자금을 조달하였으며, 상장을 위해 추가로 6억 1400만 달러를 확보했으며, Tiger Global과 Sequoia Capital 등을 주요 투자자로 영입했다. 그러나 상장 후 1년 만에 Embark Technology의 가치는 최근 분기의 현금 잔액조차도 하위로 떨어졌으며, 주식 가격은 상장 가격 대비 97% 하락했다.

Company	Valuation At IPO**ⓒ	Valuation Today*	% Change
Aurora	$14,000M	$2,611M	-81%
TuSimple	$8,500M	$1,516M	-82%
Luminar	$7,000M	$2,453M	-65%
Embark Technology	$5,160M	$141M	-97%
Velodyne Lidar	$4,000M	$202M	-95%
Aeva	$2,100M	$435M	-79%
AEye	$2,000M	$178M	-91%
Ouster	$1,900M	$148M	-92%
Innoviz	$1,400M	$655M	-53%
Cepton	$1,400M	$370M	-74%
Otonomo	$1,400M	$40M	-97%
Quanergy Systems	$1,100M	$16M	-99%
Arbe	$722M	$361M	-50%
CYNGN	$198M	$32M	-84%
Total	$50,880M	$9,158M	-81%
			average decline

[그림 38] 세계 자율주행차 VC 투자받은 기업들의 시장 성과

자율주행차 기업 중 Waymo, GM, Uber 등 3대 업체의 R&D 투자가 업계 절반을 차지하고

---

47) Driving Tech startups are driving off a cliff on public markets, runchbase news, 2022.4

있다. 2019년까지 자율주행차 업계에 최소 160억 달러가 투자된 것으로 추산되는데, 앞으로 수십 억 달러의 투자가 더 필요하지만 현재 관련 수익은 미미하다는 사실이 투자자들의 고민거리로 떠오르고 있다. 업계 1위인 Waymo의 기업 가치는 1,000억 달러 이상으로 평가되기도 하지만, 현재 Waymo가 벌어들이고 있는 수익은 기껏해야 수만 달러 정도에 불과하다. 따라서 충분한 수익이 발생하기까지 앞으로 5~10년 동안 추가 투자를 유치할 수 있는 기술력과 비즈니스 모델이 검증된 기업들을 골라내는 옥석가리기가 진행될 것으로 예상된다.

 시장조사회사 가트너의 기술 성숙도를 표현하는 시각적 도구인 하이프 사이클(Hype Cycle)에 따르면, 레벨 3 자율주행 기술과 더불어 라이다, 레이더, C-V2X 등의 하드웨어 및 통신 기술은 앞으로 5~10년 내 시장의 주류로 성장할 전망이다. 하지만 레벨 4/5 자율주행 기술이 시장의 주류로 성장하려면 10년 이상의 긴 시간이 필요할 것으로 예측되어, 완전자율주행 시대 도래는 2030년 이후가 될 전망이다.

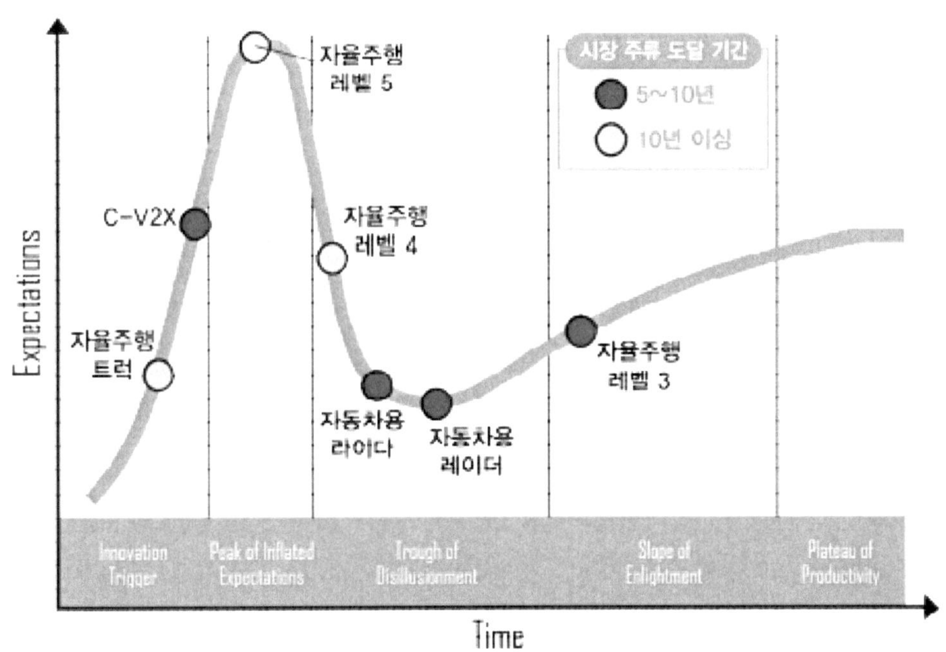

[그림 39] 자율주행차 관련 하이프 그래프

가) 센서

 비록 초기 시장임에도 불구하고 이미 견고한 산업 가치사슬이 구축되어서 후발 업체들의 진입이 쉽지 않은 상황이다. 자율주행차 ADAS 센서 산업 생태계는 부품 업체, 모듈 업체, 하드웨어 업체, 소프트웨어 솔루션 업체 등으로 구성된다. 카메라 ADAS를 예로 들면, On Semiconductor, OmniVision 등이 CMOS 이미지 센서를, LG 이노텍, 삼성전자 등이 카메라 모듈을, 델파이/콘티넨탈/보쉬 등 전장 업체들이 모듈 및 추가 부품(카메라 ADAS 프로세서와 내외부로부터 조달한 SW 솔루션)으로 ADAS 완성품을 제작해 완성차 업체들에게 납품하는 방식이다.

[그림 40] 자율주행차용 ADAS 카메라 가치 사슬

카메라의 경우, 하드웨어 부품보다 센서로부터 입력된 데이터를 인식·판독하는 소프트웨어가 얼마나 우수한가가 경쟁력의 핵심이자 부가가치의 원천이다. 카메라 ADAS 프로세서로는 Intel(Mobileye) 제품이 시장의 80%를 차지하고 있다.

레이더와 라이다의 경우, 소프트웨어 성능도 중요하지만 하드웨어적 성능 개선도 경쟁업체들과 차별화하는 요소로 유효하다. 라이다 업체들은 스캐닝 거리, 프레임 레이트, 해상도, 원가 등에서 기술 혁신을 추진 중이며, 센서가 회전하는 기계식 스캐닝 방식에서 고정형(Solid-State) 방식으로 제품 폼팩터 선호도가 변화한다.

카메라	레이더	라이다
Intel(미국)	Infineon Technologies(독일) NXP Semiconductors(프랑스)	Velodyne Lidar(미국) Quanergy Systems(미국) Innoviz Technologies(이스라엘)

[표 11] 해외 자율주행차 센서 관련 핵심 기술 보유 업체 현황

완성차 업체들은 카메라, 레이더, 라이다, 초음파 등 다양한 센서 모듈들을 조합해 최종적으로 저마다 특색있는 자율주행차를 개발하고 있는데, Uber와 같이 모든 센서를 적절하게 조합하는 형태가 일반적이지만 Tesla나 Waymo처럼 특정 센서 의존도가 높은 독특한 유형도 존재한다.

나) V2X

세계 V2X 시장은 핵심 칩셋과 소프트웨어는 ICT 업체들이, 하드웨어는 완성차 업체들에게 제품을 공급하는 전통적 전장부품 업체들이 주도하고 있다. DSRC의 경우 공급업체 선택지가 상대적으로 좀 더 넓은 편이나, C-V2X의 경우 퀄컴 같은 소수 업체가 글로벌 시장을 독점하고 있는 상황이다.

칩셋/통신모듈 업체	하드웨어(OBU/RSU) 업체	소프트웨어 업체
NXP Semiconductors(프랑스)	Robert Bosch (독일)	Cohda Wireless (호주)
Qualcomm (미국)	Continental (독일)	Marben products (프랑스)
Huawei Technologies (중국)	Delphi (미국)	Altran (프랑스)
Autotalks (이스라엘)	Denso (일본)	Savari (미국)

[표 12] 해외 주요 V2X 관련 업체 현황

다) 인공지능

해외에서는 일찌감치 완성차 업체들이 유망 풀스택 자율주행차 스타트업을 인수한 바 있는데, GM의 Cruise 인수, Ford의 Argo AI 인수, APTIV의 nuTonomy 인수가 대표적이다. 그 외 미국에서는 자율주행차 스타트업으로 Aurora, Zoox, FiveAI, AImotive, Voyage, Uber 등이 주목받고 있고, 중국에서는 Baidu, Pony.ai, AutoX, WeRide, Momenta 등이 유망기업으로 떠오르고 있다.

따라서 해외에서 자율주행 생태계는 투자와 인력이 풍부한 미국과 중국 두 나라에 집중되어 있다고 볼 수 있는데, 투자와 인력 이외에도 규제로부터 자유롭게 테스트를 진행하고 상용화 까지 가능한지 여부도 자율주행 생태계를 강화시키는 중요한 요인 중 하나다.

4) 스마트 팩토리

세계 제조업은 제조 강국을 중심으로 생산 효율성 증가, 친환경 고객 맞춤형 생산 등이 경쟁력 강화의 새로운 패러다임으로 이슈화되고 있다. 이는 생산품 운송비용, 지식재산권 침해, 공정혁신의 지체, 인건비 상승 등이 주요 원인이며 이에 따라 주요 제조업체들은 해외 진출 공장들의 본국 회귀(리쇼어링) 분위기가 확산되고 있다. 미국, 독일, 일본 등 주요 선진국은 제조업 경쟁력 강화정책을 수립하고 이를 위한 방안으로 스마트 팩토리의 제안 및 보급을 위해 노력하고 있다.

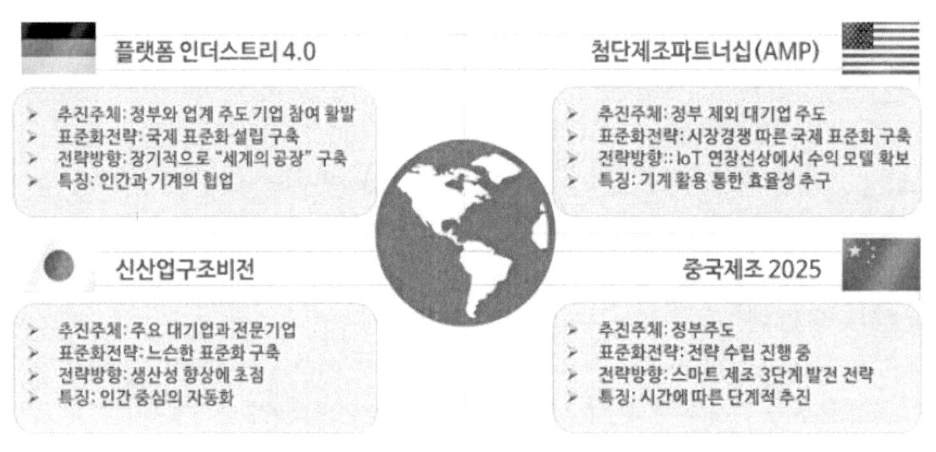

[그림 41] 글로벌 스마트 팩토리 전략

세계적으로 제조업 혁신을 위해 차세대 신기술과 제조기술을 접목한 스마트 팩토리를 주목하고 있다. 이는 소비자 중심 지능화 공장으로 로보틱스, 3D 프린팅, IoT 등 기술을 기반으로 제조업 생산성 향상을 위한 수단으로써 가파른 성장이 예상된다.

스마트 팩토리 시장은 미주 및 유럽보다 아시아 및 중동 지역이 높은 성장세를 나타낼 것으로 보인다. 아시아의 경우 세계 주요기업의 제조공장이 많이 위치해 스마트 팩토리 도입이 타 지역에 비해 빠를 것이며, 특히 중동의 경우 원유 수출 등으로 많은 자금을 통해 최신 설비를 갖춘 스마트 팩토리 도입이 이뤄질 전망이다.[48]

가) 스마트 제조[49]

주요국의 정책과 기업동향을 보면 자국이 갖는 산업구조의 제약요인을 타개하고 지속성장을 위해 스마트 제조전략을 적극 추진하고 있으며, 자국 제조업의 강점을 최대한 활용하면서도 새로운 성장비전을 구체화하고 있다. 독일, 미국 등 주요국은 자국 제조업의 새로운 도약과 경쟁우위 확보를 위해 스마트 제조혁신을 추진하고 있으며, 독일의 플랫폼 4.0, 미국의 steering committee, 일본의 미래투자회의 등 기업과 학계의 최고전문가들이 주도적으로 참여하는 협의체를 거쳐 정책 권고안을 도출하고 있다.

---

48) 포스코ICT(022100), 한국 IR 협의회, 2020.09.03
49) 한국형 스마트 제조전략 수립의 중요성과 기본방향, KIET, 2020.01

다양한 분야의 의견을 수렴하고 조정을 거쳐 정책으로 만들어지기 때문에 정책의 실행효과와 전략적 타당성을 높이고 있으며, 정책이 지속성을 갖고 제조역량 강화로 이어지는 주요한 기반이 되고 있다. 나아가 독일의 Arbeit 4.0처럼 노동자도 정책형성과 추진 과정에 참여하여 사회적 수용성과 제도의 전환을 위한 충분한 검토와 합의를 도출함으로써 기업 혹은 정부가 일방적으로 추진하는 과정에서의 마찰과 지체 위험을 낮추고 있다.

한편 국가별로 스마트 제조의 추진전략과 주체별 역할에서는 다소 차이를 보이는데, 이는 국가별 제조업 현황과 비전, 스마트 제조역량의 차이에서 비롯된다. 독일은 AI, 스마트데이터를 활용하여 자국이 경쟁우위를 갖는 기계장비산업에서 프리미엄 기계장비산업의 우위를 유지하는 한편, 자국 중소·중견기업의 혁신 기회로 활용하고자 한다. 이를 위해 국제 산업표준을 주도하고, 인적자원을 양성하면서 글로벌 시장진출을 적극 추진하고 있다. 미국은 산업유형별 테스트 베드를 적극 추진하면서 글로벌 시장에서 새로운 솔루션 중심의 사업모델을 창출하고 있다.

일본은 고령화로 인한 노동력 부족과 제조혁신을 위해 총리 직속으로 강력한 거버넌스를 구축하여 범부처적으로 스마트 제조를 추진하고 있으며, 데이터 기반을 조성하고 로봇 신전략을 중점적으로 추진하고 있다. 중국은 제조강국으로 나아가기 위한 적극적인 전략으로 스마트화를 추진하고 있으며, 온라인 기반 맞춤생산, 클라우드 기반 산업인터넷 플랫폼 등 제조업체와 IT업체들이 새로운 사업영역을 창출하고 있다.

다음으로 대부분의 국가들이 명시적 혹은 암묵적으로 양면전략을 추구하고 있다. 독일의 Industrie4.0은 제조업과 설비업체의 경쟁력을 높이면서 대기업-중소기업을 포괄하는 전국적인 네트워크화를 통해 제조에서 서비스, 비즈니스모델의 전환을 추진하고 있다.

미국은 첨단제조혁신 연구소를 통해 산학협력을 강화하고 파트너십을 통해 새로운 제조업에서 요구되는 연구개발, 프로토타이핑(prototyping)·랩(lab), 제조 소프트웨어, 교육 및 훈련까지 제조역량을 강화하고 있다.

일본도 스마트 제조를 통해 주력 제조업을 고도화시킬 뿐 아니라 스마트 제조 공급시장에서 급성장하는 협동 로봇 및 AGV3) 시장에서의 소재·부품 니치마켓 선점을 주도하고 있다.

주요국은 스마트 제조를 추진하는 과정에서 자국 제조업의 구조와 역량의 차이를 인정하고 취약한 분야에 정책을 집중하지만 궁극적으로는 글로벌 경쟁우위를 목표로 하고 있으며, 이 과정에서 글로벌 기업과의 연계와 협력을 통해 효과성과 추진속도를 높이고 있다.

5) 스마트 그리드[50]

중국은 24% 이상의 점유율로 세계 최대의 스마트 그리드 시장이 될 것으로 예상되며 그 뒤를 북미(23.9%), 아시아 태평양(21.2%), 유럽(20.6%) 순으로 따를 것으로 전망된다. 주요 구성요소별 시장규모를 살펴보면, 먼저 세계 지능형검침인프라(AMI) 시장 규모는 2025년까지 12억대까지 증가할 것으로 예상된다. 중국을 중심으로 한 아시아태평양 지역이 전체의 약 65%를 점유하며, 2025년까지 연평균 6.5% 증가할 것으로 전망된다. 그 외 지역 중에는 남미와 중동, 아프리카가 각각 연평균 20.6%, 16.2%로 빠른 성장세를 보일 것으로 예상된다.

세계 에너지관리시스템(EMS) 시장은 BEMS와 FEMS가 주도하고 있으며, BEMS 시장은 2025년 약 128억 달러로 연평균 약 19% 성장할 것으로 전망되고 FEMS 시장은 2024년에는 약 350억 달러 이상의 시장 규모를 형성할 것으로 예상된다. 향후 FEMS 시장 성장의 중심축은 북미에서 점차 아시아로 이동할 것으로 전망된다.

또한, 에너지저장시스템(ESS)의 전력망 및 보조서비스부문 시장규모는 2023년에는 16.5GW로 증가했으며, 첨두부하 절감을 위해 운전상태 예비력, 전력망 자산 최적화 등의 분야에 ESS를 활용한 전력망투자가 증가할 것으로 예상된다. 아시아태평양 지역의 ESS시장 점유율은 2023년 38%로 증가하며 한국 외 일본, 중국, 동남아 지역(말레이시아, 인도네시아, 필리핀, 태국 등)이 성장을 주도할것으로 전망한다.

싱가포르 전력사인 SP Group에서 세계 29개 전력사의 전력망 지능화 정도를 평가한 결과를 살펴보면, 별점 4점 이상을 차지한 전력사는 모두 미국과 유럽의 회사로써, 아시아지역의 업체들과 비교해 산업이나 규제 측면에서 더 빠른 혁신을 선도하고 있는 것으로 나타났으며, 스마트그리드 주요 기술 분야의 경우, 전력 공급망 안정성, 고객만족도, 모니터링&제어 분야 등에서 아시아지역의 전력사들(홍콩, 싱가포르, 일본)이 우수한 기술력을 갖춘 것으로 조사되었다.

---

50) 스마트그리드, 한국IR협의회, 2021.02.25

5

—

사물인터넷 관련 기업 현황

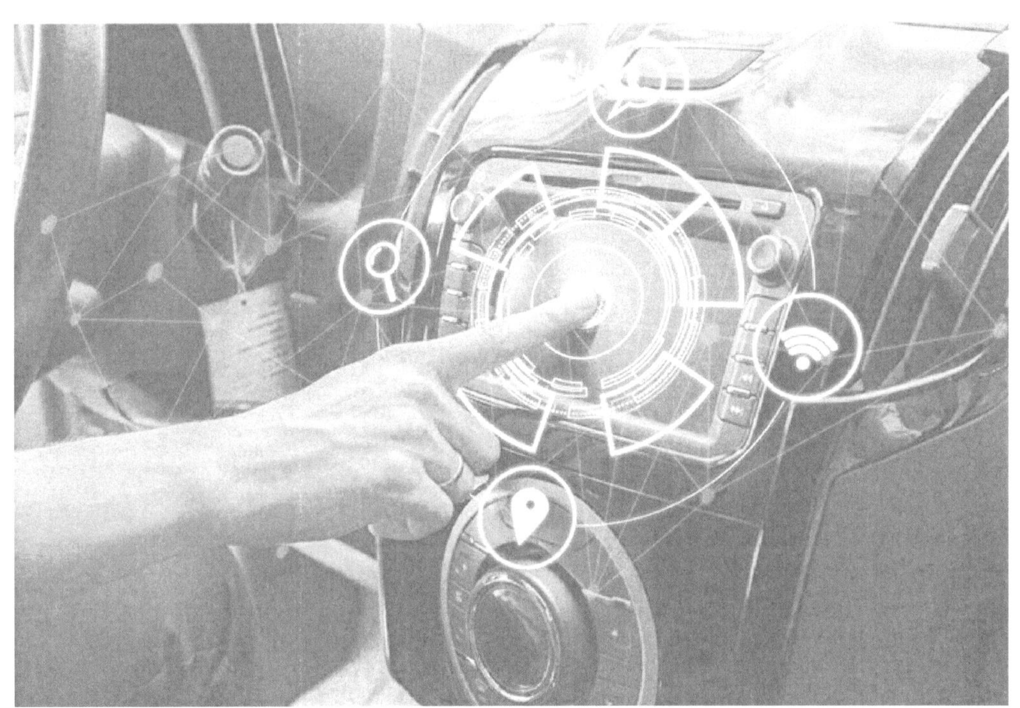

5. 사물인터넷 관련 기업 현황

가. 해외 기업 현황

1) 스마트 홈

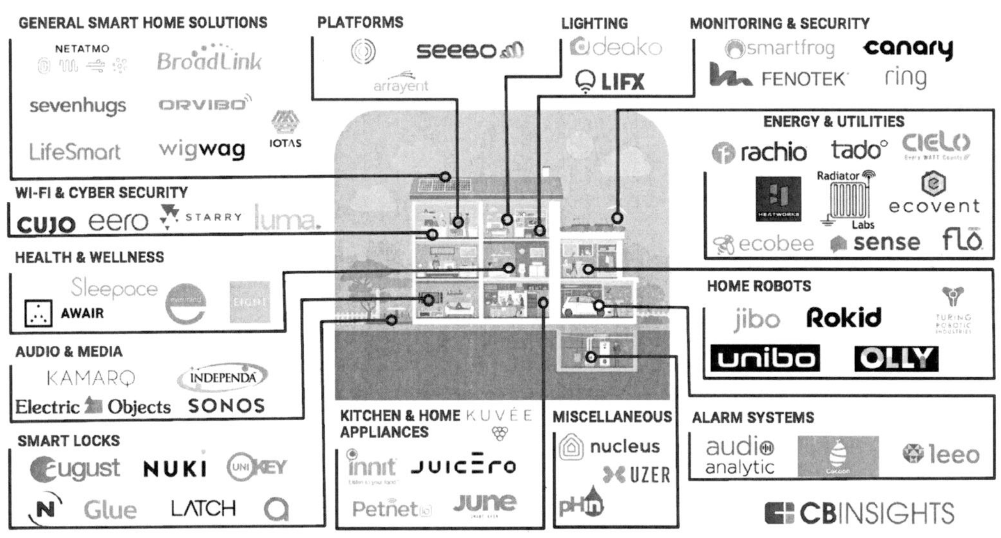

[그림 35] 글로벌 60개 스타트업 회사

스마트 홈 분야는 다른 스마트 관련 분야들보다 시장 규모에 있어서 기대에 미치지 못하는 경향이 있다. 그러나 COVID-19이후 전 세계적으로 매일 1백만 명 이상의 개인이 온라인에 접속하고 있어 인터넷 사용자 수의 증가가 스마트 홈의 채택 증가에 영향을 미치고 있다. 이런 환경에서 글로벌 거대 벤처 캐피탈들은 2011년부터 약 40여 건의 주식 투자를 20여 회사에 진행하고 있으며, 상기 그림은 글로벌 60개 스타트업 회사를 나타내고 있다.

또한, "가전제품"은 스마트 홈 시장에서 예측기간 내 가장 큰 제품 유형 세그먼트를 차지하고 있다. 이에 추가로 에너지와 유틸릴이 분야의 업체들은 센서, 모니터링 기술, 데이터를 활용하여 물과 에너지를 절약하는 솔류션을 제공하고 있다. 모니터링 및 보안 분야의 업체들은 집, 어린이, 노인, 반려동물 등을 위해 설치된 카메라를 통해 실내 또는 실외 보안 및 모니터링을 제공한다. 더 나아가, 최근에는 사물인터넷의 보안 필요성이 대두되어 보안 업체들은 가정 내에서 스마트 기기를 연결하고 보호 할 수 있는 와이파이와 사이버 보안 솔류션도 제공하고 있다.

해외 스마트 홈 기업들의 스마트 홈 관련 제품들도 다양하게 출시 중이다. 몇 가지 제품과 기업에 대해 알아보자.

가) 타도(tado)

[그림 36] tado 스마트 난방조절기

독일 뮌헨의 스타트업인 tado는 스마트 난방조절기를 개발했다. tado의 스마트 난방조절기는 거주자의 위치를 사용하여 난방을 자동으로 제어한다. 따라서 누군가 집에 들어오면 난방이 가동되며 모든 사람이 집을 떠나면 자동으로 난방을 종료하여 에너지가 낭비되지 않는다.[51]

[그림 37] tado 스마트 에어컨 조절기

또한, tado는 스마트 에어컨 조절기도 선보였다. tado의 스마트 에어컨 조절기는 최신 에어컨부터 구형 에어컨까지 리모컨이 있는 에어컨이라면 모두 제어가 가능하다는 특징이 있으며, 사용자의 행동 패턴에 맞춰 에어컨을 제어할 수 있다.[52]

---

[51] tado 스마트 온도 조절기 사용 설명서
[52] 로빌리티브

더불어, 다른 사물인터넷 기기와의 통합도 지원한다. 이를 통해 Alexa, Google Assistant, Apple HomeKit 등과 연동하여 음성 명령을 통해 온도를 조절하거나 다른 스마트 기기와 연계하여 자동화된 홈 환경을 구축할 수 있다.

나) 어거스트(august)

[그림 38] 어거스트 스마트락과 스마트 키패드

어거스트의 스마트락은 스마트폰을 이용하여 자동으로 문을 오픈하거나 친척 혹은 친구에게 일시적으로 출입권한을 부여할 수 있다는 특징이 있다. 어거스트의 제품은 기존에 사용하고 있는 문제 부착하여 사용하는 제품으로 기존 사용하고 있는 키 또한 그대로 사용할 수 있다는 특징이 있으며 외부에서도 핸드폰을 이용하여 자유롭게 문의 개폐를 조절할 수 있다. 또한 어거스트 스마트락은 아마존 Alexa또는 구글 어시스턴트를 이용하여 목소리를 이용한 조정이 가능하다. 옵션으로 선택할 수 있는 어거스트 커넥트(August Connect)기능은 인터넷을 통해 자물쇠를 제어할 수 있게 해주며, 무선 어거스트 스마트 키패드(August Smart Keypad)는 독특한 입력 코드를 이용하여 문을 열 수 있도록 지원해준다.[53]

---

53) '커넥티드 사무실'이라면 있어야 할 9가지 '스마트' 기기, IT월드, 2016.07.29

[그림 39] 어거스트 스마트 도어벨

또한 어거스트의 스마트 도어벨은 카메라가 장착되어 24시간 문 앞을 HD 화질로 촬영할 수 있다.

다) 네타트모(Netatmo)

Netatmo는 스마트 홈 기기를 제조하는 프랑스 회사로, 2011년 설립되어 보안카메라, 개인용 날씨 센서와 같은 다양한 제품을 출시했다.

[그림 40] Netatmo Weather Station

Netatmo의 Weather Station의 기본구성은 indoor, outdoor weather station과 앱으로 구성된다. Weather Station은 2.4GHz의 WiFi로 매 5분마다 센싱을 수행하여 실내 공기 질 측정과 외부 날씨 측정 및 예보를 수행한다. Indoor Station의 경우 온도, 습도, 이산화탄소, 마이크 센서를 이용하며 마이크 센서는 집안의 경보기 소리를 검출하여 알림을 보낸다. Outdoor Station은 온도, 습도, 기압센서를 이용하며 2AAA 배터리로 2년을 사용할 수 있다. 또한 추자로 Rain Gauge를 이용하여 빗물을 측정하고 Wind Gauge를 이용하여 바람을 측정할 수 있다.

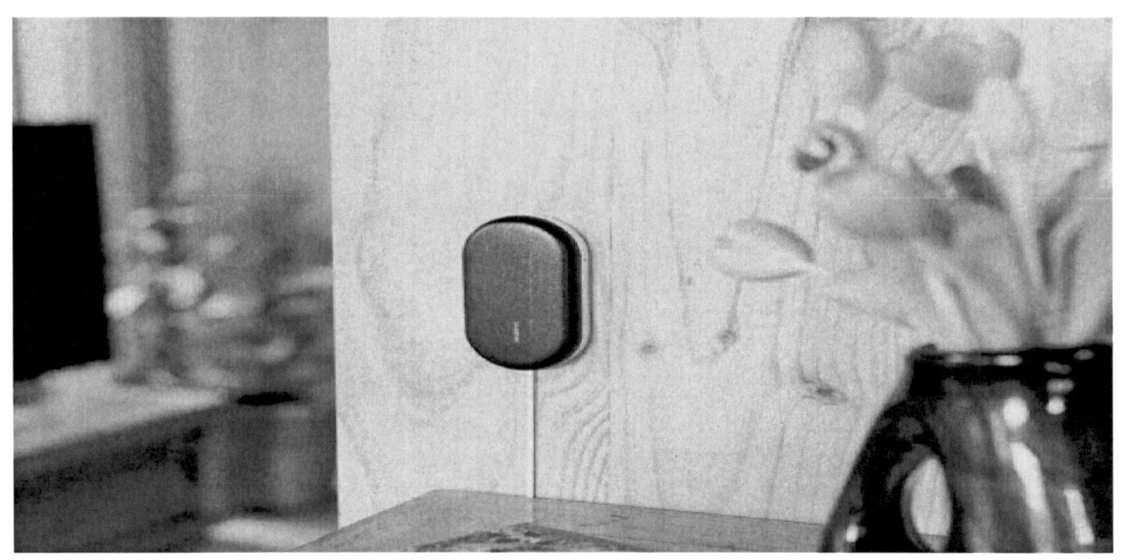

[그림 41] Netatmo Smart AC Controlle

54)Netatmo는 지난 5월 Smart AC Controlle 를 선보였다. Netatmo의 Smart AC Controller는 에너지 절감과 편안함을 위한 솔루션으로, 에어컨이나 열펌프를 스마트하게 조절한다. 사용자는 언제든지 집 안의 온도를 제어할 수 있고, 모든 적외선 리모컨을 사용하는 에어컨과 호환된다. 특이한 페어링 장치를 통해 간편하게 연결할 수 있으며, 스마트폰 앱을 통해 원격으로 냉방이나 난방 스케줄을 설정하고 제어할 수 있다. 또한, Netatmo Smart Controller는 Google Home, Alexa, Apple Home과 호환되어 음성 명령으로도 디바이스와 설정을 조작할 수 있습니다. 사용자의 가족 루틴에 맞춘 개인화된 스케줄과 위치 기반 기능을 통해 에너지 소비를 관리하며, 실내 환경의 변화를 실시간으로 추적하여 사용자의 편안함을 개선한다.

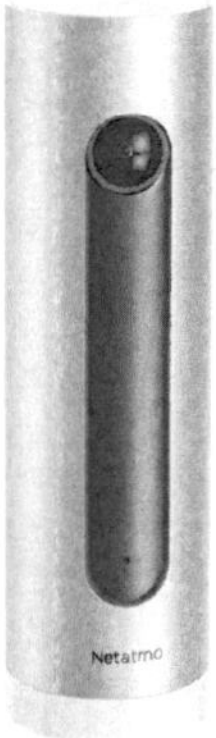

[그림 42] Indoor security camera

Netatmo의 다른 제품 중 하나로 Indoor security camera는 안면 인식 기능을 탑재하고

---

54) NETATMO 홈페이지, 스마트 AC 컨트롤러 출시,2023.05

있어 가족을 제외한 알지 못하는 얼굴의 경우 경보를 울리고 이때, 경보는 110dB의 사이렌이다. 또한 Tamper detection을 이용하여 진동이나 움직임을 감지하여 알림을 보낸다.

라) IOTAS

IOTAS는 스마트 아파트의 특징은 Voice Control, Smart locks, Smart Thermostats, Smart lightning&switches, Smart outlets, Motion sensors, Leak detection으로 살펴볼 수 있다.

① Voice Control
음성 제어를 통해 거주자들은 아마존 알렉사나 구글 홈 어시스턴트를 통해 스마트 기기를 관리할 수 있다.

② Smart locks
거주자들은 스마트폰을 두드리기만 하면 문을 열거나 손님들과 가상 키를 공유할 수 있다.

③ Smart Thermostats
거주자는 온도 조절기를 프로그래밍하여 월 청구요금을 미세 조정할 수 있으며, 빈 장소와 공용 공간을 자동화하여 에너지 낭비와 직원 시간을 없앨 수 있다.

④ Smart lightning&switches
거주자는 간단한 음성 명령을 이용하여 불빛의 세기를 조절할 수 있다.

⑤ Smart outlets
집안 곳곳에 스마트 콘센트가 배치되어있어, 거주자들은 손쉽게 이를 사용할 수 있다.

⑥ Motion sensors
모션 센서를 이용하여 거주자는 집에 들어오는 순간 아파트의 조명을 자동으로 제어할 수 있다.

⑦ Leak detection
스마트 아파트에는 싱크대, 샤워기, 세탁기 등에 누수 감지 기능이 설치되어 있다.

마) 아마존

[그림 43] 아스트로

아마존은 수 년 동안 가정용 로봇 개발을 추진해왔다. 아스트로의 기능은 양방향 영상 통화와 영화/TV 스트리밍, 스마트 홈 기기 관리 등이 대표적이다. 또한 아마존은 아스트로를 사용해 돌봄 인력과 노인이 원격으로 연락을 유지할 수 있으며, 긴 잠망경 형태의 카메라 덕분에 시야에서 벗어난 구역도 감지할 수 있다고 발표했다. 링 알람(Ring Alarm)과 연동하면 집을 순찰하거나 센서 경보에 반응하고, 집에 낯선 사람이 침입할 경우 경보를 울릴 수 있다.

[그림 44] 에코 쇼 15

벽면에 장착하는 형태의 에코 스마트 디스플레이인 에코 쇼 15는 사용자가 다가오면 내장 카메라가 얼굴을 인식해 알림, 일정, 메모, 심지어 방금 전까지 들었던 음악 등 맞춤형 정보를 제공한다. 아마존 프라이버시 정책에 따라 에코 쇼 15는 아마존 쿼드-코어 AZ2 뉴럴 엣지(AZ2 Neural Edge) 프로세서로 구동되며 음성 명령을 클라우드가 아닌 로컬에서 처리한다.

[그림 45] 아마존 글로우

아마존 글로우(Amazon Glow)는 아마존이 현재까지 가장 야심차게 출시한 제품이다. 아마존 글로우는 클라우드에 연결된 스마트 디스플레이와 영상 프로젝터, 3D 스캐너로 구성됐다. 아이들이 인터넷으로 영상 통화하는 데 그치지 않고 서로 통화하면서 함께 게임을 하거나 퀴즈를 풀고, 그림을 그리는 기능이 있다.

아마존은 아마존 글로우용 대화형 콘텐츠를 개발하기 위해 디즈니와 마텔, 세서미 워크샵 등과 제휴를 맺었으며, 그 외 업체도 함께 콘텐츠를 제작할 수 있도록 소프트웨어 개발 키트를 출시했다.

[그림 46] 블링크 비디오 도어벨

블링크 비디오 도어벨은 블링크 싱크 모듈 2(Blink Sync Module 2)와 연결하면 로컬 USB 저장 장치에 촬영된 영상을 저장할 수 있다. 블링크 비디오 도어벨은 알렉사와도 연동된다. 사용자는 음성 명령으로 기기를 조작할 수 있고 블링크 비디오 도어벨이 동작을 감지하거나 누군가 기기 버튼을 누를 때 알람을 받을 수 있다. 더불어 아마존은 옥외 카메라용 액세서리도 출시했다. 투광 조명등을 부착할 수 있는 장비와 태양광 에너지로 카메라 내장 배터리를 충전할 수 있는 액세서리다.

[그림 47] 아마존 스마트 서모스탯

　스마트 온도조절장치 시장에 진입한 아마존은 기능보다는 가격에 집중하는 전략을 택했다. 알렉사에 내장된 온도조절장치처럼 좋은 성능을 자랑하는 온도조절장치가 많은 상황에서, 아마존 스마트 서모스탯은 매우 기본적인 디스플레이에 목표 온도를 조정하는 터치 버튼이 달린 비교적 간편한 모델이다.[55]

[그림 48] 아마존 스마트 서모스탯

[56]Amazon Echo Plus는 인기 있고 신뢰성 있는 IoT 기기이다. 이 음성 컨트롤러를 사용하

---

[55] AI로 연결된 스마트 홈…아마존 신제품 7종 소개, IT 월드, 2021.10.01
[56] Software Testing Help, 2023년 인기있는 IoT 장치

면 노래를 재생하고 전화를 걸고 타이머와 알람을 설정할 수 있다. 또한 질문에 답하고 유용한 정보를 제공하며 날씨를 확인하고 할 일과 쇼핑 목록을 관리할 수 있다. 더불어 가정용 기기를 편리하게 제어하는 기능도 제공한다.

[그림 49] Amazon Smart Air Quality Monitor

[57]Amazon Smart Air Quality Monitor는 일산화탄소(CO), 휘발성 유기 화합물(VOC), 미세먼지(PM2.5), 온도 및 습도를 측정하여 공기 상태를 정밀하게 파악할 수 있는 신회성이 검증된 장치이다. LED 라이트는 다양한 컬러로 공기 상태를 시각적으로 표현하며, 앱을 통해 손쉽게 공기 상태 점수를 확인할 수 있다. 또한, 루틴 기능을 활용하여 실내 환경에 맞게 선풍기, 공기청정기, 제습기 등 다양한 Alexa 기기를 제어할 수 있다. 이 모니터는 내장 스피커, 마이크, Alexa 기능은 지원하지 않지만, Alexa 모바일 앱이나 Echo 디바이스를 통해 알림, 루틴, 음성 제어와 같은 기능을 활용할 수 있다. 기술에 익숙하지 않은 사용자도 간편한 설정과 함께 실내 환경을 체계적으로 관리하고 개선할 수 있다.

---

57) GEEKFLARE, 가장 인기있는 IOT장치, 2022.11

바) 구글

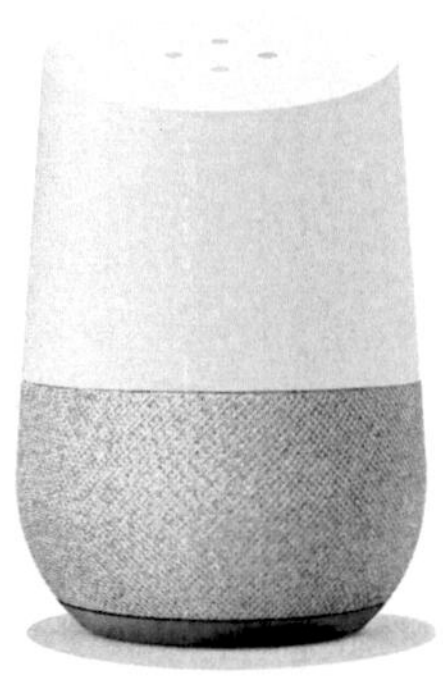

[그림 50] 구글 홈

구글은 2018년 인공지능(AI) 비서 서비스 '구글 어시스턴트'를 탑재한 AI 스피커 구글 홈
(Google Home)과 구글 홈 미니(Google Home Mini)를 국내에 정식 출시했다. 구글 홈과 구
글 홈 미니는 AI 음성비서 기술인 구글 어시스턴트를 기반으로 하는 AI 스피커로 "오케이 구
글" 혹은 "헤이 구글"이라는 시동어를 말한 후 사용자가 음성으로 명령을 내리면 이에 대한
답을 AI 비서가 음성으로 답을 해준다. 음악 감상 등 엔터테인먼트를 즐길 수 있고, 캘린더를
확인하거나 리마인더를 설정하는 등 하루 일정을 쉽게 관리할 수도 있다.

또한, 구글의 머신러닝 기술을 통해 소음이 있는 환경이나 먼 거리에서도 음성을 정확하게 인
식하고, 구글 어시스턴트를 통해 문맥을 빠르게 파악하여 실제 대화하는 것처럼 자연스러운
소통도 할 수 있다. 음성으로 명령을 내리는 만큼 손이 자유로워 다른 일을 하면서도 AI 비서
에게 명령을 내릴 수 있다.

구글 홈은 전 세계 225개 이상의 홈 자동화 파트너 기기들과 호환되어 5,000개 이상의 제품
을 집 안에서 음성으로 제어할 수 있는 핸즈프리 스마트홈 경험을 제공한다. 국내에서는 에어
컨, 냉장고, 세탁기 등 LG전자 가전제품, 어웨이 공기청정기, 경동나비엔 보일러, 코웨이 공기
청정기, 필립스 휴 등 집안의 다양한 기기를 음성으로 제어할 수 있다.[58]

인공지능 음성인식 스피커와 터치스크린 디스플레이를 하나로 만든 네스트 허브 맥스는, 음
성인식 서비스인 구글 어시스턴트를 지원하는 스마트 디스플레이다. 네스트 허브 맥스는 주방
용 TV, 디지털 앨범, 화상통화 단말기, 실내 감시용 카메라, 스마트 홈 컨트롤러 등 다양한
용도로 활용할 수 있는 제품이다. 옵션으로 판매하는 '네스트 헬로 비디오 도어벨(Nest Hello
Video Doorbell)'과 '네스트 캠 아웃도어(Nest Cam Outdoor)'를 함께 구매하면, 스마트 초
인종과 외부 방범 카메라 기능을 추가할 수 있다.[59]

---

[58] 구글 홈, 6가지 기능 품고 한국 정식 상륙, IT동아, 2018.09.12
[59] 구글, "네스트 허브 맥스를 활용하는 101가지 방법" 제시, CIO korea, 2019.09.10

[그림 51] 구글 네스트 허브 맥스

[그림 52] 구글 네스트 온도 조절기

60)Google Nest Thermostat은 ENERGY STAR 인증을 받은 장치로, 외출 시 에너지 절약을 지원한다. 스마트폰을 통해 어디에서나 난방 및 냉방 시스템을 제어할 수 있으며, 쉽게 설치하고 Google Home 앱과 연동할 수 있다. 이 프로그램 가능한 Wi-Fi 온도 조절기는 HVAC 문제에 대한 알림과 경고를 제공한다. 또한, 에너지 효율성을 높이기 위해 스케줄링을 포함한 다양한 절약 방법을 제시하는 Savings Finders 기능을 지원한다.

---

60) analyticsinsight, 2023년 주목할 만한 Iot 장치,2023.3

사) 애플

애플은 스마트 홈 시장을 공략하기 위해 홈킷(HomeKit)을 선보였다. 홈킷은 사용자가 아이폰 또는 기타 애플 장치를 통해 스마트 가전 제품을 구성, 통신 및 제어 할 수있게 해주는 Apple의 소프트웨어 프레임워크로 2014년 9월 iOS8에서 처음 출시되었다. 홈킷 지원 장치 제조업체는 MFi 프로그램을 구입해야하며 모든 홈킷 제품에는 암호화 보조 프로세서가 있어야한다. 홈킷을 지원하지 않게 설계된 장비는 해당 장비와 홈킷 서비스를 연결하는 허브와 같은 게이트웨이제품을 통해 사용할 수 있다.

[그림 53] 구글 홈팟 미니

최근 애플은 스마트 스피커 홈팟 미니(HomePod mini)를 선보였다. 3.3인치에 불과한 홈팟 미니는 인공지능(AI) 비서 '시리', 스마트홈 기능 등을 제공한다. 앞서 홈팟 미니는 화이트, 스페이스 그레이 색상으로 출시되었다.

홈팟 미니는 애플뮤직, 애플 팟캐스트, 애플뮤직1 스테이션을 비롯한 수천개 라디오 스테이션, 판도라, 디저 등 인기 음악 서비스와 연동되도록 설계됐다. 음악이나 팟캐스트를 듣거나 통화를 할 때, 사용자는 아이폰을 홈팟 미니에 가까이 대기면 하면 오디오가 연결된다.

시리를 활용해 아이폰 고객에게 맞춤형 경험을 제공하는 것도 특징이다. 시리는 가족 구성원 최대 6명의 음성을 인식해 각자 취향에 맞는 음악 및 팟캐스트를 제안하고 메시지, 미리 알림, 메모, 캘린더 약속을 읽어주거나 통화 발신, 수신 등의 개인적인 요청에 대응할 수 있다. 더불어 간단한 음성 명령으로 소등, 온도 조절, 문 잠금, 간접 조명 설정, 특정 시간대 기기 제어 등을 실행 가능해 스마트 홈 액세서리를 간편하게 제어할 수도 있다.[61]

---

61) 애플, 스마트 스피커 '홈팟 미니' 신규 색상 출시, 이데일리, 2021.10.19.

[그림 54] 애플 TV

62)2023년 최고의 Apple HomeKit 기기인 새로운 Apple TV 4K(2022)은 강력하고 진보된 기능을 갖춘 기기이다. A14X 프로세서의 초고속 성능을 통해 스트리밍을 한 단계 더 높은 수준으로 끌어올리며, 4K Ultra HD 해상도를 지원하여 호환되는 TV에서는 놀라운 선명도와 실제 색상으로 몰입형 시청 경험을 즐길 수 있다. 또한 Dolby Atmos 지원은 생생한 오디오를 제공하면서 프리미엄 음질을 보장하여 좋아하는 프로그램이나 영화의 모든 세부 사항을 선명하게 들을 수 있다. Siri 원격 제어를 통해 손쉬운 탐색으로 집에서 멀리 떨어진 곳에서도 간편하게 기능을 제어할 수 있으며, 음성 명령을 통해 재생 목록을 만들거나 트렌드를 확인할 수 있다. 마지막으로, AirPlay 2를 통해 iPad, iPhone 등을 포함한 모든 iOS 플랫폼에서 양방향 공유 기능을 활성화하여 무선으로 여러 장치 간에 콘텐츠를 미러링할 수 있어 홈 자동화가 더욱 쉬워지는 장점이 있다.

---

62) Best Smart HomeKit Devices in 2023, Smart Mob Solution, 2023

2) 스마트 시티
가) IBM

현재 IBM은 스마트시티 분야에서 가장 앞서 있는 것으로 평가받고 있다. 특히 IBM은 컨설팅, 소프트웨어 구축 및 유지관리 등 모든 부문에 대해 관련 사업과 솔루션을 보유하고 있는 것이 최대 강점이다.

IBM은 스마트 상수도, 공공안전, 교통(traffic), 빌딩, 에너지 등의 솔루션을 보유하고 있으며, 국내에서도 부산市에 글로벌 공동 R&D 센터와 클러스터 기술지원 센터를 포함한 IBM 지능형 운영센터 기반 협력 모델을 제안하기도 했다. 또한, 인천 송도에 차세대 지능형 방범 서비스(u-Safety)와 스마트 스페이스(Smart space) 서비스를 구축했다. 또한 '스마트 플래닛' 계획의 하나로서 이스라엘과 손을 잡고 스마트 워터그리드 사업도 주도하고 있다. 스마트 워터그리드 분야는 수자원 환경의 급격한 변화로 인해 최근 더 관심이 높아지고 있는 분야로, 유럽에서도 큰 관심을 보이고 있다. 이탈리아 남쪽에 위치한 Malta에서는 스마트그리드 구축을 위해 IBM과 함께 7,000만 유로 규모의 사업을 수행했다.

현재 IBM은 기술 서비스 및 클라우드 플랫폼, 인지 솔루션, 글로벌 비즈니스 서비스, 시스템 및 글로벌 금융 부문을 제공하고 있다.[63]

카테고리	솔루션
Public Safety Solutions	• Intelligent Operations Centre for Emergency Management • Intelligent Video Analytics
Government and Agency Administration Solutions	• Smart Cloud Social Collaboration with Governments
Smarter Buildings and Urban Planning Solutions	• Enterprise Asset Management
Water and Energy Solutions	• Energy Optimization
Transportation Solutions	• Intelligent Transportation
Social Program Solutions	• IBM Cúram Solution for Social Assistance • IBM Cúram Solution for Social Assistance (Income Support, Medical)
Assistance, Health Care Reform, and Child Welfare) Healthcare Solutions	• IBM Watson Health • IBM Care Management • Business Analytics for Healthcare
Education Solutions	• Technology Solutions for the Education Industry

[표 13] IBM의 솔루션 제공 현황

---

63) 스마트 시티 시장, 연구개발특구진흥재단, 2019.09

나) 시스코

[그림 55] Cisco 회사

 시스코는 네트워킹 분야의 글로벌 선두기업이다. 2009년 스마트그리드 시장에 공식 진출한 이후, 시스코는 인터넷 프로토콜 표준을 기반으로 데이터 전송은 물론 전기 배송까지도 책임질 수 있는 완벽한 통신 패브릭을 구현하며 세계의 주요 전력회사들과 그 전문성을 공유해왔다.

 최근에는 기업의 많은 양의 데이터를 분석하고 저장하는 애널리틱스 데이터베이스를 제공하는 회사인 독일의 파스트림사를 인수하는 등 스마트 그리드 시장에서의 입지를 더욱 키워나가고 있다. 시스코(Cisco)는 자사의 네트워킹 기술을 바탕으로 다양한 분야에 참여 중이며 'Smart+Connected'라는 공통 브랜드 하에 운수(Transportation), 안전 및 보안, 교육(Learning), 부동산(Real Estate), 전력(utilities), 헬스(Health), 스포츠 및 엔터테인먼트, 그리고 정부(Government) 등의 솔루션을 제공 중이다.

Service provider	Governance	Transportation	Public safety	Waste and water management	Building management	Utilities and energy management	Healthcare	Others
Accenture	Connected government platform	Fare management solution	Integrated justice solution	Intelligent infra-structure	Smart building solution	Intelligent infra-structure	Public Health Platform	N/A
Capgemini	Transformational government delivery (t-Gov)	N/A	N/A	Smart water services platform	Smart energy services platform	Smart energy services platform	N/A	N/A
IBM	Intelligent operations center (IOC)	Integrated fare management	Intelligent law enforcement	Intelligent water	Tririga	Intelligent utility network solution	Curam	Curam social program management platform
Telefónica	The company does not have software assets in these areas so far. It has developed a number of solutions leveraging partners in these areas. The main asset that Telefónica leverages is its "smart city platform" — an M2M platform — on top of which it provides a number of solutions and services including: managed connectivity, asset management, real time analytics, app marketplace, etc.						Colabor@	N/A

[그림 56] 시스코 제품 공급 표

3) 스마트 카
가) GM

[그림 57] General Motors 회사

미국 씨넷에 따르면, 제너럴 모터스(GM)는 통신·미디어그룹 AT&T와 협력하여 차세대 네트워크를 도입할 예정이다. GM은 2024년형 모델에 5G를 장착할 계획이며, 이는 실제로 2023년에 그것을 볼수 있다는 의미이다. AT&T와 협력하여 이 네트워크 기술이 미래 전기차와 자율주행차의 요구를 충족시킬 수 있다고 말했다. 이를 통해 사용자는 음악, 영상 및 내비게이션 서비스를 더 빠른 속도로 다운로드 할 수 있으며, 이 기술은 대대적인 차량 업데이트로 확장될 수 있다.

또한, GM의 메리 베라 최고경영자와 마이크 심코 GM 글로벌 디자인 담당 부사장이 세계 최대 ICT 전시회 CES 2021에서 GM의 미래 모빌리티 콘셉트를 소개했다. 이 중 플라잉카 '브이톨(VTOL)'은 수직 조명 신호, 넓은 유리 지붕 및 생체 인식 센서 등을 탑재한 모델입니다. 또한, GM의 전기 셔틀은 고급화된 자율주행 셔틀형 이동수단으로 설계되었다.

[그림 58] GM 플라잉카, 전기 셔틀

[64)]2023년 GM은 한국 내에서 다양한 전략을 펼칠 예정입니다. 이들 전략은 크게 다음과 같다.

· 차세대 글로벌 제품 출시: GM은 쉐보레 트랙스를 포함한 새로운 글로벌 제품을 출시할 예정
· 국내 시장에서의 브랜드 재배치를 위한 새로운 브랜드 전략: GM은 쉐보레, 캐딜락, GMC 등을 통해 프리미엄 세그먼트에 초점을 맞출 예정
· GMC 도입을 통한 멀티 브랜드 전략 확대: GM은 GMC 브랜드를 한국 시장에 도입할 예정
· 미국 정통 신차 6종 출시: GM은 2023년에 미국에서 6종의 신차를 출시할 예정
· EV 포트폴리오 확장과 고객 경험 개선: GM은 프리미엄 고객 서비스 및 연결성을 강화하는 최초의 Ultium 기반 EV를 출시하고 EV 포트폴리오를 확장할 예정

나) Benz

[그림 59] 메르세데스 벤츠 회사

S-Class에 운전보조 기능을 양산하는 단계를 완료하였으며, 근거리 레이더 2기의 범위는 30m, 중/장거리 레이더 1기는 60m, 200m이다. 속도 범위는 200KPM까지이며, 10초 이상 손을 뗄 경우 시청각 경고 후 조향제어 기능이 해제된다.

---

64) 제너럴 모터스 '2023년 한국 GM 지속가능한 미래', chevrolet pressroom

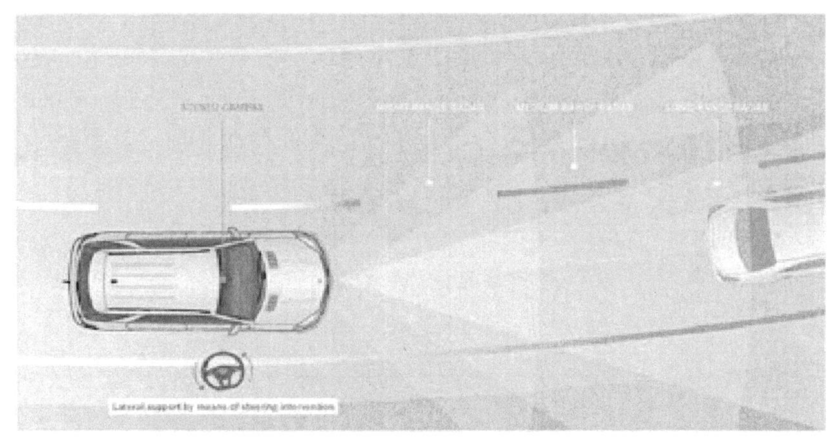

[그림 60] Benz 운전보조기능 개념

최근 커넥티드카 서비스는 차량을 더욱 고객 개인에 맞춰 운행되도록 지원하는 방향으로 동시에 발전하고 있다. 동일한 모델의 차량이라도 차주나 차주로부터 승인받은 일부 타인에게만 서비스를 배타적으로 제공하고 있다. 메르세데스-벤츠 코리아는 연내 출시할 대형 전기세단 EQS에 최초 탑재하는 첨단 인포테인먼트 시스템 'MBUX 하이퍼스크린'으로 개인화 기능을 제공할 예정이다. MBUX 하이퍼스크린은 기존 벤츠 차량에 탑재된 MBUX 인포테인먼트 시스템의 하드웨어·소프트웨어 성능을 모두 개선한 채 갖추고 있다.

MBUX 하이퍼스크린은 운전자나 동승자의 기존 조작 행위나 행동 변화 등을 인식·학습한 뒤 화면에 추천 기능을 띄우거나 자동실행한다. 예를 들어 시트 마사지 기능을 실행하거나 사용자 일정을 시각적 정보로 화면에 비춰준다. 인공지능, 머신러닝 등 기술을 바탕으로 제공되는 서비스들이다.[65]

[그림 61] Benz 전기 크로스오버 SUV '스마트 넘버원(Smart #1)'

---

65) 생체인식·행동학습…차가 나를 알아본다, 이코노믹리뷰, 2021.10.05

66)메르세데스-벤츠와 지리자동차(Geely)의 합작으로 설립된 스마트(Smart)는 '스마트 넘버원 (Smart #1)' 전기 크로스오버 SUV를 공개했다. 이 차량은 다양한 키트를 제공하며, HUB 및 자동 주차 보조 장치, 비트 사운드 시스템 등이 포함된다. 또한, 약 20km 더 많은 440km의 주행 거리를 제공하며, 내부에는 메르세데스의 기술력과 스마트의 스타일이 조화를 이루는 12.8인치 터치스크린을 비롯한 다양한 인포테인먼트 시스템이 탑재되어 있다. 스마트 넘버원은 P2P 시스템을 통해 차주가 다른 친구 및 친척이 차량을 사용할 수 있도록 허용하며, 차량 시스템은 75%가 OTA 업데이트를 통해 업그레이드 된다. 또한, 스마트 넘버원은 지속 가능한 경험 아키텍처(Sustainable Experience Architecture)의 줄임말인 SEA 플랫폼을 사용하며, 이 플랫폼은 지리차, 볼보, 링크앤코(Lynk & Co) 브랜드의 미래 차량 기반이 된다.

---

66) "EQS 닮았네!" 벤츠, 中과 합작해 만든 6000만원 전기 SUV, TheDrive, 2023.05

다) Volvo

[그림 62] 볼보 회사

독일의 완성차 업체인 볼보는 정보오락, 터치스크린 Sensus Connected Touch를 양산하는 데 성공하였으며, 현재 자율 주행 자동차를 실증사업으로 두고 연구개발 중이다. 이 사업의 주요 포인트는 고선명 3D 디지털 지도를 통해 고도, 도로 곡률, 차선 수, 기하학적인 터널 접근, 가드레인, 신호등, 출구 등을 얻는 것이며, 클라우드 서비스를 통해 교통정보를 항상 최신 상태로 유지시켜주며, 자율주행 모드가 필요할 경우 운전자에게 알려주는 것이다.

[그림 63] 볼보의 자율주행 차

또한, 볼보는 마이크로소프트와 합작해 스마트워치 'MS 밴드 2'를 개발하기도 했다. 이 디바이스에 말을 함으로써 자동차의 문을 잠그거나 열 수 있으며, 그 밖에도 헤드라이트, 공조장치, 내비게이션 등의 조작이 가능하다.

볼보는 최근 출시한 'XC60'에 통합형 SKT 인포테인먼트 서비스를 탑재하며 음성인식 기반의 스마트 커넥티비티 서비스를 선보였다. SKT 인포테인먼트 서비스는 차량용 안드로이드 오토모티브 운영체제(Android Automotive OS) 기반으로 개발된 차세대 커넥티비티 서비스다. SKT의 통합형 인포테인먼트 시스템 적용은 볼보 XC60이 처음이다.[67]

---

67) [찐차-국산vs외산] 현대차 vs 볼보, 음성인식 AI '정면대결', 신아일보, 2021.10.18

[그림 64] 볼보의 '신형 S60ŸV60 크로스컨트리'

[68]볼보자동차는 '신형 S60 및 V60 크로스컨트리'를 지난 9월 공개했다. 이번 신형 모델은 스마트카로 진화하여 구글 안드로이드 오토모티브 OS를 기반으로 한 디지털 패키지와 최신의 ADAS 센서 플랫폼 등을 통해 개인화된 사용자 경험을 제공한다. 외관 디자인은 3D 형태의 엠블럼과 다이아몬드 컷 알로이 휠, 히든 테일 파이프 등으로 강조되었다.

신형 S60 및 V60 크로스컨트리는 구글 안드로이드 오토모티브 OS를 기반으로 한 티맵 오토, 누구 오토, 플로 등의 인포테인먼트 서비스를 탑재하여 연결성을 강화했다. 음성 인식을 통해 내비게이션 설정, 차량 제어, 음악 탐색, 스마트홈 기능 등을 이용할 수 있으며, 볼보 카스 앱을 통해 디지털 키 기능도 사용할 수 있다. 또한, OTA 업데이트, LTE 데이터 및 플로 이용권, 무선 업데이트 등의 기능도 제공된다.

신형 S60 및 V60 크로스컨트리에는 ADAS 센서 플랫폼이 탑재되어 전방 충돌 경보, 차선 유지 보조, 도로 이탈 방지, 사각지대 경보, 후측방 경보 등의 안전 기술을 지원합니다. 또한, 파일럿 어시스트와 헤드업 디스플레이도 기본으로 제공되며, WHIPS, SIPS, 케어 키 등의 기능도 탑재되었다.

---

[68] 볼보, 스웨디시 프리미엄 스마트카 '신형 S60ŸV60 크로스컨트리' 국내 출시,서울경제, 2022.09

[그림 65] BMW 회사

　BMW는 온라인으로 개최된 애플 WWDC를 통해 아이폰 기계로 차량의 잠금 또는 잠금 해제를 돕는 '디지털 키' 기술을 도입한다고 밝혔다. 이 기술은 현재 국내 판매중인 BMW 주요 차종에도 적용되고 있다. 해당 기술은 스마트폰 기계를 차량의 도어 핸들에 접촉해야 작동된다.

　BMW iX 전기차에 적용되는 '디지털 키 플러스' 기술은 아이폰을 차량 도어 핸들 부근에 접촉하지 않아도 작동된다. 아이폰을 주머니 속에 넣거나 가방 속에 둬도 상호간 무선통신이 이뤄져 차량 도어의 잠금 해제 또는 잠금을 진행할 수 있다. 디지털 키 플러스 기술은 초광대역 통신을 활용한다. 기존 주파수 대역에 비해 넓은 대역에 걸쳐 낮은 전력으로 대용량 정보를 전송할 수 있는 점이 특징이다. 주파수 간섭으로 인한 오작동이 거의 이뤄지지 않는다는 것이 BMW가 설명하는 디지털 키 플러스 기술의 핵심이다.[69]

　또한 BMW는 첨단 기술을 접목한 새로운 드라이빙 시뮬레이션 센터(DSC)를 통해 현실과 유사한 가상의 환경에서 미래차 개발에 적극 나서고 있다. 1만1400㎡ 부지에 14개 시뮬레이터와 사용적합성 시험실을 갖춘 드라이빙 시뮬레이션 센터는 다양한 시설을 갖춘 최첨단 연구센터다. 드라이빙 시뮬레이션 센터는 여러 전문가들이 초기 콘셉트 단계부터 최종 성능 확인까지 활용하는 이상적 시뮬레이션 도구를 제공한다. 센터 내 시설은 모션 시스템이 없는 고정형 시뮬레이터부터 400m²에 이르는 넓이의 모션 영역을 실험실 안으로 가져와 극도의 도로 환경을 구현한다.

　자동차 개발에 필요한 모든 환경과 요소를 이 센터에서 시험하도록 설계됐다. 이는 혁신적 엔터테인먼트 기술, 디스플레이, 조작 콘셉트, 승객과 차량 간 다양한 상호작용 수단, 섀시 정밀 조정, 완전 자율주행의 실내 공간 시나리오까지 포함하는 광범위한 운전자 보조 기능 등이 가능하다.[70]

---

[69] BMW, 아이폰 기반 '디지털 키 플러스' 발표…애플과 관계 강화, ZDnet, 2021.01.14
[70] [카&테크]BMW의 미래차 개발 무기 '드라이빙 시뮬레이션', 전자신문, 2021.02.04

[그림 66] 통신3사 BMW와 손잡고 첫 자동차용 e심요금제 총 5종을 출시

71)지난 5월, SK텔레콤, KT, LG유플러스가 BMW와 손잡고 차량용 e심요금제 출시를 선보여, 커넥티드 카가 중요한 발전을 이룩했다는 평가가 나왔다. 커넥티드 카는 정보통신 기술이 적용된 차로, 네트워크를 통해 차량 관리, 엔터테인먼트, 차량 외부 정보 파악 등 다양하게 활용할 수 있다.

최근 출시된 차량용 e심요금제는 차 안에 내장된 식별칩을 통해 모바일 데이터를 사용할 수 있는 서비스로, BMW와의 협력으로 출시되었다. e심요금제 가입고객은 BMW 아이디로 로그인하면 동영상 시청 및 와이파이 핫스팟 기능을 이용할 수 있으며, BMW 시어터 스크린의 서비스와 콘텐츠를 네트워크 연결 절차 없이 이용할 수 있다. 이전까지 스마트폰 미러링이나 테더링이 사용되어왔지만 이번 출시로 인해, 커넥티드 카가 새로운 차원으로 발전할 것으로 전망한다.

---

71) "커넥티드카 주연 교체"…스마트폰 된 BMW, 데이터 요금 낸다, 매일경제, 2023.05

마) 테슬라

[그림 67] 테슬라모터스 회사

2012년부터 자율 주행 및 스마트 카 기술 개발에 적극적으로 나선 테슬라는 애플과의 끊임 없는 M&A 소문이 돌며 기존 자동차 시장의 강자들보다도 더 큰 시장의 주목을 받고 있다. 테슬라모터스는 실리콘밸리에 둥지를 튼 전기자동차 전문 기업으로, 오는 스마트 카 시장의 태풍의 눈이 될 것으로 모든 이들의 기대를 모으고 있다.

보통 완성차 업체들은 자율주행에 라이다(Lidar)·레이다(Radar)·카메라를 중심으로 HD맵을 활용한다. 라이다로 초당 수백만번의 주파수 신호를 쏜 뒤, 되돌아 오는 시간을 계산해 전방 거리 등 주변 환경을 파악하고, 고정밀지도(HD맵)를 이용하는 방식이다. 반면 테슬라는 '완전 비전중심 방식(Heavily Vision-based Approach)'을 활용한다. 테슬라는 하나에 1000만원이 넘는 라이다는 물론 실시간 도로 환경 변화에 즉각 대응이 어렵다는 이유로 HD맵도 쓰지 않는다.

테슬라는 여러 대의 내장 카메라와 초음파 센서, 레이더를 활용해 처음 접하는 환경에서 차선, 신호등, 주변 차량 등을 인식해 주행하는 방식을 쓰고 있다. 전 세계에 흩어진 120만대의 차량으로 확보한 도로환경 영상 데이터 기반의 딥러닝 기술이 핵심이다. 카메라로는 불가능한 실물의 폭(깊이·Depth)도 라이다의 70%까지 측정할 수 있도록 개발했다.

테슬라는 자사 고객의 주행 패턴과 돌발 상황 데이터를 수집해 경쟁사들보다 압도적으로 많은 실제 도로주행 데이터를 축적해 놓은 상태다. 지금 이 순간에도 자사의 차량으로부터 필요한 데이터를 수집, 분석하고 있다. 테슬라의 완전자율주행(FSD)이 지금 이 시간에도 발전하고 있는 이유다. 테슬라는 사막과 눈길 등 다양한 도로 환경에서 실제 운전자의 주행 데이터를 수집하고, 보행자나 야생동물 난입, 타이어 펑크, 블랙아이스 등 돌발 상황에 대한 학습도 진행하고 있다.

자율주행 기능을 사용하는 테슬라 운전자들은 주행도로의 정보를 자동으로 테슬라에 제공하게 된다. 이 덕분에 테슬라는 독보적으로 방대한 교통 데이터를 보유하고 있다. 이를 기반으로 업그레이드 된 자율주행 버전이 무선으로 업데이트, 테슬라 차량은 항상 최신 상태다.[72]

---

72) [카&테크] '라이다'없는 테슬라 자율주행 기술, 전자신문, 2021.04.15

[그림 68] 테슬라 사이버트럭

73)최초로 출시될 계획이었던 2022 모델의 사이버트럭은 생산 지연으로 2023년 여름부터 생산될전망이다. 최대 적재 무게는 3,500파운드이며 3개의 모터가 사용된 모델은 슈퍼카를 뛰어넘는 2.9초만에 60mph(96km/h)까지 도달한다. 사이버트럭은 조종대 대신 항공 스타일의 요크를 사용하여 대시보드는 17인치 터치스크린을 위한 공간을 제공한다. 넓은 공간은 6명의 승객을 수용할 수 있으며 전후 좌석 모두 크기가 전혀 다른 문으로 출입할 수 있다. 축소된 카고 공간도 다양한 위치에 존재한다.

---

73) 2023 Tesla Cybertruck, kelly blue book, 2023

바) 그 외 스마트 카 기업

보쉬·카리아드·발레오 등	운전자 없이 스스로 주차하는 자동 발레주차 서비스
현대모비스	증강현실 홀로그램 헤드업 디스플레이 완전자율주행 콘셉트가 '엠비전X'
ZF그룹	차량용 수퍼컴퓨터
보쉬	배터리를 최대 20% 절약해주는 관리 시스템
마그나	어둠 속에서도 150m 밖 행인을 알아보는 '아이콘 디지털 레이터'
발레오	공기 속 코로나 바이러스 95% 없애주는 자외선 필터
콘티넨탈	민들레 추출 천연고무를 사용한 친환경 타이어

[표 14] IAA 2021에 등장한 자동차 부품사의 혁신 기술

최근 독일국제자동차 전시회에서 폭스바겐 차량이 스스로 주차하는 기술을 선보였다. 운전자가 차에서 내려 스마트폰 앱으로 '주차' 버튼을 클릭하자, 차량이 자동으로 주차장 안을 서행하다 빈 공간을 찾아 스스로 후진해 정차했다. 이 차는 사람처럼 주차를 위해 전·후진을 반복하지 않고 단 한 번에 주차를 끝냈다. 이 차에는 폴크스바겐의 소프트웨어 자회사 카리아드의 자율 주차 시스템이 탑재돼 있다.

영국 스타트업 엔비직스가 개발한 차세대 AR(증강현실) 헤드업 디스플레이(HUD) 시연회가 열렸다. HUD는 운전석 앞유리에 각종 시각 정보가 펼쳐지는 것을 말한다. 가상 운전석에 들어서자 홀로그램 계기판이 속도를 알려줬고 멀리 차량 진행 방향을 알리는 화살표가 점멸했다. 주행 중 보행자가 갑자기 나타나자 붉은 경고 표시가 떴다. 거울로 디스플레이 화면을 반사하는 기존 HUD 기술과 달리, 엔비직스는 홀로그램으로 원근감이 있어 입체적이면서도 훨씬 선명한 영상을 구현했다.

글로벌 3위 자동차 부품사 독일 ZF그룹은 자율주행차용 '프로 AI(인공지능) 수퍼컴퓨터' 신제품을 공개했다. 가로 24cm·세로 14cm·높이 5cm 크기의 작은 컴퓨터는 연산 능력이 최대 1000테라옵스(1초당 1000조번 연산)로 고성능 노트북 5~6대를 차량에 싣고 다니는 수준이다. 자율 주행 때 수집되는 카메라·라이다 데이터를 실시간으로 분석해주는 역할을 한다. ZF그룹은 "기존 제품보다 컴퓨팅 능력은 55% 향상됐지만 전력 소모량은 70%나 줄었다"며 "레벨 5의 완전 자율주행차에서 유용하게 사용될 것"이라고 했다. 캐나다 전장 부품 업체 마그나는 어두운 터널에서 150m 전방 행인을 알아볼 수 있는 '아이콘 디지털 레이더'를 공개하고 "2022년부터 양산한다"고 밝혔다.[74]

---

[74] 주차장 내려 버튼 누르니, 車가 스스로 빈공간 찾아 주차, 동아일보, 2021.09.08

4) 스마트 팩토리
가) 지멘스

SIEMENS

[그림 69] 지멘스 회사

　지멘스는 독일의 스마트 팩토리 산업을 대표하는 선도 기업이다. 특히 암베르크에 위치한 지멘스의 스마트 팩토리 'EWA(Electronics Works Amberg)'는 가장 성공적인 스마트 팩토리라는 평가를 받고 있으며, 독일식 창조 경제 해법인 '인더스트리 4.0'의 표준 모델이 되고 있다. EWA에서는 매일 실시간으로 수집하는 5,000만 건의 정보를 통해 제조 공정마다 자동으로 작업 지시를 내리면서 파워 엔지니어링에서부터 산업용 제어 시스템, 시스템 솔루션까지 다양한 분야의 제품을 생산한다. 제품의 불량률은 10만 개 제품 중 1개꼴로 매우 적은 편이다.

　지멘스는 최근 스페인 FORAN 그룹으로부터 FORAN 소프트웨어 인수를 위한 계약을 체결했다고 공식 발표했다. FORAN은 선박 및 해양 구조물의 설계, 건설 및 엔지니어링을 위한 CAD/CAE/CAM 소프트웨어이다. 지멘스는 FORAN 제품과 팀 그리고 그들의 고객 포트폴리오를 추가함으로써 복잡한 상업 조선 및 해양 프로젝트, 방위 산업 표준 및 규제 준수에 대한 경험과 종합적인 노하우를 제공할 수 있게 됐다. SENER그룹은 선박과 해상 선박의 유형에 따라 설계, 엔지니어링, 컨설팅 서비스를 제공하는 기존의 조선 및 해양 엔지니어링 사업을 유지 및 강화할 계획이다. 지멘스의 FORAN 인수는 2021년 4분기에 마무리될 예정이며 계약 조건은 공개되지 않는다.[75)]

　최근 한국 지멘스와 CJ올리브네트웍스가 스마트 팩토리 관련 업무협약을 체결했다. 양사는 이번 업무협약을 통해 PLC(프로그램 가능 로직 컨트롤러), SCADA (원격감시제어)시스템 등 설비제어분야 하드웨어 및 소프트웨어 애플리케이션 개발 공급 △대내외 온·오프라인 채널을 활용한 마케팅 및 영업 확대, 기타 스마트팩토리 설계 및 구축을 위한 기술지원 및 협업 등에 상호 협력할 계획이다.

　한국지멘스는 기계설비 관련 디지털 솔루션 및 첨단기술을 공유하는 역할로, PLC·SCADA 등 설비제어분야 하드웨어 및 소프트웨어 공급과 유지보수를 담당할 예정이다. CJ올리브네트웍스는 스마트팩토리 구축과 설비에 대한 관리·운영 및 사업 인벤토리 공동 개발을 책임진다. 양사는 온·오프라인 유통 노하우와 전문성을 결합해 스마트팩토리 사업경쟁력 향상에 시너지를 발휘할 것으로 기대하고 있다.[76)]

---

75) 지멘스, FORAN 소프트웨어 인수로 조선 해양 분야 디지털화 지원 강화, ICN, 2021.08.11
76) 한국지멘스·CJ올리브네트웍스, 스마트팩토리 사업 '맞손', 칸, 2021.09.03

[그림 70] 서울 강남구 코엑스에서 열린 스마트공장·자동화산업전(Smart Factory·Automation World 2023) 행사중

[77]지멘스는 '2023 스마트공장·자동화산업전(Smart Factory·Automation World 2023)' 참가와 관련된 기자간담회에서, 최신 디지털 비즈니스 플랫폼 전략에 대해 소개했다. 글로벌 스마트 팩토리 솔루션 시장의 선두주자인 지멘스가 스마트 팩토리 구현을 위한 자사의 '오픈 디지털 플랫폼' 전략을 제시하며, 기업 및 공공, 일상 생활에서의 디지털 전환 혁신 비전을 함께 발표했다. 지멘스는 '액셀러레이터(Xcelerator)'이라 명명된 통합 디지털 트랜스포메이션 플랫폼을 통해 자동차, 중공업, 반도체, 철도, 우주항공 등 여러 분야에서 디지털 전환을 효과적으로 달성하고 다양한 리스크를 분산할 수 있다는 점을 강조했다.

 지멘스는 또한 자회사인 지멘스 DI 소프트웨어와 협력하여, 스마트 팩토리를 포함한 폭넓은 디지털 전환 전략을 제시할 예정이라 밝혔다. 이를 통해, 예를 들면 기존 제조 원가를 50%까지 절감할 수 있는 스마트 빌딩 자동화 시스템과 철도 운영 최적화를 통해 30%의 운송 효율을 높일 수 있는 기술 등의 디지털 전환 혁신 비전이 제시될 전망이다.

디지털 전환 플랫폼 '엑셀러레이터(Siemens Xcelerator)'는 특징적인 개방형 디지털 플랫폼으로, 외부 애플리케이션들과 데이터의 결합도 용이하며 디지털 트윈을 완벽하게 구현할 수 있는 가상세계와 현실세계의 통합을 제공한다. 지멘스는 자사의 디지털 플랫폼을 통해 구현되는 '디지털 트윈' 솔루션에 대해 생산품과 생산과정, 생산의 효과적인 실행력(Performance)을 모두 아우르는 차별화된 성능을 제공하며 타사 대비 강점으로 제시했다. 따라서, 지멘스가 제시한 '액셀러레이터(Xcelerator)' 플랫폼은 기업 및 공공, 일상 생활에서 디지털 전환 혁신을 달성하고 다양한 리스크를 효과적으로 분산할 수 있는 통합 디지털 트랜스포메이션 플랫폼으로 폭넓은 관심을 받을 것이다.

---

[77] 국내 車·반도체 '스마트 팩토리'시장 노리는 지멘스…통합 플랫폼 어떻게?, 디지털 데일리, 2023.03

나) 에머슨

[그림 71] 에머슨 회사

미국 세인트루이스에 기반을 둔 다국적 기업 에머슨은 기술 및 엔지니어링 분야의 글로벌 선도 기업으로, 2015년 회계연도에 223억 달러의 판매 매출을 올린 기업이다. 에머슨은 산업계 전반에 불어닥치고 있는 공정의 자동화를 위한 솔루션을 제시함으로써, 경영자로 하여금 자신의 공장에 대해 더 잘 알게 해 생산성은 물론 안전한 운영을 가능케 하는 길을 제시한다.

이 밖에도 생체 인식 기술을 활용해 제약 산업에서의 까다로운 규제를 보다 효율적으로 준수할 수 있는 기술을 선보이기도 했다. 또한, 개인의 고유한 특성인 지문, 손바닥 정맥 및 음성 등을 인식하는 생체인식 기술을 활용하여 스마트 팩토리에서의 보안 기능을 강화하는 기술을 개발하기도 했다.

에머슨이 글로벌 고형 약품 공정 전문기업인 IMA Active와 내용고형제(Oral solid dose)의 약품 연속 공정제어 전략 및 소프트웨어를 공동으로 개발한다. 두 회사는 의약 제조업체들이 생산의 품질, 수량 및 효율성 개선으로 보다 쉽게 연속 제조를 채택하고, 환자 접근을 가속화하는 데 초점을 둘 예정이다. IMA Active는 새로운 제어 전략을 개발할 때 자사의 장비 설계, 머신 통합과 프로세스 로직에 대한 고유한 이해를 적용해 필수 장비의 최적 성과를 측정한다. 에머슨은 이 새로운 성능 전략을 자사의 확장 가능한 자동화 기술과 소프트웨어에 연결해 강력한 프로세스 모니터링과 컨트롤을 제공한다.

연속 제약 공정에는 정밀한 공정 제어, 품질 속성을 위한 중요한 매개 변수의 안정적인 모니터링, 공정 분석 기술(PAT)측정, 분석 데이터의 정확한 처리 및 고급 제어 기술이 필요하다. 제조업체는 이러한 모든 중요한 변수를 관리하기 위해 자동화 기술을 활용해 생산을 조절한다. 새로운 소프트웨어 솔루션은 불량 생산품 발생을 지능적으로 감지, 예측 및 경고해 품질을 개선하고 위험을 줄인다. 솔루션의 중심에 있는 에머슨의 DeltaV ™ 분산 제어 시스템은 전체 내용고형제 연속 제조 라인을 조정해 다양한 장비와 하위 시스템의 제어 및 자동화를 관리한다.[78]

---

[78] 에머슨, IMA Active와 손잡고 연속 공정 소프트웨어 개발, 산업일보, 2021.04.19

[그림 72] 스마트 필드 장치용 디지털 활성화 도구인 AMS 장치

79)에머슨은 데이터 사일로를 제거하여 프로세스 제조업체들이 성과 및 지속 가능성을 개선할 수 있도록 지원한다. 이를 위해 AMS 장치 관리자 데이터 서버를 제공합니다. 이 서버는 스마트 필드 장치 데이터를 외부 시스템으로 안전하게 확장하여 운영 효율성 및 스마트 제조에 변화를 제공한다. 이는 과거에 사용하지 않았거나 액세스하지 못했던 데이터 세트들을 활용하여 이익을 얻을 수 있도록 도와주며, 이를 통해 프로세스 제조업체들이 지속 가능성과 수익성을 가속화한다. Erik Lindhjem 이 신뢰성 솔루션 비즈니스 담당 부사장은 "오늘날 제조업체들은 지속 가능성과 수익성을 가속화하기 위해 분석을 통해 변화하고 있고, 이질적이고 사용 빈도가 낮은 데이터를 집계하고 이를 통해 조직 전체에 긍정적인 비즈니스 효과를 발생시키기 위해 활용하고 있습니다."라고 말했다. AMS 장치 관리자 데이터 서버를 사용하여 중요한 기기 및 밸브 데이터를 대시보드 툴과 애플리케이션으로 쉽게 가져올 수 있도록 한다면 디지털 트랜스포메이션을 촉진하는 중요한 역할을 할 것이다.

---

79) 에머슨, 데이터 관리 툴 강화 및 자산 관리 소프트웨어에 분석 기능 통합,emerson, 2023.06

다) 로크웰

[그림 73] 로크웰 오토메이션 회사

로크웰 오토메이션은 산업 자동화와 정보 솔루션을 제공하여 고객이 더 생산적이고 세계가 더 지속 가능할 수 있도록 하는 스마트 제조 혁신을 이끌고 있는 세계적인 기업이다. 로크웰의 비전인 '커넥티드 엔터프라이즈'는 IoT 시대의 제조혁신을 위한 스마트 팩토리, 그 이상의 개념이다.

로크웰은 시스코와 스마트 팩토리 네트워크 아키텍처인 CPwE를 공동 개발하기도 했다. 이 시스템은 안전한 데이터 공유를 위한 권고사항을 제공하며 전체 플랜트의 유무선 네트워크 액세스 제어정책을 강화한다. 또한, 최근에는 시스코와 국내 업체 나무아이앤씨와 협력해서 국내에 스마트, 커넥티드 시티를 설립할 계획을 세운 기업이기도 하다.

최근 로크웰은 아시아-태평양 지역 기업의 빠른 혁신과 효율성 향상을 지원하는 연장선상에서 새로운 브랜드인 라이프사이클IQ 서비스 (LifecycleIQ Services)를 출시했다. 이번에 출시한 브랜드 라이프사이클IQ 서비스는 고객들이 로크웰오토메이션의 기술 및 고도로 숙련된 전문가들과 협력하여 성능을 개선하고, 산업 가치 사슬 전반에 걸쳐 가능성을 확장시킬 수 있도록 도와준다.

라이프사이클IQ 서비스는 고객들이 현재 필요로 하고 기대하는 혁신적인 파트너십을 제공한다. 이 서비스는 디지털 기술과 광범위한 인적 노하우를 결합해, 기업들이 비즈니스 사이클에 있는 모든 지점에서 더 빠르고, 더 스마트하며, 더 민첩하게 작업할 수 있도록 지원한다. 이 서비스는 기업들이 신규 설비 투자 및 기존 설비 투자 시설의 설계 단계부터 운영 및 유지보수 단계까지 커넥티드 엔터프라이즈의 역량을 실현할 수 있도록 지원한다.[80]

---

[80] 로크웰오토메이션, 아태 제조 기업 위한 라이프사이클 IQ 서비스 출시, 테크월드뉴스, 2021.06.14

[그림 74]

81)로크웰 오토메이션은 2023 스마트공장·자동화산업전에서 참가하여 디지털 트랜스포메이션을 실현하기 위한 자동화 제품과 솔루션을 소개했다. 로크웰은 산업 자동화 IIoT 산업 혁신 플랫폼 팩토리토크를 계속 강화하면서 클라우드 기반 솔루션과 플랫폼을 확충하여 공장 솔루션을 클라우드로 제공하고 있다.. 스마트한 팩토리를 구현하기 위해 생산 설비나 기기를 스마트화하는 방안과 솔루션을 제공하고 있으며, 스마트 디바이스 분야에서 'Device to Dashboard'라는 핵심 메시지를 내세워 생산 설비나 기기를 스마트화하는 구체적인 방안과 솔루션을 제공한다. 또한, OT 보안 분야에서 엔드투엔드 솔루션과 서비스를 제공하여 고객이 원하는 비즈니스 결과를 달성할 수 있도록 최선을 다하고 있다. 로크웰 오토메이션은 인간의 가능성을 확대하며 상상한 것을 기술과 연결하여 더욱 지속적으로 생산성을 확대하기 위해 하드웨어 분야부터 AR, VR, 클라우드를 기반으로 제조 혁신을 위한 제품과 솔루션을 개발하고 있다.

---

81) 로크웰 오토메이션, 2023 스마트공장·자동화산업전서 IIoT 엔드투엔드 솔루션 공개,it world, 2023.03

라) 하니웰

Honeywell

[그림 75] 하니웰 회사

하니웰은 40년간의 공정 데이터 관리 경험과 소프트웨어 역량을 기반으로 스마트 팩토리 시장을 선도하고 있는 기업이다. 특히 하니웰은 외부 기업들과의 적극 연계를 통해 기존 자동화 제품군을 산업 인터넷 시대에 맞게 업그레이드하고 있다.

하니웰은 보콜렉트 인수를 통해 음성 피킹 솔루션을 개발하는 등 활발한 개발 활동을 진행하고 있다. 이 기술은 데이터 시스템 통합을 위한 통합 토털 솔루션으로, 까다로운 산업 환경에 최적화된 음성인식 기술 플랫폼을 제공한다. 창고 관리자는 중앙 관리 콘솔로부터 예정보다 앞서 있는 작업자를 확인하고, 필요한 경우에는 창고의 다른 영역으로 이동해 작업을 함으로써 효율성을 더할 수 있게 된다. 이 솔루션은 다양한 산업에서 적용될 것으로 기대된다.

최근 하니웰은 공장, 공항, 유통 센터 및 기타 상업용 건물의 입구에서 높은 체온을 감지하는 AI 기반의 열화상카메라를 출시했다. 사람이 이 카메라 앞을 지나가면 2초 이내에 피부 온도가 자동으로 감지돼 부속 모니터에 표시된다. 이는 AI로 구동되는 소프트웨어를 통합해 카메라에서 캡처한 각 개별 픽셀의 온도를 빠르게 평가하는 방식을 사용하며, 이 솔루션은 설치 및 시운전이 쉽고 직관적인 그래픽 사용자 인터페이스를 사용했다. 또한 데이터를 자동으로 기록해 규정 준수를 위한 기록 보관을 단순화하고 표준화했다.[82]

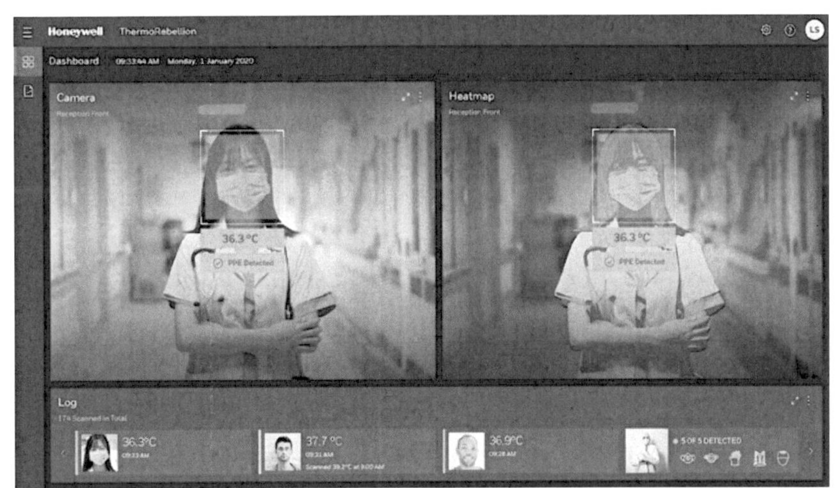

[그림 76] 하니웰 ThermoRebellion

---

82) 코로나·화재·누전 감시자 '열화상 카메라', 산업일보, 2021.04.06

[그림 77] 하니웰, LG CNS과 스마트 팩토리 협력

83)미국의 기술 대기업인 Honeywell와 정보 기술 서비스 제공업체인 LG CNS는 스마트 팩토리 산업의 혁신을 촉진하기 위해 6월에 협력 계약을 체결했다. 이들은 다양한 혁신 기술인 인공 지능과 클라우드 컴퓨팅을 활용하여 한국과 해외에서 스마트 팩토리를 설립하고, 생산 공정을 실시간으로 모니터링하며 원격으로 설비를 제어하는 운영 기술의 보안을 강화하기로 합의했다.

클라우드 기반 스마트 팩토리의 부상으로 운영 기술에 대한 보안 강화의 중요성이 점점 커지고 있어 이에 대응하기 위해 양 회사는 스마트 팩토리를 위한 통합 보안 모니터링 시스템 구축을 목표로 하고 있다. 이 새로운 시스템을 통해 사용자는 사이버 보안 위협을 확인하고 데이터 유출을 방지할 수 있다는 점을 LG CNS는 설명했다.

특히, LG CNS의 스마트 팩토리 플랫폼인 팩토바와 Honeywell의 분산 제어 시스템을 결합하여 다양한 기업을 대상으로 한 공동 솔루션 패키지를 개발할 예정이다. 분산 제어 시스템은 기존 데이터를 활용하여 최적의 생산 공정을 생성하고, 시설 작동을 실시간으로 확인하고 제어한다는 Honeywell의 설명도 있었다. 또한, 이 시스템은 AI 기반의 위협 탐지 기술과 관리형 탐지 대응 서비스와 연결되어 사용자에게 가스 누출 및 화재와 같은 비상 상황의 가능성을 알릴 수 있다.

---

83)LG CNS, Honeywell team up for smart factory, koreaherald, 2023
06

마) **요꼬가와전기**

YOKOGAWA

[그림 78] 요꼬가와 회사

요꼬가와전기는 컨트롤, 제어의 강점을 가지고 있는 일본의 기업이다. 요꼬가와전기는 프로젝트 초기부터 실행까지 전부 포괄할 수 있는 솔루션을 통해 국외시장에서 프로세스 오토메이션 전문 기업으로서의 역량을 발휘하고 있다.

최근 한국요꼬가와전기는 스코프코더 최상위 모델 'DL950'과 통합 계측 소프트웨어 'IS8000 시리즈'를 출시했다. 모듈식 설계가 적용된 스코프코더는 신호 조절 기능이 내장된 입력 모듈을 선택적으로 사용할 수 있으며, 한 번에 최대 8가지 모듈을 장착할 수 있다. 이런 모듈에는 전압·전류, 온도, 가속도, 스트레인, 주파수, CAN FD/LIN/SENT 차량용 시리얼 통신 신호 측정 등 20가지 이상의 종류가 있다. 모듈식 플랫폼의 가변성은 사용자가 스코프코더를 가능한 한 측정 대상 장비와 측정하고자 하는 매개변수에 맞게 구성하도록 해준다.

요꼬가와의 기존 소프트웨어가 단일 계측기를 지원했던 반면, IS8000은 서로 다른 계측기를 지원하는 소프트웨어를 하나로 통합했다. 이로써 제어는 물론 측정·저장·기록까지 하나의 소프트웨어로 수행할 수 있다. 이밖에 측정 데이터나 파형, 그래프, 실험 조건과 같은 항목들을 토대로 레포트를 출력하거나, 타사의 카메라를 연결해 여러 계측기를 동기 측정하고 저장할 수 있는 기능도 제공한다.

또한 대화면 모니터를 사용해 멀리 떨어진 장소에서 측정하고 있는 데이터를 확인하거나 이미 저장돼 있는 데이터와도 비교할 수 있다. 이런 기능들은 장시간 데이터를 측정·저장하거나 같은 측정을 반복해야 하는 발전 설비의 필드 테스트, 자동차의 성능 평가 등에 적합하다. 동일한 시간축에서 따로 저장한 측정 데이터를 나열해 비교할 수도 있고, 측정한 파형을 부분적으로 4개까지 확대해 볼 수 있다.

IS8000을 요꼬가와의 전력분석기 WT5000과 스코프코더 DL950에 적용하면, 두 장비를 한 대의 측정기처럼 사용해 인버터 전력값, 고속 전압·전류, 모터 토크 파형 등을 동시에 측정하고 저장 수 있다. 또 DL950과 초고속 카메라를 연결하면 전기 신호 파형과 영상도 동기화 할 수 있다. WT5000, DL950 그리고 오실로스코프 DLM5000 등 기종에서의 동기 측정으로 저장한 파일을 IS8000에서 하나의 측정파일로 합성해 분석 가능하다. 이와 같이 다른 계측기로부터 측정한 데이터를 하나의 소프트웨어에서 통합 측정함으로써, 사용자는 하나의 계측기만으로는 관측할 수 없었던 복잡한 현상을 분석할 수 있게 된다.[84]

---

84) [계측기 특집] 한국요꼬가와전기, 스코프코더 'DL950'과 통합 계측 S/W 'IS8000' 출시, 테크월드뉴스, 2021.04.05

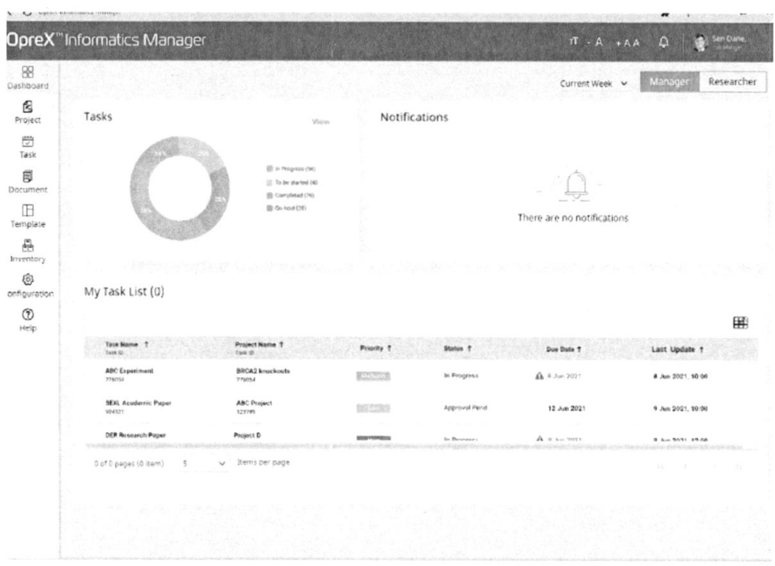

[그림 79] OpreX Informatics Manager 관리자 대시보드

⁸⁵⁾요코가와 일렉트릭 코포레이션은 OpreX 인포매틱스 매니저를 개발하여 OpreX Connected Intelligence 라인업에 추가했다고 발표했다. 이 제품은 생명과학 및 화학 분야의 연구 데이터를 효율적으로 관리하고 실험실 자동화를 강화한다. 클라우드를 통해 정보를 통합 관리하여 데이터 공유를 간소화하며, 사용자 정의 워크플로우 템플릿을 활용하여 작업 표준화와 유연성을 지원한다. 또한 인적과 물적 자원을 효율적으로 관리하여 작업 실행을 최적화한다. 이 제품은 제약, 식품 및 음료, 화학, 생명과학, 석유화학 등 다양한 시장에서 활용할 수 있으며, 문서, 프로젝트, 기술, 작업, 재고 관리를 위한 솔루션으로 사용된다. OpreX 인포매틱스 매니저는 연구실 내부 뿐만 아니라 생산, 품질 보증 등 다른 부서와의 데이터 공유를 용이하게 하며, 단일 시스템에서 실험실 자동화와 스마트 제조를 효과적으로 관리하여 디지털화를 지원한다.

---

85) Yokogawa, OpreX Informatics Manager 출시로 클라우드에서 실험 데이터 및 연구 리소스의 통합 관리 가능, yokogawa, 2023.06

5) 스마트 그리드
가) ABB

[그림 80] ABB 회사

 에너지 수급 불균형과 원자력발전소 사고로 에너지 안보가 쟁점이 되면서 더욱 중요해진 PCS(전력변환장치) 부문에서는 스위스의 ABB 기업이 있다. PCS는 스마트 그리드 활성화를 위해 기본적으로 요구되는 사항이다. PCS 기술에 대한 ABB의 한국 기업과의 기술격차는 3년, 외국 기업 대비 한국기업의 기술 수준 차이는 약 50%가량 나타나는 것으로 보인다.

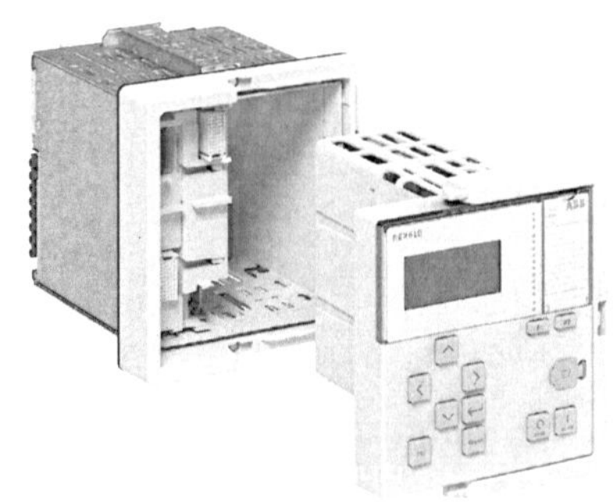

[그림 81] REX610

 2050년까지 전 세계 전력 사용량이 현재와 비교해 거의 두 배 이상 늘어날 것으로 전망되면서 배전망 크기와 복잡성도 확대되고 있다. 이에 ABB는 안전하고 스마트하며 지속 가능한 전력망을 지원하도록 설계된 Relion® 제품군을 확장한 신제품 'REX610'을 출시한다고 밝혔다. 신규 보호 계전기 REX610은 구성이 자유로운 다기능 계전기와 검증된 보호 알고리즘을 기반으로 한다. REX610은 사용할 수 있는 모든 기능을 갖춘 하드웨어 모듈이 장착된 완전한 플러그 앤 플레이 솔루션이다. REX610은 단 6가지 제품 변형(variant) 만으로도 모든 기본 배전을 지원하는 최초의 일체형 보호 계전기이며 쉽고 간단한 주문·설정·사용 및 서비스를 제공한다. 시간과 비용 절감 측면에서도 소수의 제품 변종은 신속한 교체 및 프로젝트 요구 변경 시 모듈과 예비 부품 비축이 가능하다는 장점을 보여준다.

 REX610은 모듈식 확장 설계로 고유한 보호 솔루션을 쉽게 만들 수 있다. 또 통신 옵션을 포함해 광범위한 기본 기능을 갖춰 추가 비용이나 하드웨어 교체 없이 변경이 쉽다. 모듈식 하드웨어는 설치 뒤 수년이 지나도 제품 수명 주기 내내 언제든지 변경할 수 있다. 손실이 큰 정지 시간을 최소화하는 혁신적인 인출형 플러그인 장치를 적용해 신속한 교체와 수리는 물론 쉽고 빠른 설치, 유지 보수 및 테스트를 지원한다.[86]

---

86) ABB, 단순·혁신적 올인원 보호 계전기 공개, 투데이에너지, 2021.05.26

[그림 82] PAD 기술은 중복 장치가 있는 ABB의 CP-S.1 24/20.0 전원
공급 장치를 사용

[87]ABB는 PAD Technology의 네트워크 시스템에 Tesla Megapack 배터리 설치를 위해 사용되는 전원 공급 기술을 제공하고 있다. 전력 그리드가 화석 연료에서 재생 에너지로 전환되는 과정에서 배터리 에너지 저장 시스템을 연결하여 그리드의 안정성을 유지하는 역할을 한다. 이를 위해 ABB는 CP-S.1 24/20.0이라는 새로운 전원 공급 장치를 개발하여 배터리 저장 시스템이 요구하는 안전하고 에너지 효율적인 연결을 제공한다.

재생 가능 에너지 발전은 간헐적인 특성을 가지고 있으며, 배터리 저장 시스템은 이러한 간헐성을 완화하는 좋은 방법이다 주요 전기 인프라 근처에 배터리를 배치함으로써 수요와 가격이 낮을 때 에너지를 저장하고, 수요와 가격이 높을 때 그리드에 에너지를 공급할 수 있다.

ABB의 CP-S.1 24/20.0 전원 공급 시스템은 배터리와 그리드를 연결하기 위해 AC-DC 전력 변환기, 변압기 및 스위치기어를 하나로 포장한 제품이다. 이 제품은 최대 94%의 고 효율성과 신뢰성을 콤팩트한 크기에 결합하고 있다. 이러한 고 효율성과 감소된 전력 손실로 인해 대규모 응용에 대한 비용 절감 효과를 제공하는 경제적인 솔루션이다.

또한 CP-S.1 24/40.0 전원 공급 시스템은 10년 동안의 전형적인 수명 기간 동안 최대 1.4톤의 이산화탄소 절감 효과를 제공하는 최대 94%의 효율성을 갖추고 있다. ABB의 견고한 디자인은 PCBA 코팅 및 해상 인증을 포함하여 CP-S.1 전원 공급 장치가 해상, 태양광 및 풍력 응용에 적합하도록 만들어졌다. 또한 ABB의 우수한 전력 대 공간 비율은 최대 50%의 공간 절약 효과를 제공한다.

---

[87] ABB provides energy-efficient grid connection for battery storage systems, new.abb, 2023.05

나) 아이트론

[그림 83] 아이트론 회사

세계는 지금 원격검침인프라(AMI: Advanced Metering Infrastructure)를 단순히 보급하는 차원을 넘어 분산전원, 가로등, 전기차 충전기 등을 하나로 묶을 수 있는 공공네트워크의 핵심 기반으로 보고 있다. AMI 보급을 100% 완료한 이탈리아를 비롯해 미국, 호주, 일본 등 많은 국가가 이미 차세대 AMI 연구를 활발히 진행 중이다. 그 가운데 아이트론은 AMI 시장 선두주자다. 미국 AMI 시장에서 75%의 점유율을 차지하고 있는 아이트론은 계량기를 다루는 장비(Device), 통신 네트워크, 소프트웨어 솔루션 등 크게 3개 분야에서 주력하는 글로벌 기업이다.

아이트론은 솔루션을 제공할 때 SLA(Service Level Agreement)을 체결하고 있다. 이는 특정 수준 이상의 서비스 품질을 보장한다는 것을 보여준다. AMI는 4G나 5G 네트워크와 다르다. 단말기가 고장이 났을 때 사용자 개입이 어렵고, 주 고객이 에너지 회사인 만큼 통신 전문인력에는 한계가 있을 수밖에 없다. 이런 이유로 통신 서비스의 품질을 99.5% 혹은 99.9%까지 보장한다는 것은 매우 중요한 일이다.

AMI 부분에서 아이트론에서 가장 중점적으로 개발 및 보급하고 있는 시스템은 DI(Distributed Intelligence)다. 번역하면 분산지능인데, 간단히 말해 계량기를 리눅스 컴퓨터화해 지능화된 서비스를 전력망 구석구석에 빠른 속도로 제공하는 것이다. 미국에서는 Xcel에너지, TECO등이 도입했고 차세대 AMI를 생각하는 회사들은 모두 관심이 있는 상태다. APAC에서는 호주와 태국에 보급하고 있다.

지능화된 계기들이 각 가정에 보급되기 때문에, AI와 접목해 전체 시스템의 데이터를 분석 및 예측하면서 안정적이고 효율적인 전력망을 운영할 수 있다. 뿐만 아니라 스마트폰의 앱스토어와 같은 서비스를 AMI 플랫폼에 운영하면서 다양한 고객서비스와 비즈니스 모델 개발이 가능할 것으로 전망된다.[88]

---

88) 문석준 아이트론 지사장 "AMI, 스마트시티 핵심 기반 역할 할 것", 전기신문, 2021.08.10

다) General Electric(GE)

[그림 84] General Electric 회사

GE 사의 사업 분야 중 에너지 인프라 사업 분야는 최근 그린 산업 확대로 인해 매출액이 크게 증가하고 있다. GE는 최근 적극적인 스마트 그리드 사업에 참여하고 있을 뿐만 아니라 기술 개발을 추진하며 핵심기술을 보유한 기업 인수 합병에 공격적으로 나서며 스마트 그리드 상용화에 앞장서고 있다. GE에서 제공하는 스마트 그리드 기술은 발전에서부터 송배전과 가정에 이르는 다양한 센서와 제어기, 통신 기기를 기반으로 하는 하드웨어 부문, 그리고 지리정보, 정전관리, 에너지관리 등의 소프트웨어 기술에 이르기까지 다양하다. 특히 GE가 개발한 'Nucleus'는 스마트미터기를 통해 측정된 가정의 에너지 사용과 그 비용에 대한 정보를 수집하는 홈 에너지 매니지먼트 시스템이다.

미국 제너럴일렉트릭(GE)과 일본 도시바가 제휴관계를 맺고 해상풍력발전의 핵심 설비를 공동으로 생산한다. GE와 도시바는 해상풍력발전의 핵심 설비인 발전장치(나셀)를 공동 생산하는 협상을 짚애했다. 두 회사가 기술력을 모아 도시바의 발전 계열사인 도시바에너지 요코하마 공장에서 발전설비를 공동 생산할 방침이다. 도시바가 최근 화력발전사업 시장에서 철수를 결정하면서 남게 된 요코하마 공장의 설비와 인력을 활용할 계획이다.

또 수익성이 높은 발전시설의 보수·운용 서비스로 제휴 범위를 넓히는 방안을 협의 중이다. 장기적으로는 일본과 기상 조건 및 해역의 지질학적 특성이 비슷한 아시아 지역에 공동으로 진출하는 방안도 논의하는 것으로 알려졌다.

GE는 육상풍력발전 시장에서 높은 점유율을 확보한 반면 해상풍력발전 시장에서는 후발주자로 분류된다. 도시바와의 제휴로 대규모 해상풍력발전 건설이 예정된 일본에 거점을 확보해 선두권 기업과의 격차를 줄이려는 전략으로 분석된다. 양사는 이미 원자력발전과 화력발전 분야에서 제휴관계를 맺었다.[89]

---

89) 중국·유럽에 맞서…GE·도시바 '해상풍력 동맹', 한경, 2021.02.03

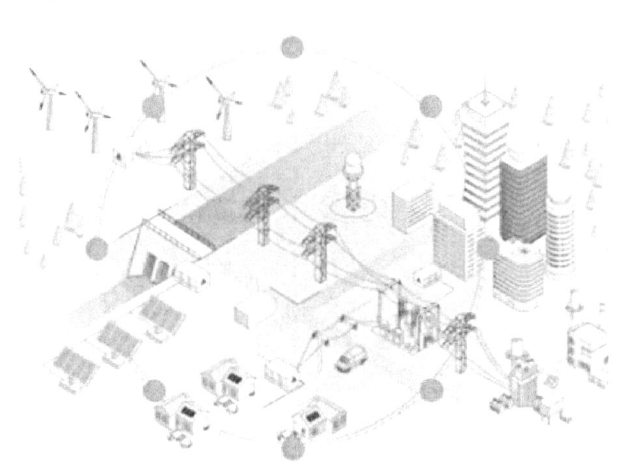

[그림 85] GE 디지털

G[90]E Digital은 전기 그리드를 현대화하고 미래에 대비한 변형을 위한 종합 소프트웨어 포트폴리오인 GridOS를 출시했다.

GridOS 포트폴리오는 플랫폼과 응용 프로그램 스위트로 구성되어 있으며, GE Digital의 발표에 따르면 이번 출시로 새로운 소프트웨어 도구들이 클라우드 서비스와 시스템 통합 파트너 생태계와 함께 제공된다.

GridOS는 에너지 데이터, 네트워크 모델링, 인공지능 및 기계 학습 기반 분석을 통합하여 GE 및 다른 파트너들이 개발한 지능형 응용 프로그램 스위트를 구동한다.

이 플랫폼의 주요 특징으로는 '제로 트러스트' 그리드 보안 모델이 있으며, 내부 및 외부 위협으로부터 자원을 보호하고, 연합된 그리드 데이터 패브릭을 통해 공통 전력 및 분배 모델을 구현하여 그리드 디지털 트윈을 가능하게 한다.

지능형 그리드 응용 프로그램 스위트는 적극적이고 자동화된 그리드 관리를 위해 지속적으로 발전하며, 하이브리드 클라우드 아키텍처를 통해 필요한 위치에 애플리케이션을 배치하고 확장할 수 있습니다. 이는 현장에서 또는 하이브리드 환경에서 가능하다.

GE Digital의 GridOS 플랫폼과 응용 프로그램 스위트는 현재 전력 그리드 GIS(지리 정보 시스템), AEMS(전송 및 시장 관리 운영), ADMS(분배 네트워크 운영) 및 DERMs(예측 및 관리)를 포함한 전력 그리드 운영 포트폴리오를 지원한다.

---

90) Grid orchestration portfolio launched by GE, smart-energy international, 2023. 02

라) 슈나이더 일렉트릭

Schneider Electric

[그림 86] 슈나이더 일렉트릭 회사

자동제어 알고리즘 부문에 있어서는 슈나이더 일렉트릭 기업이 있으며, 한국 기업과의 기술 격차는 2년, 외국 기업 대비 한국기업의 기술 수준 차이는 약 70%가량 나타나는 것으로 보인다. 슈나이더 일렉트릭의 솔루션 중 EcoStruxure와 StruxureWare는 전통적인 분산 관리 시스템에 덧붙여 번개와 같은 재해로부터의 보호, HVAC, 보안, 그리고 정보 기술까지 하나의 플랫폼으로 제공한다.

슈나이더 일렉트릭은 이탈리아 전력 산업의 중심인 에넬과의 파트너십을 통해 스마트그리드를 전력 시스템에 적용한 결과, 이탈리아 5만 가구의 전력량에 해당하는 144GWh의 에너지를 연간 절감시키기도 했다.

최근 슈나이더 일렉트릭은 첨단산업 종합 장비기업인 아바코(대표 김광현)와 '배터리 제조 장비 개발 및 슈나이더 일렉트릭 제품의 국내외 부품시장 확대 협력'을 위한 양해각서(MOU)를 교환했다. 양사는 배터리 산업을 위한 아바코의 산업 핵심 제조장비 개발역량과 슈나이더일렉트릭의 디지털 혁신 및 스마트장비 개발을 위한 글로벌 수준의 최신 기술력을 결합해 그 어떤 에너지원보다 친환경적인 배터리산업에 적용되는 첨단 제조장비의 표준모델과 비전을 구축한다는 공동의 목표를 세웠다.

이번 MOU로 양사는 국내 배터리산업뿐만 아니라 최근 빠르게 성장하고 있는 유럽시장, 더 나아가 글로벌시장을 위한 배터리 제조장비 개발을 추진한다. 아바코는 배터리산업을 위한 장비설계, 공정개발 및 장비구축을 담당하고 슈나이더일렉트릭은 이를 위해 배터리 산업에 특화된 통합 IoT 디지털 아키텍처이자 플랫폼인 에코스트럭처(EcoStruxure for Battery)를 통해 배터리 장비 개발을 위한 전력 및 자동화관련 기술, 제품, 솔루션 및 서비스를 아바코에 통합 공급한다.

이를 통해 아바코는 글로벌시장 표준에 맞는 장비개발을 통해 시장경쟁력을 강화하고 슈나이더 일렉트릭은 스마트 머신을 위한 글로벌 디지털 기술 선도기업으로 배터리 산업 내 입지를 견고하게 할 것으로 기대된다.[91]

---

[91] 슈나이더일렉트릭, 배터리 제조장비 표준모델 구축, 칸, 2021.10.02

[그림 87] 슈나이더 일렉트릭과 GreenYellow가 힘을 합쳐 상업용 및 산업용 마이크로그리드
솔루션 제공

92)에너지 관리 및 자동화의 디지털 혁신을 선도하는 Schneider Electric은 GreenYellow와 협력하여 EaaS(Energy-as-a-Service) 마이크로그리드 솔루션을 발표했다. 이 솔루션은 분산형 태양열 발전과 에너지 효율을 위한 것으로, 상업 및 산업 부문을 대상으로 한다. 마이크로그리드는 태양광 발전과 배터리 에너지 저장 시스템을 활용하여 그리드에서 구매한 전기를 대체하고 에너지 비용을 절감하며 탄소 배출을 줄인다. 또한 마이크로그리드는 전력 공급의 탄력성을 향상시키고 정전이나 극단적인 기상 상황에도 안정적인 전력을 제공한다. 슈나이더 일렉트릭과 GreenYellow의 파트너십은 기업에 엔드 투 엔드 지원을 제공하며 최적화된 마이크로그리드 솔루션을 설계하여 그리드 구현을 최적화할 것이다.

---

92) Schneider Electric and GreenYellow join forces to provide commercial and industrial microgrid solutions across Europe,Schneider Electric, 2023.05

나. 국내 관련 기업 현황

1) 스마트 홈

가) LG전자

[그림 88] LG전자 스마트 홈

위 그림은 LG전자의 스마트 홈 개념도이다. LG전자는 스마트 'ThinkQ' 앱을 통해 홈 IOT 제품을 종합적으로 모니터링하고 제어하고자 한다. 스마트폰으로 휘센 에어컨, 트롬 세탁기, 스마트TV, 냉장고, 공기청정기를 제어하는 등 스마트 홈 시장에 상당한 성과를 보이고 있다.

사용자는 스마트 'ThinkQ' 전용 애플리케이션을 스마트폰에 내려 받으면 집 밖에 있어도 세탁물의 소재와 양, 오염물질의 종류 등에 따라 세탁 코스를 선택하고, 세탁 시작 시각도 설정할 수 있다. 예를 들어 사용자는 퇴근 시간에 맞춰 세탁기를 작동시키면 집에 도착하자마자 세탁이 끝난 빨래를 바로 널 수 있다.

또 세탁기를 돌리고 외출하더라도 세탁이 종료되면 바로 알림을 받을 수 있기 때문에 탈수를 마친 세탁물이 축축한 상태로 세탁통 안에 있게 되는 시간도 줄일 수 있다. 뿐만 아니라 사용자는 세탁기의 고장 원인, 수리 방법, 한 달 동안 사용한 전기량 등도 확인할 수 있다. 정기적으로 해야 하는 통세척 시기도 정확하게 파악할 수 있어 깨끗한 관리도 가능하다.

최근 LG전자는 최근 한국표준협회로부터 LG 씽큐(LG ThinQ) 앱의 '케어(Care) 서비스'와 '최적 사용 가이드' 기능에 대해 AI+ 인증을 받았다. 가전업계에서 서비스로 인증을 받은 것은 이번이 처음이다. AI+ 인증은 국내 유일의 인공지능 품질인증이다. 한국표준협회는 소프트웨어 품질 국제표준(ISO/IEC 25023 및 25051)과 품질경영시스템 국제표준(ISO 9001)을 기반으로 인공지능 기술이 적용된 제품과 서비스의 신뢰성, 안전성 등 품질을 증명하는 AI+ 인증을 부여하고 있다.[93]

---

93) LG전자 스마트홈 앱 'LG 씽큐', AI+ 인증, 더 뉴스, 2021.05.25

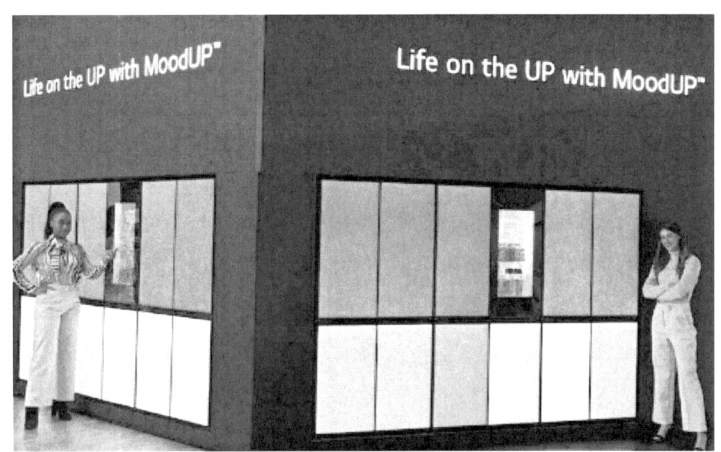

[그림 89] 'LG씽큐(LG ThinQ)'앱으로 도어 색상을 간편하게 변경할 수 있는
'무드업 냉장고'

94)LG전자는 올해 CES 2023에서 '초연결 라이프스타일'을 강조하며, 고객 편의와 다변화된 취향을 고려한 'F·U·N(최고의·차별화된·세상에 없던) 고객 경험'을 선보였다. 가장 눈에 띄는 제품은 미국 진출을 앞둔 스마트홈 가전기기 UP가전이다. UP가전은 인공지능(AI)·사물인터넷(IoT) 기술을 기반으로 새로운 기능을 지속 업그레이드할 수 있는 초프리미엄 가전기기다. 이번 전시회에서는 고객 경험을 극대화하기 위해 스마트홈 플랫폼 LG 씽큐(LG ThinQ)로 타사 가전을 제어할 수 있는 수준까지 가전 연결성을 끌어올렸다.

LG전자는 2023년부터 UP가전을 '씽큐 업(ThinQ UP)'이라는 브랜드로 글로벌 시장에 내놓는다. 우선 씽큐 앱을 사용하는 고객이 많은 미국 시장부터 '시그니처 키친 스위트', 'LG스튜디오' 등 프리미엄 빌트인(붙박이) 가전을 UP가전으로 선보인다. 국내에서 인기를 얻은 업그레이드 콘텐츠 외에도 미국 고객의 제품 사용패턴, 라이프스타일 등을 분석하고 고객의 목소리에 귀 기울여 개발한 콘텐츠 등을 지속 업데이트할 계획이다.

LG전자의 UP가전과 LG 씽큐 플랫폼은 고객의 편의를 높이고, 다변화된 취향을 고려한 새로운 고객 경험을 제공할 것으로 기대된다.

---

94) LG전자 'UP가전' 앞세워 스마트홈 플랫폼 공략,dealsite, 2023.01

나) 삼성전자

[그림 90] 삼성 빅스비 홈 플랫폼

　삼성전자의 빅스비는 스마트폰, 태블릿 등 다양한 기기를 통해 사용되는 음성인식 가상비서 (어시스턴트) 플랫폼이다. 새롭게 업데이트된 빅스비는 AI 엔진 기술로 더 고도화되면서 온디바이스로 자동음성인식(ASR)을 지원한다. 기기 안에서 바로 사용자 목소리를 처리하기 때문에 속도가 35% 빨라졌고, 개인 정보 보호도 강화됐다.

　삼성전자는 스마트홈 음성 제어를 위한 '빅스비 홈 플랫폼'을 추가로 공개했다. 빅스비 홈 플랫폼은 빅스비 보이스와 기기 간의 연결과 동작을 제공하는 스마트싱스 IoT 레이어 사이에 두면, 더욱 똑똑한 기기 제어가 가능해진다. 빅스비 홈 플랫폼에서 자체 효율적인 판단을 내릴 수 있게 된 것이다. 빅스비 홈 플랫폼은 TV, 냉장고, 로봇 청소기 등 활용도가 무궁무진하다. 삼성은 빅스비 홈 플랫폼을 지원하는 기기를 늘리기 위해 서드파티 개발자의 음성 서비스 개발을 지원하겠다고 밝혔다. 이 서비스의 명칭은 '캡슐'이라고 불리며, 삼성전자의 '빅스비 개발자 센터'에서 제공된다.

　삼성전자는 스마트홈 공통 규격 프로토콜인 '매터(matter)'를 스마트싱스에 도입하기로 했다. 이에 삼성전자는 내년부터 출시되는 갤럭시 장치, TV, 패밀리 허브 등 여러 제품에 해당 표준을 도입할 예정이라고 밝혔다. 2020년 초 공개된 매터는 180개 이상의 업체에서 IoT 연결 표준으로 사용하면서 스마트홈 산업을 변화시키는 규격이다. 기존에는 각 제조사마다 독자 규격대로 IoT를 만들었기 때문에 서로 호환되지 않았는데, 공통 규격을 도입해 호환성을 높이기로 한 것이다.[95]

---

[95] [삼성 SDC21] 음성제어 '빅스비 홈 플랫폼' 공개..."AI·홈IOT 연결 강화", ZDnet, 2021.10.27

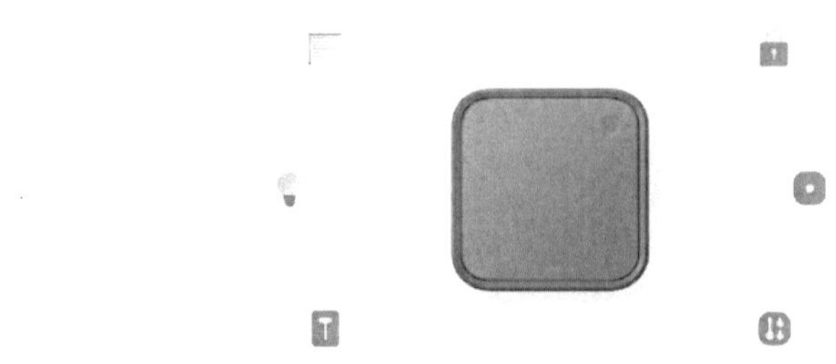

[그림 91] 삼성전자 '스마트싱스 스테이션'

96)삼성전자는 2023년 1월 5일 CES 2023에서 스마트싱스 스테이션을 발표했습니다. 스마트싱스 스테이션은 삼성전자뿐만 아니라 최신 IoT 통신 규격인 매터와 지그비를 지원하는 제품들을 한번에 연결하고 제어할 수 있는 기기입니다. 이용자는 제품 상단에 위치한 스마트 버튼을 간단히 터치하는 것만으로 스마트싱스앱에 설정해둔 나만의 맞춤형 루틴 기능을 빠르게 실행할 수 있습니다. 라이프스타일에 최적화된 3가지 루틴을 짧게 누르기, 두 번 누르기, 길게 누르기 등 터치 방식에 맞춰 설정할 수 있습니다. 스마트 싱스 스테이션은 갤럭시 위치 확인 서비스인 스마트싱스 파인드 기능도 지원합니다. 집에서 갤럭시 스마트폰이나 태블릿의 위치를 알고 싶을때 스마트 싱스 스테이션의 스마트 버튼을 두번 누르면 제품에서 소리가 울리며 쉽게 스마트폰 및 태블릿의 위치를 찾을 수 있습니다. 이외에도 최대 15W의 무선 충전을 지원해 갤럭시 스마트폰과 갤럭시 버즈를 충전할 수 있습니다.
스마트싱스 스테이션은 다양한 기능을 제공하여 이용자가 스마트홈을 편리하게 경험할 수 있도록 도와줍니다.

---

96) 삼성전자, 스마트홈 쉽게 구현하는 '스마트싱스 스테이션'출시, GNcom, 2023.01

다) GS건설

 GS건설은 자이(Xi) 브랜드 아파트에 빅데이터 기반의 홈네트워크 서비스 '자이 AI 플랫폼'을 탑재하고 있다. 자이 AI 플랫폼은 빅데이터를 기반으로 입주민의 생활 패턴에 맞는 환경을 지속적으로 제공한다. 빅데이터 플랫폼 스페이스 스코프(BigData Platform SPACE SCOPE)를 통해 시스클라인(Sys Clein) 공기청정시스템과 연계해 실내공기질 최적화를 추천하고, 각 실별 온도를 최적화하는 자이 에너지 세이빙도 상용화를 준비 중이다.[97]

 또한, 공용부 모니터링을 통해 이상유무를 실시간으로 감지해 자주 발생하는 이상징후를 체크, 고장을 사전 예측하고 대응할 수 있다. 또 빅데이터 솔루션을 통해 도출되는 결과를 분석하고 예측해 입주민들의 생활 환경을 지속적으로 개선해 나가며, 다양한 플랫폼을 연계해 A/S자재 및 인테리어 서비스, 공유차량 서비스, 헬스케어 서비스, 세탁서비스, 키즈케어 서비스 등 다양한 서비스를 개발할 예정이다.[98]

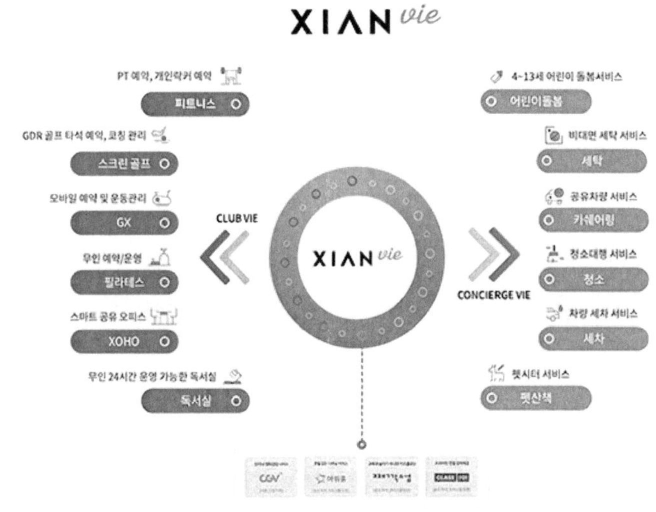

[그림 92] 자이안 비

 최근 자이는 자이의 주거문화혁신을 대표하는 브랜드 '자이안 비(XIAN vie)'를 선보이며 국내 건설업계 최초로 커뮤니티 통합서비스를 제공하고 있다. 자이안 비는 '자이에 사는 사람들'이라는 의미로 'XIAN'과 '삶', '생활'이라는 의미의 프랑스어 'vie'의 합성어다. '자이에 사는 사람들의 특별한 삶'을 의미한다. 자이(Xi)가 제시하는 주거생활 플랫폼은 가령, CGV 골드클래스 수준의 프리미엄 상영관에서 가족들과 영화를 보고 스카이라운지에서는 아워홈이 제공하는 저녁식사와 디저트, 카페서비스를 즐기는 것이다. 어린아이가 있는 주민들은 아이돌봄 서비스 '째깍악어'를 활용하고 자기개발이 필요한 주민들은 '클래스 101(CLASS 101)'에서 할인된 가격에 다양한 서비스를 제공 받는다. 또한 펫시터 예약과 세탁, 카쉐어링, 택배까지 모든 서비스가 '자이 통합앱' 하나로 해결할 수 있다.[99]

---

[97] GS건설 자이(Xi), 미래형 '스마트 홈' 선도/국토일보
[98] DL·GS·대우, 건설업계 '빅데이터' 주도, 한국금융, 2021.10.12
[99] GS건설 자이(Xi), 스마트홈 기반 '커뮤니티 통합 서비스'의 혁신, 한국건설신문, 2021.07.19

[그림 93] GS건설이 개발한 자이플랫폼

100)GS건설, 자이 AI 플랫폼으로 입주민 맞춤형 서비스 제공

GS건설은 자이 AI 플랫폼을 통해 입주민 맞춤형 서비스를 제공하고 있다고 밝혔다. 자이 AI 플랫폼은 GS건설이 자이S&D와 개발한 것으로, 아파트 단지에서 발생한 다양한 빅데이터를 분석하고 관리하는 데이터 기반 미래형 주택 관리 시스템이다.

자이 AI 플랫폼은 클린에어시스템, 주차장 관리 시스템, 보안 시스템 등 다양한 기능을 제공한다. 클린에어시스템은 집안에서 발생하는 냄새, 먼지, 이산화탄소를 분석해 자동으로 오염된 공기를 밖으로 내보낸다. 장착된 4중필터를 통해 초미세먼지까지 완벽 차단해 입주민들에게 청정한 공기를 제공한다.

주차장 관리 시스템은 전기차 수요 증대에 맞춰 전체 주차 대수의 5%에 해당하는 완속·급속 충전기를 설치할 예정이다. 하부의 패드를 이용해 무선으로 충전할 수 있는 무선 패드형 충전기도 특화 단지에 적용될 계획이다.

보안 시스템은 편의성과 안전성을 동시에 충족시킨다. 입주민이 주차장에 들어서면 주차 공간을 자동으로 안내하고, 주차 후 동출입구에 진입하면 엘리베이터를 스스로 호출한다. 나아가 동출입구 로비폰에 안면인식 카메라가 부착돼 신원이 확인되는 경우만 출입을 허용한다.

GS건설은 "자이는 공간에 대한 새로운 개념을 부여해 새로운 가치를 창출하고 있다"면서 "입주민을 위한 라이프 스타일과 수준 높은 문화를 제공함으로서 단순한 주거 브랜드를 넘어 라이프스타일 브랜드로 나아갈 것이다"고 밝혔다.

---

100) GS건설, '자이 AI플랫폼'으로 스마트홈 선도, 조선일보, 2023.05

자이 AI 플랫폼, 입주민 편의와 안전을 한층 강화한다.

GS건설의 자이 AI 플랫폼은 입주민 편의와 안전을 한층 강화하는 역할을 하고 있다. 클린에어시스템은 집안의 공기를 청정하게 유지시켜 입주민의 건강을 보호하고, 주차장 관리 시스템은 주차 공간을 쉽게 찾을 수 있도록 해준다. 보안 시스템은 입주민의 안전을 지키고, 무단 침입을 방지한다.

자이 AI 플랫폼은 입주민의 삶을 더욱 편리하고 안전하게 만들어주는 혁신적인 서비스이다. GS건설은 앞으로도 자이 AI 플랫폼을 지속적으로 발전시켜 입주민들에게 최상의 주거 환경을 제공할 계획이다.

라) 코맥스[101)

[그림 94] 코맥스

코맥스는 월패드와 스마트폰 등을 통해 가정집의 가전기기 및 에너지 소비장치, 보안기기들을 유무선 네트워크를 활용하여 제어할 수 있는 COMMAX IoT 솔루션을 개발하였다. 개방형 클라우드 기반의 IoT 개방형 플랫폼을 비롯하여 ZigBee, Zwave, Wi-Fi 등의 표준 통신방식을 지원하고, 빅데이터 분석을 통해 사용자 맞춤형 서비스를 제공해서 최적의 주거환경을 구성하도록 지원하는 제품을 사용 목적에 따라 생산하고 있다.

또한 코맥스는 저전력 임베디드시스템 기반의 디지털 설계기술에 다양한 응용 기술을 융합한 제품을 개발하고 있으며, 24시간 상시 구동되어야 하는 특성을 고려하여 안정적으로 설계하고 있다. 자체 개발한 음성, 영상 코덱 기술을 바탕으로 방문자 통화, 세대간 통화 등을 디지털 신호 처리하고, 독자적으로 개발한 프로토콜을 바탕으로 전등, 보일러 등의 기기를 효율적인 제어 가능하도록 하였다. 또한, 안드로이드 OS 를 활용해서 홈네트워크 응용 프로그램을 설계하여 스마트폰과의 연동성을 향상시켜서 사용의 편의성을 높였다.

대표적인 제품군 중에서 게이트뷰 플러스시스템은 집 안의 단말기를 통해 CCTV 모니터링이 가능하고, 방범센서로 보안 기능이 강화된 무인경비 시스템이다. 마그네틱, 동체 감지 센서를 통해 침입자의 위험 및 가스 센서를 활용한 화재 위험 알림 기능이 탑재되어 있고, 우리 집 앞 쓰레기 불법 투척 및 불법주차에 관련된 모니터링을 비롯하여, 놀이터 상황을 집안에서 확인할 수 있도록 하였다. 스마트게이트 시스템은 복잡한 별도의 서버 구축 없이 간단하게 설치할 수 있는 홈네트워크 시스템으로 원격관리와 시큐리티 기능이 강화된 통합관리 환경을 제공한다.

코맥스의 주력 사업 중 하나인 시큐리티 분야는 주택, 산업현장, 상업시설 등에 CCTV 및 출입통제시스템을 제공하고, 관련된 제품으로는 IP시리즈, HD-SDI시리즈, 960H시리즈, D1시리즈, 무선 CCTV시스템, 스마트도어락 등이 있다. 보안 시스템은 위험요소를 영상으로 기록하고 저장하는 영상감시 시스템과 사용자를 인식하고 출입 권한을 관리하는 출입통제 시스템으로 분류된다. 영상감시 시스템은 플랫폼, 카메라, 모니터, 저장장치 등의 하드웨어와 영상감시 소프트웨어 등으로 구성되며, 사용자의 거주환경과 요구에 따라 다양한 기능을 제어할 수 있다.

플랫폼은 서버관리, 데이터 저장공간관리, 네트워크관리, 보안관리 기능을 제공하고, 카메라를 이용해 획득한 영상정보를 유/무선 네트워크로 플랫폼에 전송하면, 플랫폼은 제어신호를 영상감

---

101) 코맥스(036690), IR협의회, 2021.03.18

시 기기로 전달하여 카메라 등을 제어한다. 카메라는 실내외 등 다양한 환경에 설치되고, 낮은 조도에서도 촬영할 수 있도록 조명 파인더 등의 부가적인 기능이 필요하다. 디지털 방식의 카메라에 인터넷 기술을 접목한 IP(Internet Protocol)카메라가 주로 사용되고 있으며, 유무선 네트워크를 통해서 실시간으로 영상감시 기능을 제공한다.

 TV, PC, 스마트폰, 태블릿 PC 등 다양한 기기의 모니터를 이용하여 영상을 확인할 수 있으며, 고해상도를 지원하고, 전용 모니터 없이 모바일 기기에서 영상을 확인할 수 있도록 개발되고 있다. 저장장치는 촬영된 영상과 로그가 저장되며, 자기 테이프나 디스크 드라이브에 저장하던 방식에서 발전하여 네트워크를 통한 스토리지 솔루션이나, 클라우드 서버에 직접 연결하여 영상 데이터를 저장하는 방식을 사용하기도 한다. 영상감시 소프트웨어는 촬영한 영상을 서버에 저장하고 열람 권한을 부여하는 영상관리솔루션(VMS, Video Management Solution)과 감시 영상을 분석하고 침입자를 탐지하는 지능형 영상감시솔루션으로 분류된다.

 또한 코맥스는 허가된 사용자만 출입을 허용하는 통제시스템은 비밀번호, 카드인식, 생체인식 등의 인증방식을 사용한다. 디지털도어락은 대표적인 출입통제시스템으로서, 출입내역을 저장하고 네트워킹을 통해 잠금 상태를 점검하거나, 비상시 잠금을 해제하는 등 다양한 기능이 탑재되어 있다. 얼굴인식, 홍채인식, 지문인식, 음성인식 등 생체 관련 정보는 데이터베이스에 디지털 형식으로 저장되어 정보를 재구성하거나 조작하기 어려운 특징이 있어서 보안성이 높음에 따라, 생체인식 기술을 접목하여 보안 기능을 향상시키는 기술을 개발하고 있다.

[그림 95] 코맥스와 이정이앤씨의 업무협약 체결

102)코맥스와 이정이앤씨는 부·울·경 지역의 공공SI 및 스마트홈 사업 확대를 위한 전략적 업무협약을 체결했다. 이번 협약을 통해 양사는 정부, 공공기관, 건설사 및 시행사, 기축사업의 수주 네트워크 구축, AI 기반의 스마트홈 제품 및 솔루션 제공, SI 사업기술력 및 노하우 활용한 다양한 협업 등 정보통신 사업 활성화를 위한 스마트홈 환경 조성 등 다양한 분야에서 상호협력할 계획이다. 또한 코맥스는 부·울·경 지역에 전략적 사업본부를 마련하고, 스마트홈 보급 확대 및 SI 사업에 주력하며, 시큐리티, 관제시스템, 공공부문 등 사업 다각화를 통해 포트폴리오를 확대하고, 스마트홈 시장에서 기술적 우위를 확보해 '통합 스마트홈 서비스 플랫폼' 기업으로 성장해 나갈 계획이다.

---

102) 코맥스-이정이앤씨, 스마트홈 +SI '뭉쳤다', 스마트투데이, 2023.02

마) 고퀄

　고퀄은 스마트 전동커튼과 스마트 조명, 스마트 홈카메라(Smart Home Camera 등 스마트 홈을 구현할 수 있는 다양한 제품을 개발하고 이를 연동할 수 있는 자체 클라우드 플랫폼을 운영하는 홈 IoT 전문 벤처기업이다. 최근에는 스마트오피스, 스마트상점과 같은 스마트공간 컨설팅 사업을 진행하는 등 IoT 분야에서 그 영역을 넓혀 가고 있다.

　대표적으로 고퀄은 홈 IoT 브랜드 '헤이홈(Hej home)'을 운영하고 있다. 지난 2019년 런칭한 '헤이홈'은 생활에서 쉽게 IoT를 접할 수 있는 다양한 스마트 기기들을 선보이고 있다. 헤이홈은 런칭 2년만에 약 25만명의 사용자를 보유하고 있다.

[그림 96] 헤이홈 스마트홈 카메라

　최근에는 종합 인테리어 전문기업 한샘이 스마트홈(Smart Home) 시장 진출을 본격화하며, 고퀄에 30억원을 투자했다.[103] 또한 고퀄은 ADT캡스와 홈 보안 사업 협력을 위한 업무협약을 체결하기도 했다. 이번 협약으로 ADT캡스의 스마트 홈보안 서비스 '캡스홈'과 고퀄의 헤이홈을 연계하는 등 신규 서비스 개발에 나설 예정이다. [104]

　또한 고퀄은 최근 50억원 규모의 시리즈A 투자를 유치했다. 이번 투자 라운드는 한샘, 코오롱인베스트먼트, 베이스인베스트먼트와 기존 투자사인 경인전자, 빅뱅엔젤스가 참여했다.[105]

---

103) 한샘, 홈 IoT 전문 벤처기업 '고퀄'에 30억 투자, 매일경제, 2021.07.08
104) ADT캡스-고퀄, 스마트 홈 보안 서비스 '맞손', 아이뉴스24, 2021.08.09
105) 홈 IoT 스타트업 고퀄, 50억원 규모 시리즈A 50억원 투자 유치, 인공지능신문, 2021.07.09

바) LG유플러스

[그림 97] LG유플러스

LG유플러스의 'U+ 스마트홈'은 말 한마디와 터치 한 번으로 원하는 대로 집안의 거의 모든 제품을 조작할 수 있는 IoT 솔루션이다. 전용 앱인 'U+스마트홈'을 설치하면 스마트폰 하나면 언제 어디서나 가정 내 기기들을 한 눈에 확인 하고 간단하게 실행할 수 있다. 가족의 생활 패턴에 맞춰 모든 기기들이 알아서 작동할 수 있도록 나만의 규칙을 만들 수도 있다. 또한 U+스마트홈 플러그로 가전별 전기 사용량을 확인하고 전기료 미터로 이번 달 예상 요금과 누진 단계를 미리 확인할 수 있다.

U+스마트홈 Easy 앱은 더욱더 편리한 기능을 제공한다. U+스마트홈 Easy 전용 기기를 앱에 등록하면, 자동 실행 및 동시 실행 등으로 기능을 더 세분화할 수 있다. 자동 실행으로는 하나의 기기가 실행되면 다른 기기가 자동으로 실행되도록 설정할 수 있으며, 기기의 상태나 시간, 움직임 감지 등의 조건에 따라 알림을 받거나 다른 기기를 연동해 제어가 가능하다. 동시 실행으로는 귀가할 때, 혹은 잠자리에 들 때 내가 설정한 시간과 상황에 맞춰 기기를 동시에 켜고 끌 수 있다. 예를 들어, 오후 9시가 되면 홈CCTV 맘카는 사생활 보호모드 'On', 도어센서 알림은 'Off', 동작감지 센서는 'Off'로 동시 설정 가능하다.

LG유플러스가 2020년 9월 출시한 '우리 집 지킴이 Easy'는 우리 집 보안을 책임져 주면서도 누구나 쉽게 설치할 수 있는 스마트홈 보안 패키지다. 허브 기능을 가진 맘카 Easy를 스마트폰 앱(U+스마트홈 Easy)에 연결하면, 나머지 기기들은 자동으로 연결되기 때문이다.

주요 기능으로는 침입 감지 시 영상 자동 녹화 및 휴대폰으로 알림을 보내는 '실시간 보안', 알림 받은 즉시 원터치로 경찰서에 신고가 가능한 '112 간편신고', 고객이 집에 들어오면 CCTV의 영상 기능이 꺼지는 '사생활보호 설정', 하루 동안의 집안 모습을 15초 영상으로 간편하게 확인할 수 있는 '타임랩스 영상' 등이 있다. 기기 구성은 실시간 영상 모니터링, 녹화 및 양방향 음성통화가 가능한 맘카 Easy(1개), 현관문이나 방문, 창문의 열림·닫힘을 감지해 알려주며 2년 이상 사용 가능한 긴 배터리 수명을 가진 도어센서(2개), 움직임과 빛의 변화를 감지해 침입이 발생하면 휴대폰으로 알림을 보내주는 동작감지센서(1개) 등이다.[106]

---

106) [기획] U+스마트홈, 스마트하게 가족의 편의와 안전을 돕다, 테크월드뉴스, 2021.10.04

[그림 98] LG유플러스 모델이 개편된 U+스마트홈 앱

[107]LG유플러스는 스마트홈 서비스 이용 고객의 편의를 향상하기 위해 U+스마트홈 앱을 전면 개편했습니다. 이번 개편은 고객의 앱 사용 패턴을 반영해 이루어졌다.

주요 개편 내용은 다음과 같다.

- 앱 메인화면 편집 기능 추가
- 홈 CCTV영상 원클릭 시청 기능 추가
- 앱 활용 속도 향상
- 시각장애인 음성 안내 기능 추가
- 기기별 사용가이드 영상 제공

U+스마트홈 앱은 고객이 자주 사용하는 기능을 편리하게 사용할 수 있도록 앱 메인화면을 자유롭게 편집할 수 있는 기능을 추가했다. 또한, 홈 CCTV 영상을 원클릭으로 시청할 수 있는 기능을 추가했다. 앱의 활용 속도도 향상되어 홈 IoT 기기를 원격 제어하는 데 걸리는 시간이 약 20% 단축되었다. 시각장애인 고객을 위해 앱 화면을 손가락으로 터치하는 등 제스처 만으로 상세 메뉴에 대한 정보를 음성으로 안내하는 기능을 추가했다. 또한, 간단한 문제를 해결할 수 있도록 '스스로 해결 가이드 영상'을 제공한다.

LG유플러스는 이번 개편을 통해 U+스마트홈 앱 이용률이 증가하고 고객 만족도가 향상될 것으로 기대하고 있다.

---

107) LG유플러스, 스마트홈 앱 고객 맞춤형으로 개편, 뉴스투데이, 2022.09.22.

108)LG 유플러스는 1인 가구, 맞벌이 가정, 반려동물 양육가구 등 세분화된 수요를 공략하기 위해 'U+스마트홈' 서비스를 제공하고 있습니다. 펫케어 시장 성장에 맞춰 최근에는 집에 혼자 남은 반려동물과 놀아주는 신규 스마트홈 서비스 '펫토이'를 출시했다.

통신사들은 AI·IoT·통신 등 기술 인프라를 활용할 수 있다는 점에서 유리한 측면이 있습니다. CCTV 기능, 난방·조명기기 제어뿐 아니라 반려동물 양육 가구를 위한 다양한 펫케어 서비스도 늘어나고 있다.

시장 규모 성장에 따라 가전업계뿐 아니라 통신사와 건설사 등도 시장에 뛰어들고 있다. TV 등 개별 제품에 대한 경쟁에서 가정 내 가전은 물론 전구, 도어록, 자동차에 이르기까지 하나의 플랫폼을 통해 소비자의 일상 전반을 지원하는 스마트홈 경쟁 시대로 접어들고 있다.

기존의 스마트홈 서비스는 개별 제품에 대한 제어에 초점을 맞추었다. 하지만, 앞으로는 소비자의 일상 전반을 지원하는 스마트홈 서비스가 대세로 자리잡을 것으로 전망된다. 통신사들은 AI·IoT·통신 등 기술 인프라를 활용하여 소비자의 다양한 needs에 맞는 스마트홈 서비스를 제공할 수 있습니다. 가전업계, 건설사 등도 스마트홈 시장에 뛰어들면서 경쟁이 더욱 치열해질 것으로 예상된다.

---

108) "100조 시장 잡아라"...가전·통신업계, 스마트홈 시장서 격돌, 굿모닝경제, 2022.10

2) 스마트 시티
가) 시티랩스

City Labs

[그림 99] 시티랩스 로고

스마트시티 솔루션 기업 데일리블록체인은 임시주주총회를 통해 스마트시티 솔루션 사업 강화를 목적으로 상호를 시티랩스로 변경했다. 변경된 상호 시티랩스는 도시를 뜻하는 '스마트시티(Smart City)'와 자유로운 연구를 일컫는 '랩(Lab)'의 합성어다. 회사 측은 4차산업 기술요소(인공지능, 블록체인, 빅데이터)의 융복합을 통해 스마트시티 솔루션 전문기업이 되겠다는 비전을 담았다고 설명했다.

시티랩스는 스마트시티 솔루션 시장 선도 기업을 목표로 최근 수년 간 4차산업 기술 내재화에 집중해왔다. 시티랩스는 2020년부터 한국판 뉴딜 정책과 함께 수요가 확대되고 있는 사회간접자본(SOC) 사업 수주를 확대하며 본격적인 실적 개선에 나서고 있다.

시티랩스는 2020년 강원도와 충청도, 제주도 등 국내 전역을 아우르며 각종 지자체 스마트시티 실증 사업을 수주했다. 최근엔 서울지방항공청의 드론 원스톱 민원서비스 솔루션 사업, 제주도 전기차 충전 플랫폼 구축 등을 비롯해 농림축산식품부 사단법인 미래농업포럼과 스마트팜 인프라 구축을 위한 업무협약까지 체결하며 4차산업 기술력을 활용한 사업진출 분야를 지속 확대하고 있다.[109]

최근 시티랩스는 과학기술정보통신부, 한국인터넷진흥원(KISA)이 발주한 블록체인 기반 '위험구조물 안전진단 플랫폼' 구축 시범사업을 수주했다. 해당 사업은 2020년 정부가 발표한 디지털 뉴딜 종합계획 중에서도 '블록체인 기술 확산전략'의 일환으로 추진되는 총 15개 시범사업 과제 중 하나다.

이번 사업은 IoT 센서 등 각종 디바이스에 사물 DID를 부여해 데이터 수집 및 전송 시 위·변조 가능성을 없애고 데이터가 해당 건물에서 발생했는지를 검증하는 방식으로, 국내 최초 사물 DID 적용 사례로 주목받고 있다. 시티랩스는 이번 사업에선 수집된 실시간 데이터 분석을 통해 건축물 위험관리 가이드라인도 제시할 예정으로, 향후 노후건물의 안전관리체계를 확

---

109) 데일리블록체인, '시티랩스'로 상호 변경, 매일경제, 2021.02.01

립하고 공사장 인근의 위험건축물 관련 법적분쟁 감소에 큰 효과가 있을 것으로 기대하고 있다.

 시티랩스는 씽크제너레이터, 지노시스, 방재시험연구원과 컨소시엄을 구성하고, SKT initial DID 기술을 지원받아 IoT 디바이스에 사물 DID(분산 신원증명)를 구현할 예정이다. 블록체인 기술 기반 '위험구조물 안전진단 플랫폼' 사업 수요기관으로는 서울시와, 중랑구가 선정됐으며, 기울기, 크랙센서 등 총 120여개의 IoT센서 중 80개 센서가 중랑구 내 노후 건축물에 우선 설치될 예정이다.[110]

[111]지난 5월, 시티랩스, SK텔레콤, 지노시스, 씽크제너레이터는 스마트시티 안전관리 플랫폼 데이터 신뢰성 제고 및 기능 향상을 위한 사업 추진을 위해 컨소시엄을 구성했다. 이번 사업은 노후 건축물의 안전관리 시스템 마련을 위한 것으로, 시티랩스는 안전관리 플랫폼 고도화 관련 사업 총괄과 블록체인 응용 서비스를 공급하고, SK텔레콤은 사물 DID(분산신원확인) 솔루션 기술을 제공합니다. 지노시스는 건축물 안전관리 플랫폼 개발과 고도화, 데이터 분석 및 연계를, 씽크제너레이터는 DID 기반 기울기, 크랙 센서 등 IoT 센서 개발과 구축을 담당한다.

시티랩스 대표이사 조영중은 "30년 이상 된 노후 건축물은 내진능력 및 화재안전성능 등 안전기준이 미흡한 시기에 조성된 건축물인 만큼 안전관리 시스템 마련은 시급한 과제"라며 "이번 사업을 통해 안전관리 시스템에 블록체인, IoT 등 스마트 기술을 접목해 정확도를 높이고, 관리 체계 및 기준을 보유한 차세대 안전관리 플랫폼을 만들어 나갈 것"이라고 밝혔다.

---

[110] 시티랩스, 블록체인 기반 '위험구조물 안전진단 플랫폼' 구축 사업 수주, 서율경제TV, 2021.06.07
[111] 시티랩스, 블록체인 기반 구조물 안전 모니터링 플랫폼 고도화 MOU, 뉴스핌. 2023.05

3) 스마트 카
가) 현대자동차

[그림 100] 현대자동차 회사

　현대자동차는 대한민국 최고의 자동차 기업으로, 세계의 추세에 발맞춰 스마트 카 개발에 힘쓰고 있다. 현대차그룹은 2022년부터 모든 신차를 고성능 '커넥티드 카'로 출시한다고 밝혔다. 이는 자율주행 기능 등 차량 성능을 실시간 업데이트해주는 테슬라의 OTA(over the air·무선 업데이트) 기능을 본격 도입하려는 것으로, 그동안 테슬라가 독보적으로 선보였던 'OTA' 기능을 현대·기아차가 대중화시킬 수 있을지 주목된다. 현대자동차는 이를 위해 그래픽처리장치(GPU)로 유명한 엔비디아의 고성능 반도체 상품 '엔비디아 드라이브'를 탑재하기로 했다. 기본 운영체제는 현대차가 2016년부터 자체 개발한 소프트웨어 'ccOS'(커넥티드카 운영체제)를 적용한다.112)

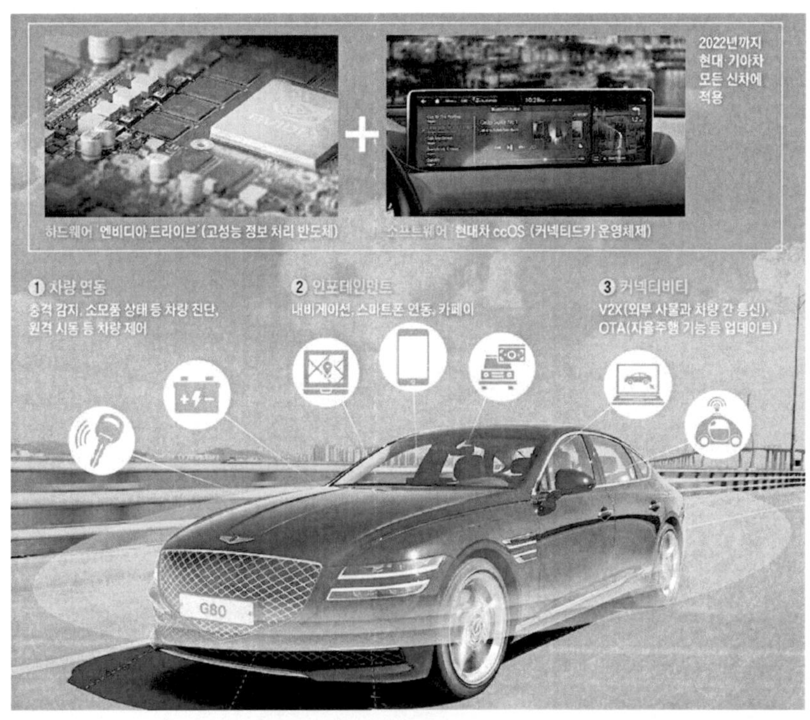

[그림 101] 현대자동차의 커넥티드 카 개념도

---

112) 무선 실시간 성능 업데이트, 현대차 2022년부터 전차종 '스마트카' 생산, 조선일보, 2020.11.11

최근 현대자동차가 한층 향상된 자연어 명령 기반으로 차량의 기능과 시스템을 편리하게 제어하고 사용할 수 있는 차세대 '커넥티드 카 인공지능 음성인식 기술'을 개발했다고 밝혔다. 현대차그룹에서 독자 개발한 이 기술은 기존에 제공해 왔던 카카오i 서비스와 복합적으로 연동할 수 있도록 설계됐으며, 주행 중 음성인식을 통해 차량 제어·내비게이션 및 시스템 설정·차량 매뉴얼 정보 검색 등의 기능을 손쉽게 이용할 수 있도록 업그레이드된 커넥티드 카 서비스를 제공한다.

특히 현대자동차는 서비스 종류와 범위를 대폭 확대하기 위해 차량 시스템 설계 단계부터 음성인식 기술과 연계해 개발했으며, 이를 통해 인공지능 기반의 자연어 명령으로 차량 관리 및 매뉴얼 정보를 습득하고 차량 시스템 및 기능을 제어할 수 있다.

예를 들어, 자동차 계기판에 모르는 경고등이 갑자기 나타나거나 차량 관리와 관련된 정보가 필요할 때 매뉴얼과 정비 서비스 거점의 도움 없이 음성인식 버튼을 누른 후 "이 경고등은 왜 켜졌어?", "엔진오일 교체 시기 알려 줘"와 같은 질문을 하면 관련 정보를 제공한다. 또한 "실내 무드등 빨간색으로 변경해 줘", "조수석 온도 23도로 설정해 줘", "내비게이션 안내 음성 목소리 변경해 줘" 등 차량 시스템 및 기능을 음성으로 간편하게 제어하고 설정할 수 있다.

현대자동차는 이 외에도 자체 개발한 차세대 커넥티드 카 인공지능 음성인식 기술을 통해 친숙하지 않은 차량 용어나 작동법 등 자동차 생활과 관련된 각종 정보와 다양한 상황을 반영한 음성 명령어를 상시로 업데이트해 커넥티드 카 서비스의 만족도를 지속해서 높여 나간다는 방침이다.[113]

---

113) 현대자동차, 차세대 커넥티드 카 AI 음성인식 기술 공개, AEM, 2021.02.18

[그림 102] 현대자동차의 '소프트웨어 중심의 자동차(SDV, Software Defined Vehicle)'

114)현대자동차그룹은 2025년까지 모든 차종을 소프트웨어 중심의 자동차로 전환하고, 무선 소프트웨어 업데이트, 통합 제어기, 고사양 운영체제, 자율주행 기술, 데이터 플랫폼 구축 등을 통해 고객에게 새로운 이동 경험을 제공할 계획이다.

현대자동차그룹은 2025년까지 모든 차종에 무선 소프트웨어 업데이트 기술을 적용하여 고객들이 최신 상태의 차를 탈 수 있도록 할 계획이다. 또한, 통합 제어기와 고사양 운영체제를 개발하여 차량의 성능과 효율성을 향상시키고, 자율주행 기술을 개발하여 고객의 안전을 확보할 계획이다. 또한, 데이터 플랫폼을 구축하여 고객의 이동 데이터를 수집하고 분석하여 새로운 서비스를 개발할 계획이다.

현대자동차그룹의 이러한 노력은 고객에게 새로운 이동 경험을 제공하고, 모빌리티 패러다임의 변화를 주도하기 위한 것이다.

---

114) 현대자동차그룹, 2025년까지 모든 차종 "소프트웨어 중심 자동차(SDV)"로 대전환 스마트 모빌리티 시대 연다, 현대자동차 공식홈페이지, 2022.10

나) 유니퀘스트

[그림 103] 유니퀘스트 회사

유니퀘스트는 퀄컴, 인텔, 알테라, 마이크론 등 글로벌 35개 반도체 업체 제품을 서비스하고 있는 기업으로서 국내 대표 제조업체 900개사를 고객사로 확보하고 있어 안정적인 기업이다.

최근에는 사물인터넷 시장의 확대에 따라 IoT용 반도체와 스마트 카용 반도체의 매출 비중이 확대되고 있는 상황이다. 스마트 카 사업은 크게 차량용 비메모리 반도체 유통, 피엘케이 테크놀로지 인수를 통한 자율주행시스템 제조 사업, 자회사 미래창조UQIP 투자조합을 통한 스마트 카 업체 지분투자로 진행되고 있으며, 전자는 글로벌 유수의 차랴용 반도체 업체의 제품을 현대 자동차 그룹에 납품하고 있는 상황으로 매년 매출이 급성장하고 있다.

최근 유니퀘스트의 주요 자회사 중 에이아이매틱스를 통해 특수차량의 자율주행 및 FMS 사업을 진행 중이다. 에이아이매틱스는 ADAS 전문기업으로 카메라로 운전환경을 인지해 경고하고 컨트롤하는 기술을 보유하고 있다. 에이아이매틱스는 특수차량 업체와 제휴, FMS 업체향 공급 계약을 통해 매출이 발생하며 에이아이매틱스가 FMS 업체에 모듈을 공급하고 월 수수료를 받는 수익 구조로 사업을 전개하고 있다. 현재 50만대 이상의 차량을 관리하는 Positioning Universal 계약을 시작으로 북미시장에서 가시적인 성과를 도출하고 있다.[115]

2021년 에이아이매틱스는 롯데렌터카 계열의 카셰어링 기업 그린카와 'AI 사고분석 솔루션 개발' 관련 업무협약을 체결했다. 이번 업무협약을 통해 에이아이매틱스와 그린카는 AI 기반의 클라우드 컴퓨팅 사고분석 시스템을 공동 개발하게 된다. 그린카와 에이아이매틱스는 지속적인 상호협력을 통해 그린카의 차량에 에이아이매틱스의 ADAS 카메라 센서를 장착해 주행 중 주요 이벤트 영상 및 차량, 주행 관련 데이터를 손상없이 저장하고 이를 기반으로 사고분석 시스템 및 안전운전 플랫폼을 공동개발 할 계획이다.[116]

---

115) [Hot-Line] "유니퀘스트, 자회사 에이아이매틱스 ADAS 기반 FMS 사업 주목", 매일경제, 2020.11.09
116) [유니퀘스트] " 자율주행차 "의 수혜주, https://nayina.tistory.com/

다) 한컴MDS

[그림 104] 한컴 MDS

　한글과컴퓨터의 자회사인 한컴 MDS는 그룹내에서 4차 산업혁명 관련 사업을 주도하고 있다. 국내 1위 임베디드 소프트웨어(내장형 프로그램) 기업으로 자율주행, 인공지능(AI), 사물인터넷(IoT), 로봇 등의 분야로 사업을 확대해 나가고 있다.

　한컴MDS는 자동차, 항공, 국방, 산업용 기기 등 다양한 분야에서 20여 년간 국내 임베디드 산업을 선도한 업체라는 평가를 받고 있다. 한컴MDS는 자율주행 기반 기술인 첨단운전자보조시스템(ADAS), 차량 간 통신(V2X) 기술 등 자동차 소프트웨어 개발의 전 과정을 지원하는 솔루션을 확보하고 있다.

　한컴MDS는 IoT 분야에서 다양하게 활용되는 서비스도 보유하고 있다. 국제표준에 맞춰 호환성과 확장성을 갖춘 IoT 기기 관리 서비스인 네오아이디엠(NeoIDM)이 대표적이다. 한컴MDS는 또 스마트공장 확산에 따라 관련 데이터의 실시간 수집과 저장, 생산 공정 감시, 에너지 관리 등의 산업용 IoT 서비스를 구축하기 위한 서비스(ThingSPIN)도 자체 개발했다.

　또한 한컴 MDS는 빅데이터 사업도 강화하고 있다. 한컴MDS는 모든 소프트웨어와 하드웨어에서 생기는 대규모 데이터를 실시간으로 수집·검색·분석할 수 있는 미국 빅데이터 전문기업 스플렁크의 사업권을 2014년 확보했다. 또 스마트공장에 특화된 산업용 IoT 서비스인 씽스핀(ThingSPIN)을 개발해 관련 사업도 확대하고 있다.[117]

　최근 한컴MDS가 미국의 자율주행 기술 전문기업 '코스트 오토노머스(Coast Autonomous)'와 전략적 업무협약(MOU)을 체결했다. 한컴MDS는 이번 협약을 통해 코스트 오토노머스의 자율주행 풀 스택(Full Stack) 기술을 기반으로 그룹 차원에서 추진 중인 자율주행 개발SW, 공유주차 플랫폼 등과 같은 기존 모빌리티 사업과의 시너지를 모색하는 한편, V2X, 카셰어링 등 미래형 모빌리티 사업도 추진할 계획이다. 특히 무인 자율주행 셔틀버스의 국내 공급을 우선적으로 추진해나갈 예정이며, 한컴MDS의 자동차SW 검증 솔루션 사업을 접목하는 등 다양한 비즈니스 모델을 만들어나갈 계획이다.[118]

---

[117] 자회사 한컴MDS는…AI·IoT부터 자율주행·빅데이터까지 '4차 산업혁명' 사업 이끈다, 한국경제, 2018.11.08
[118] 한컴MDS, 美 자율주행 기업 '코스트 오토노머스'와 MOU 체결, 로봇신문, 2020.11.12

[그림 105]한컴, 신규법인 '한컴카플릭스' 설립

119)한컴MDS와 통합 모빌리티 플랫폼 기업 네이처모빌리티는 지난해 10월 합작법인 '한컴카플릭스'를 설립했다. 한컴카플릭스는 '공유 주차장'에 초점이 맞춰진 한컴모빌리티 사업을 넘어 '공유 자동차'로 사업영역을 확대해 모빌리티 플랫폼을 구현한다는 방침이다.

네이처모빌리티는 현재 '찜카' 플랫폼을 운영하고 있다. 이 플랫폼은 인공지능(AI), 빅데이터를 기반으로 렌터카 가격비교, 실시간 예약, 국내선 항공권 예약, 제주 투어택시, 전동 킥보드 예약, 전기 충전소 조회, 주차장 조회 등 통합 서비스를 제공한다.

한컴모빌리티는 사물인터넷(IoT)를 기반으로 주차공유 플랫폼 서비스 '파킹프렌즈', 원스톱 주차 인프라 솔루션 '말랑말랑 파프센서', 인프라 통합제공 솔루션 '말랑말랑 파프관제시스템', 스마트폰 애플리케이션(앱) 기반 차단기 계폐 시스템 '말랑말랑 파프차단기' 등의 서비스를 추진해왔다.

한컴 관계자는 "한컴카플릭스는 공유 모빌리티 사업을 추진하기 위한 합작법인으로 '파킹프렌즈' 등 한컴모빌리티 서비스에 전기차 충전소 서비스 등을 접목하기 위한 법인"이라며 "향후 국내 전 지역을 커버하는 실시간 렌트카 플랫폼 출시를 준비하고 있으며, 친환경차 중심 자율주행 시대를 위한 공유 모빌리티 생태계 구축을 목표로 하고 있다"고 설명했다.

한컴카플릭스의 설립은 한컴MDS와 네이처모빌리티가 모빌리티 시장에서 시너지 효과를 내기 위한 전략으로 풀이된다. 한컴MDS는 AI, 빅데이터, 클라우드 등 다양한 IT 기술을 보유하고 있으며, 네이처모빌리티는 모빌리티 플랫폼 운영 경험을 보유하고 있다. 두 회사가 힘을 합쳐 공유 모빌리티 시장에서 경쟁력을 확보할 수 있을 것으로 기대된다.

---

119) 한컴, 신규법인 '한컴카플릭스' 설립…'MaaS' 사업 본격화, techm, 2022.04

[그림 106] 세코닉스

세코닉스는 국내 대표 광학 부품기업으로 독보적인 렌즈 제조 기술력을 바탕으로 자동차 전장 등 신시장으로 진출하고 있는 기업이다. 스마트폰 전/후면 렌즈, 차량용 카메라, Optical Film 등의 신기술 보유 및 개발로 안정성과 성장성을 갖추고 있다. 업계 평판으로는 '자동차용 카메라 렌즈 공급 1위 업체'라고 불리며, 실제 국내 시장 점유율 1위 업체이다.

2020년 모바일용 카메라 렌즈를 생산하는 세코닉스는 차량용 카메라 모듈·렌즈 비중이 스마트폰 렌즈를 넘어섰다. 이에, 성장성이 높은 차량용 카메라 부품 개발에 방점을 두고 완성차 업체에 납품 비중을 늘리기 위해 준비 중이다.

특히 최근 세코닉스는 '레벨4 자율주행 패신저 인터렉션 시스템 개발' 국책 과제에 선정되는 쾌거를 거두기도 했다. 총 과제 비용은 118억원이며 정부출연금 90억원, 민간부담금 28억원이다. 5년 동안 7개 기업이 참여해 기술을 개발한다. 본 과제의 주요 내용은 자율 주행 환경에서 차량 내 운전자와 탑승자의 움직임을 포착하기 위해 적외선 전용 2메가급 렌즈와 카메라 모듈, ECU(자동차 전자제어장치) 등 전반적인 시스템을 개발하는 것이다.

이미 세코닉스는 지난 2017년부터 자율주행 차량용 전방 및 측방 영상센서 모듈을 개발 중이다. 2021년에는 마지막 5차년을 진행 중이며 외부 영상을 인식하기 위한 20도, 52도, 60도, 120도, 190도 등 다양한 화각의 카메라 렌즈와 모듈 개발이 마무리 중이다. 또한 자율주행 전방 인식용 카메라의 경우 이미 3~4년 전에 엔비디아에 레퍼런스용 카메라를 납품하고 있다. 최근에는 슈퍼카를 만드는 업체에 납품키로 확정됐다.

이외에도 최근 메타버스 시대에 주목 받고 있는 AR·VR 글라스에도 중요 부품을 납품하고 있다. 자동차 헤드업 디스플레이(HUD)도 단순히 속도나 맵 정보만 보여주는 것이 아닌 가상현실처럼 차량 유리창 전반에 영상을 제공해주는 기술을 개발 중이다. 현재 세계적인 반도체 회사 TI를 통해 레퍼런스 모듈을 만들어 공급 중이다.[120]

---

120) [기업 탐방]세코닉스, "레벨4 자율주행 실내 카메라 국책 사업 선정", 파이낸셜뉴스, 2021.05.12

121)세코닉스는 최근 자율주행차에 쓰이는 카메라 렌즈 기술 개발을 통해 사업 경쟁력을 높이고 있다. 또 세계 1위 인공지능, 자율주행차 소프트웨어 기업인 엔비디아(NVIDIA)와 함께 자율주행 카메라를 개발하는 등 차세대 성장동력 확보에도 노력하고 있다.

세코닉스의 자율주행 카메라 개발은 테슬라의 완전자율주행 확대 계획에 따라 주목받고 있다. 테슬라는 2023년까지 완전자율주행 기능을 갖춘 자동차를 출시하겠다는 계획을 발표한 바 있다. 이 계획이 실현되면 세코닉스의 자율주행 카메라 수요가 크게 증가할 것으로 예상된다.

세코닉스는 엔비디아와 함께 자율주행 카메라 개발을 진행하고 있다. 엔비디아는 자율주행차용 소프트웨어 분야에서 세계적인 기술력을 보유하고 있다. 세코닉스는 엔비디아와의 협력을 통해 자율주행 카메라의 성능과 안정성을 높여갈 계획이다.

세코닉스의 자율주행 카메라 개발은 회사의 성장동력 확보에 중요한 역할을 할 것으로 기대된다. 자율주행차 시장은 빠르게 성장하고 있으며, 세코닉스의 자율주행 카메라는 이 시장에서 경쟁력을 갖출 것으로 예상된다.

---

121) 세코닉스, 테슬라 완전자율주행 확대..세계1위 엔비디아 자율주행 카메라 개발↑, 파이낸셜뉴스, 2022.09

마) 엠씨넥스

[그림 107] 엠씨넥스

 엠씨넥스는 업계 평판으로 '자동차용 카메라 모듈 1위 업체'라고 불린다. 휴대폰 카메라모듈을 생산하는 IT 전문 업체로 출발한 엠씨넥스는 자동차와 IT를 융합한 기술을 수출하는 기업으로 성장했다. 활달한 R&D를 통해 스마트 카용 카메라 시장에서 국내 1위, 세계 5위 업체로 거듭나기도 했다.

 특히 차량에 고화질 HD급 카메라 4개를 결합해 360도 3D 입체 영상을 구현하는 AVM 시스템과 사이드 뷰 카메라를 결합한 6채널 영상 시스템을 구현해내며 업계에서 주도권을 선점해 나가고 있다. 엠씨넥스의 블랙박스도 주목할 만한 기술의 제품이다. 이 블랙박스는 단순히 영상만 찍어 저장하는 데 그치지 않고, 앞차와의 거리를 인지해 경고를 해주는 등 자율주행에 필요한 기술을 탑재하고 있다.

 최근 엠씨넥스는 2021년 차량용 카메라 사업에서 1900억원대의 매출을 올릴 것이라는 자체 전망을 내놨다. 이는 사상 최대치로 현대차와 기아 등 주요 완성차 업체들에 카메라 공급물량이 늘어나는 추세를 감안했다. 엠씨넥스가 신형 제네시스용으로 공급하는 고부가 카메라 제품은 운전자와 동승자의 상태를 모니터링해 안전을 확보하는 인-캐빈 카메라로 추정된다. 엠씨넥스는 2021년 초 열린 'CES 2021'에서 운전자 상태를 모니터하는 '드라이버 모니터링 시스템(DMS)', 동승자 상태 모니터링 외 영유아, 반려동물 차량 방치를 방지하는 '탑승자 모니터링 시스템(OMS)' 등을 공개한 바 있다.[122]

 또한, 엠씨넥스는 곡선로나 교차로 등 자율주행차 사각지대 인식을 개선할 수 있는 첨단운전자보조시스템(ADAS)을 개발했다. 삼성전자가 인수하고, 멀티 카메라 핵심 특허를 보유한 곳으로 알려진 코어포토닉스와 협업한 결과다. 이 시스템은 두 개 카메라를 이용한다. 카메라 한 대는 120도 각도로 전방을 모니터링하고, 또 다른 카메라는 프리즘을 움직여 좌우를 스캔한다. 하나의 고정 카메라로는 곡선로에서 차량 측면 방향에 있는 사물 인지가 어려웠다. 자동차 회전과 카메라 시야각에 따른 사각지대가 발생해서다. 엠씨넥스가 개발한 ADAS는 전방 카메라에, 프리즘으로 좌우를 살필 수 있는 카메라가 합쳐져 이런 단점들을 개선했다.[123]

---

[122] 현대車 1차 협력사 진입한 엠씨넥스, "올해 車 카메라 매출, 사상 최대인 1900억 달성 전망", 더일렉, 2021.08.31
[123] [CES 2021]엠씨넥스, 사각지대 없앤 듀얼 센싱 ADAS 카메라 개발…"코어포토닉스와 협력", 전자신문, 2021.01.12

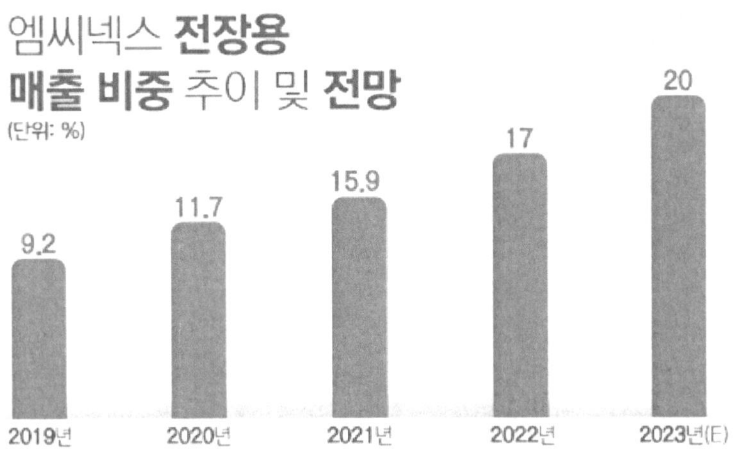

[그림 108] 엠씨넥스 전장용 제품 매출 비중 추이 및 전망

124)엠씨스는 자율주행 레벨3 필수 부품인 통합제어시스템(DCU)을 양산하기 시작했다. DCU는 자동차 엔진과 자동변속기 등을 통제하는 전자제어장치(ECU)를 컨트롤하는 역할을 수행한다. 엠씨넥스는 이 부품을 주문자상표부착생산(OEM) 형태로 생산해 글로벌 완성차 업체에 공급할 계획이다. 오는 2분기부터 매출이 반영될 것으로 예상된다.

레벨3 자율주행차 출시는 DCU 탑재와 함께 차량에 적용되는 카메라 개수가 늘어나 엠씨넥스에 긍정적인 영향을 미칠 것으로 예상된다. 레벨2 단계는 어라운드뷰모니터와 전방센싱 등 5~6개의 카메라가 필요하지만, 레벨3에는 10~16개 정도로 2배 이상 확대된다.

엠씨넥스는 주력 사업은 스마트폰용 카메라 모듈 제품이지만, 전장용 카메라 사업을 확대했다. 서라운드뷰모니터(SVM), 운전자졸음인식(DSM), 차선인식(LDWS) 제품 등을 양산하면서 지난 2021년 현대자동차 1차 협력사로 등록됐다.

차량용 카메라 모듈 이외에 자율주행 부품 사업이 활성화될 것으로 예상된다. 인포테인먼트 시스템이나 차량용 간편결제, 무선 업데이트 모듈 등에 확대 적용이 가능하다. 여기에 필요한 부품 수요가 증가하지만, 공급할 수 있는 국내 업체가 많지 않기 때문에 엠씨넥스에 기회 요소가 될 수 있을 것이다.

---

124) 엠씨넥스, '자율주행 레벨3' 부품 첫 공급…이달 중 양산, 시사저널, 2023.03

바) KT

[그림 109] KT

KT는 현대자동차, 벤츠 등 14개 완성차 제조사(OEM)에 커넥티드카 플랫폼을 제공하는 국내 커넥티드카 사업자다. 2020년 KT는 한국자동차연구원과 자율주행 핵심기술 공동 연구 등과 관련해 '미래 자동차 분야' 업무협약(MOU)을 체결했다. 본 협약에서 KT는 자사 V2X(차량과 사물간 통신) 기반의 자율주행 플랫폼인 '5G 모빌리티 메이커스', 정밀측위 솔루션을 바탕으로 자율주행 차량과 도로 인프라에 대한 모니터링, 원격제어 등 서비스를 연구원이 제작할 자율주행차량에 제공한다.[125]

또한 2020년 KT는 이미 대리점 등에 단말기를 공급하는 물류센터 효율화를 위해 통신업계 최초로 물류센터 운영에 5G 자율주행 운반 카트를 적용했다. KT가 물류센터에 적용한 5G 자율주행 운반 카트는 '나르고'와 '따르고'로 KT와 트위니가 공동으로 개발했다. '나르고'는 자율주행으로 이동하는 선행 카트와 이와 함께 주행하는 후행 카트로 구성돼 있다. 한 번에 많은 양의 화물을 운반해야 하는 경우 높은 효율성을 보인다. '따르고'는 사람을 따라 자동으로 움직이는 카트로 넓은 범위에서 다양한 화물을 이동해 분류하는 데 적합하다.

KT는 '나르고'와 '따르고'에 자율주행이동체(AIV, Autonomous Intelligent Vehicle) 서비스를 더해 작업자의 업무 효율성을 높이는데 기여했다. AIV 서비스는 미리 구축된 산업현장의 실내 지도와 자율주행 운반 카트의 실시간 정보를 바탕으로 개별 이동 및 호출 명령, 긴급상황 대응 등 운영 현황을 통합적으로 관제하는 서비스다. 운용 데이터 수집과 분석, 통계도 지연시간 없이 산출된다. 자율주행 운반카트와 AIV 서비스는 KT의 통합 모빌리티 플랫폼 '5G 모빌리티 메이커스(Mobility Makers)'를 밑바탕으로 하고 있다. KT의 다양한 커넥티드카 서비스의 중심인 5G 모빌리티 메이커스 플랫폼은 연결된 다양한 차량에서 발생하는 데이터를 수집 및 분석해 자율주행 관제 기능을 제공한다.[126]

2021년 KT는 한국 자율주행 기술의 발전을 위해 현대자동차, 카카오 등과 함께 손잡고 한국자율주행산업협회를 설립했다. 협회엔 완성차, 자동차부품, 통신, IT, 서비스 등 자율주행 연관 산업 전반을 아우르는 기업들이 회원사로 참여해 횡단형 체계로 구성된 것이 특징이다.[127]

---

125) KT, 완전자율주행 기술연구 박차…한국자동차연구원과 MOU, 연합뉴스, 2020.06.23
126) KT, 업계 최초 5G 자율주행 운반 카트 상용화, 조선비즈, 2020.05.24
127) 현대차·KT·카카오, K-자율주행 위해 '팀 코리아' 뭉쳤다, 이데일리, 2021.08.12

[128)]KT는 포드코리아와 프리미엄 인포테인먼트(IVI) 서비스에 나선다. 양사 협업으로 포드와 링컨 차량에 KT가 통합 서비스를 위해 서비스 기획에서 개발·운영까지 총괄하는 IVI 플랫폼이 도입된다.

이 플랫폼은 포드와 링컨 차량에 탑재되는 IVI에 적용된다. 차량 주행 환경에 최적화되어 있어 운전자가 안전하고 직관적으로 사용할 수 있습니다. 이번 서비스는 향후 국내에 출시되는 2023년식 모델부터 순차 제공된다.

KT는 14개 브랜드에 커넥티드카 서비스를 제공하고 있습니다. 일부 제조사 차량에 내비게이션, 음성인식 솔루션, GIS(Geographic Information System) 등을 특화한 서비스로 제공하고 있다.

이 플랫폼에는 차량의 디스플레이를 활용한 직관적이고 큰 UI/UX가 제공된다. 운전자가 주행 중에도 안전하면서도 간편하게 메뉴를 조작할 수 있습니다. 무선을 기반으로 연결하면서 일부 스트리밍 서비스에서 발생했던 음질 저하 등의 불편한 점도 개선되었다.

AI서비스인 '기가지니'를 통해 음성으로 콘텐츠 제어도 가능하다. KT가 활용한 음성인식 서비스는 KT융합기술원에서 개발한 자체 솔루션인 AISE(AI Speech Enhancement)가 적용되었다.

AISE 솔루션은 노이즈 캔슬링, 에코 캔슬링 등 차량 환경 최적화를 통해 음성인식율을 업계 최고 수준인 97.5%까지 높였다.

KT는 포드와 링컨 차량에 제공되는 서비스는 다년간 축적되어 온 KT의 차량 IVI 플랫폼 서비스 역량이 결집된 결과물이라고 밝혔다. KT는 플랫폼 기반 사업 체계로 차량 IVI 시장 내 입지를 공고히 할 계획이다.

[128)] KT IVI 플랫폼, 2023년식 포드·링컨 차량에 탑재된다, 2022.11

kakaomobility

[그림 110] 카카오모빌리티

카카오모빌리티는 가입자 2200만명을 확보한 국내 최대 모빌리티 플랫폼 카카오T를 통해 택시를 비롯해 대리운전, 전기자전거, 내비게이션까지 종합 이동 서비스를 제공 중이다. 카카오모빌리티는 점유율 유지를 위한 미래 먹거리로 자율주행차량을 활용한 서비스를 낙점했다. 첨단 기술을 적극적으로 도입해 시장을 선점하고 타사와 차별화를 꾀하겠다는 의도다. 카카오모빌리티는 택시 사업을 비롯해 대리, 주차 등을 서비스하면서 방대한 양의 도로, 승객 데이터를 쌓았다. 실제 도로 데이터를 바탕으로 자율주행 서비스를 고도화 할 수 있으며, 맞춤형 승객 서비스도 제공할 수 있다는 점이 강점으로 꼽힌다.

카카오모빌리티는 현재 도로에서 자율주행차량을 운영하며 기술 시험을 진행 중이다. 카카오모빌리티는 2020년 3월 처음으로 자율주행차량 도로 테스트를 시작했다. 2020년 말부터는 자율주행자동차 솔루션기업 오토노머스에이투지와 손잡고 세종시 내 제한된 지역을 오가는 셔틀형 유상 자율주행 서비스를 운영하고 있다. 2021년 상반기에는 자체 자율주행 기술을 적용한 수요형 자율주행차량 서비스 실증사업을 시작했다.[129]

최근 카카오모빌리티는 'KM 자율주행 얼라이언스 프로그램'을 출범한다고 밝혔다. KM 자율주행 얼라이언스 프로그램은 개별 자율주행 기술의 서비스화를 돕고 이종 분야 간 협력 촉진이 목적이다. 현재 분야별로 기업들이 자율주행 기술을 개발하고 있으나 모빌리티 서비스는 고객 접점, 호출·배차 시스템, 운영 정책 등 폭넓은 서비스 요소를 갖춰야 한다. 카카오모빌리티는 카카오T를 통해 쌓은 기술력으로 자율주행 환경에 최적화된 배차, 경로 생성, 도착시간 계산 기술 등을 지원할 예정이다. 국내 파트너로는 자율주행 솔루션 업체 '오토노머스에이투지', '에스더블유엠', '토르드라이브', 자율주행 트럭용 소프트웨어(SW) 업체 '마스오토', 전기버스 업체 '에디슨모터스', 자율주행기반 정밀지도 시스템 개발 업체 '스트리스' 등이 참여했다. 해외 파트너에는 이스라엘 소재 자율주행 차량 원격 관제 솔루션 기업 '드라이브유', 글로벌 지능형 모빌리티 첨단운전자보조시스템(ADAS) 공급업체 '콘티넨탈' 등이 이름을 올렸다.[130]

---

129) 카카오모빌리티, 자율주행 서비스로 1위 '굳히기', 팍스넷뉴스, 2021.05.19
130) 카카오모빌리티, 韓 자율주행 원팀 만든다, 전자신문, 2021.09.06

[그림 111] 카카오모빌리티와 비그룹 MOU체결

131)카카오모빌리티는 베트남 최대 기업 빈그룹의 자동차 제조 자회사 빈패스트와 전기차 및 자율주행 관련 양해각서(MOU)를 체결했다.

빈패스트는 베트남의 유일한 자국브랜드 전기차 및 전기스쿠터 제조사로, 전기차 생산과 충전소 인프라 사업을 진행하고 있다. 카카오모빌리티는 빈패스트와 함께 베트남 친환경 EV 보급, 자율주행 기술개발 관련 논의를 진행하고, 다양한 협업 모델을 만들어갈 계획이다.

또한, 카카오모빌리티는 베트남 최대 정보통신기술(ICT) 기업 FPT의 자회사 FPT 소프트웨어와도 기술 협력 방안을 논의했다. 양사는 기술 및 인력 교류, 현지 스타트업 투자협력 관련 의견을 교환했다.

카카오모빌리티는 베트남에서 현지 사업자들과 협력을 통한 방문객들의 이동 장벽을 해소하기 위한 글로벌 진출을 추진하고 있다. 이번 양해각서는 카카오모빌리티의 베트남 진출에 대한 첫 걸음이라고 할 수 있다. 류긍선 카카오모빌리티 대표는 "베트남에서도 실질적인 협력 사례를 만들어갈 계획"이라고 말했다.

---

131) 카카오모빌리티, 베트남 '빈그룹'과 전기차·자율주행 MOU, 스포츠동아, 2023.06

아) 하만

[그림 112] 하만

삼성전자 자회사 하만이 최근 부진한 성적으로 인해 조직개편을 단행한 후, 5G를 비롯해 커넥티드카 등 4차 산업혁명의 중심이 되는 미래 먹거리 확보를 위한 전략적 행보를 예고했다. 이에, 최근 하만은 차량과 사물간 통신(V2X) 기술을 보유한 미국 실리콘밸리 소재 스타트업을 인수했다. 하만이 인수한 스타트업은 V2X(Vehicle to Everything) 기술을 전문으로 하는 스타트업 '사바리'(Savari)로, V2X는 자동차가 유·무선망을 통해 다른 차량과 모바일 기기, 도로 등 사물과 정보를 교환하는 기술로, 신호등과 같은 교통 인프라와 전방 교통 상황 정보를 차량에 전달하는 자율주행차 인프라의 중요 요소 중 하나로 꼽힌다. 이번 인수를 통해 하만은 사바리의 V2X 기술력이 하만의 첨단 운전자 지원 시스템(ADAS)과 자동차 통신 기술을 한층 높일 것으로 예상하고 있다.[132]

 업계에서는 하만이 이번 사바리 인수를 계기로 자율주행 시장에서 모회사인 삼성전자와 함께 승부수를 던질 것으로 예상하고 있다. 칩 설계, 파운드리 등 삼성전자의 인프라를 바탕으로 전장 경쟁력을 끌어올릴 것이란 분석을 내놓기도 했다. 현재 삼성전자는 자율주행을 중심으로 글로벌 전장 시장을 주도하고 있다는 평가를 받고 있다. 자율주행은 개발 과정에서 기존의 차량제조 및 설계방식 외에도 반도체, 무선통신 같은 다양한 정보통신기술(ICT)이 결합돼야 하는 최첨단 기술이다.

 실제 삼성전자는 미세공정 파운드리 경쟁력을 앞세워 지난 2019년 아우디 소형 세단 A4에 자동차용 애플리케이션프로세서(AP) '엑시노스 오토'를 공급한 바 있다. 또 BMW의 차세대 전기차인 아이넥스트(i-NEXT)에도 5세대 이동통신(5G) 텔레매틱스 컨트롤유닛(TCU)을 납품할 예정이다.

 하만 역시 자동차 전장 중 가장 핵심적인 부품으로 꼽히는 디지털 콕핏 시장을 빠르게 장악해 나가고 있다. 디지털 콕핏이란 차량 내에 설치된 첨단 계기판, 헤드업 디스플레이 등 디지털 멀티디스플레이를 통칭한다. 사실상 자동차를 제어하기 위한 전장 대부분이 포함돼 있다고 볼 수 있다.[133]

---

132) 삼성 자회사 하만, 자율주행차 美 스타트업 인수, 한국경제TV, 2021.03.01
133) 삼성·하만, 전장 시너지 본격화…자율주행에 승부수. 데일리안, 2021.03.02

[그림 113] 삼성전자 자회사 하만의 기술이 섹적 명차 페라리에 도입

134)삼성전자가 소유한 자동차 전자장비 업체 하만이 페라리와 손을 잡았다. 하만은 올해부터 포뮬러 1 경주용으로 제작된 자동차를 포함한 모든 페라리 제품에 자사 기술을 제공한다고 밝혔다

하만은 페라리에 스마트 폰 업데이트와 유사한 '오버-더-에어 업데이트(OTA)'를 통해 운전자와 승객 중심의 경험을 무선으로 전달하게 될 것이라고 밝혔다. 하만은 "전용 소프트웨어 개발로 특별한 투자 없이 언제든 새로운 기능과 서비스로 업데이트시키고 맞춤 전자 장치로 자동차를 변화시켜 나갈 것"이라고 밝혔다.

이번 협약으로 하만은 페라리에 자사 인포테인먼트 시스템, 음향 시스템, ADAS 시스템 등을 공급하게 된다. 하만은 페라리의 고급스러운 이미지와 기술력을 결합해 새로운 자동차 경험을 제공할 것으로 기대하고 있다.

---

134) 삼성전자 자회사 하만, '럭셔리카' 페라리와 손잡았다. 2023.02

4) 스마트 팩토리
가) SK C&C

[그림 114] SK C&C

 SK C&C는 그룹 내 SK하이닉스, SK이노베이션 등 핵심 제조 관계사의 제조혁신을 위해 Industry 4.0 기반의 스마트 팩토리 추진 방안을 검토했고, 이 시기에 대만 폭스콘 그룹과 공동 투자해 FSK(Industry 4.0 및 IT서비스 사업 협력)라는 JV를 설립하며 스마트 팩토리 사업을 본격적으로 추진하게 됐다.

 SK C&C는 2015년 하반기부터 SK의 스마트 팩토리 솔루션인 SCALA를 발표하는 등 사업기반 확보 후 같은해 하반기 폭스콘 충칭 공장의 프린터 생산 라인 스마트 팩토리 사업에 착수하며 스마트 팩토리 시장 진출을 본격화 했다.

 SK C&C의 SCALA는 스마트 팩토리 구축을 위한 통합 솔루션으로 상호운용성, 유연성, 확장성을 주요 특징으로 하고 있으며 IIoT, 빅데이터, 인공지능 등 기반 기술과 공정최적화 알고리즘, 공정 제어 및 분석 솔루션 세공을 통해 글로벌 톱 수준의 자동화·지능화된 스마트 팩토리를 구축한다. SCALA의 주요 구현요소는 시뮬레이션, 플랫폼, 분석/예측을 통한 스마트제어다. 고객이 시뮬레이션과 플랫폼 기반의 분석/예측 기법을 적용해 스마트 제어가 가능하도록 시뮬레이션, 플랫폼, LCS, MSS, MCS, FCT, Automation 등 통합 패키지를 제공하고 있다.[135)

 최근 SK C&C는 제조 산업 특화 데이터 처리 엔진 '아이팩토리 디플로(I-FACTs DiFlow)'를 출시했다. 아이팩토리 디플로(이하 '디플로')는 'Data Interactive Flow(데이터 상호 흐름)'의 약자로 스마트 팩토리 구축·확장과 함께 추가되는 각종 애플리케이션, 장비, 센서(IoT 및 엣지 컴퓨팅), 웹사이트 등에서 취합한 각종 데이터의 실시간 활용·관리를 위해 개발됐다. 디플로는 제조 산업군에 개별적으로 존재하는 다양한 원시자료(로데이터)와 소스데이터를 수집함과 동시에 제조 표준 메타데이터로 정제·변환한다. 또한 디플로는 새로운 장비나 시스템 도입 시, 별도 작업 없이 제조 현장 전반에서 생산되는 모든 종류의 데이터를 끊김 없이 처리·전달 가능하다는 장점을 가지고 있다. 더 나아가 디플로는 신규 서비스 도입에 따른 인터페이스(연계) 추가 등의 변경 작업시에도 서비스 이중화를 지원해 데이터로 인한 서비스 장애 발생 가능성을 없앴다.[136)

---

135) SK C&C, 스마트 팩토리 통합 솔루션 'SCALA', FA저널, 2017.03.07
136) SK㈜ C&C, 스마트 팩토리 노하우 담은 제조업 특화 데이터 처리 엔진 출시, 전자신문, 2021.05.20

[그림 115] SK C&C, 아이팩츠 기반 스마트팩토리 구축에 돌입

137)SK㈜ C&C는 스마트팩토리 플랫폼 '아이팩츠(I-FACTs)'를 기반으로 미국 현지 반도체 부품 제조 공장에 특화된 스마트팩토리 구축 사업에 착수했다. 이번 사업은 SKC 자회사인 앱솔릭스가 미국 조지아주 코빙턴에 건설 중인 반도체 글라스 기판 공장에 영역별 자동화 및 지능형 운영·관리 체계를 확보하기 위해 추진됐다.

SK㈜ C&C는 반도체 글라스 기판 전체 생산 공정을 자동화 환경으로 구현하고, 실시간 모니터링 및 품질관리를 위한 통합 운영·관리 체계를 구축합니다. 제조 지능화를 통해 스마트팩토리를 구현하는 아이팩츠 플랫폼은, 자재 투입부터 제품 출하까지 생산, 자재, 설비, 품질, 반송물류 등 전 영역에서 운영 프로세스 표준화 및 실시간 추적(트래킹, Tracking)을 수행한다. 앱솔릭스가 기획·도입하는 물류자동화 장비와 연계해 오퍼레이터(Operator, 작업자) 개입을 최소화하는 지능형 물류 체계를 구현하는 한편, 전체 제조 시스템에 대해 최적화된 운영 환경도 제공한다.

"제조 라인에서도 마이크로서비스 아키텍처(MSA) 설계를 통해 새로운 설비나 공정이 도입되더라도 생산 공정 중단 없이 언제든 빠르게 적용할 수 있게 될 것이다."라고 SK㈜ C&C 관계자는 밝혔다.

---

137) SK㈜ C&C, 반도체 부품 생산 '자동화 스마트팩토리' 플랫폼 만든다, 이투데이, 2022.12

나) 삼성 SDS

[그림 116] 삼성 SDS

2020년 삼성 SDS가 선보인 인텔리전트 팩토리는 AI·사물인터넷(IoT)·클라우드 등 IT 신기술 기반으로 제조 현장의 모든 정보가 실시간으로 수집·분석·공유되면서, 스스로 최적화하고 제어하며 안전하게 운영되는 공장이다. 특히 에지 컴퓨팅(Edge Computing)과 5G가 도입되면 수많은 IoT 기기에서 발생하는 방대한 데이터를 즉시 분석·처리해 즉각적인 현장 대처가 가능하다.

예를 들어 5G 고해상·열화상 CCTV 기반 관제 시스템은 근로자의 마스크 미착용, 부상자 발생, 설비 과열, 가스 누출 등의 이상 상황을 자동으로 감지하고 관제센터에 상황을 알려준다. 이어 에지 컴퓨팅과 AI 기반 실시간 영상 분석은 신속하고 정확한 조치를 취할 수 있도록 지원한다.[138]

삼성 SDS는 2021년 자체 스마트팩토리 솔루션 '넥스플랜트'를 중심으로 EAMS, 넥스플랜트 3D 엑설런스 등 협업 및 자동화 도구를 선보이고 있다. EAMS는 여러 클라우드 환경에서 시스템 계정 및 접속을 자동으로 관리하는 솔루션이다. 하이브리드 클라우드 환경에서 수작업으로 하던 계정관리, 암호 및 사용자 권한변경 등을 자동화해 안전하고 효율적인 운영할 수 있도록 돕는다.

넥스플랜트 3D 엑설런스는 3차원 설계 데이터를 공유하는 데이터 협업 솔루션이다. 30여 종의 다양한 3D 설계 데이터를 지원하며, 대용량 자료를 웹과 모바일에서도 빠르게 시각화해 확인할 수 있다.

삼성SDS는 스마트팩토리 사업확대를 위해 삼성전자 반도체, 삼성SDI, 삼성전기 등 제조관계사를 비롯해 자동차 전장, 2차전지 등 전기차 확산으로 주목받고 있는 소재·부품 관련 신규 사업 파트너 발굴에 주력한다. 더불어 클라우드, 빅데이터, AI 등 고객사의 요구에 따라 필요한 기술을 빠르게 제공하기 위해 전담 조직도 신설했다.[139]

---

138) [CES 2020]삼성SDS, 블록체인·스마트 팩토리 기술로 美시장 공략, 이데일리, 2020.01.09
139) IT서비스 빅3, 스마트팩토리 시장 경쟁 치열, ZDNet, 2021.02.19

[그림 117] 삼성 SDS타워

[140)삼성SDS는 2023년 1분기 클라우드 사업 매출액이 분기 최초로 4,000억 원을 넘어서며 성과를 거두었다. 올 하반기에도 이 기세를 이어 클라우드 사업을 더 확대할 계획이다. 국내외 기업들의 클라우드 전환 및 스마트팩토리 내 시스템 구축 등 수요를 적극 공략하고, 물류 사업은 북미·유럽 등 지역 특화 서비스 확대로 대응할 것이다.

클라우드 사업 성과는 기업용 클라우드, 고성능컴퓨팅(HPC) 기반 서비스 등의 매출이 증가한 결과이다. 특히 퍼블릭 클라우드를 제공하는 삼성클라우드플랫폼(SCP) 사업과 글로벌 파트너의 클라우드를 제공하는 클라우드 관리 서비스 사업 매출은 전년 동기 대비 각각 36%, 143% 성장했다.

하반기에도 삼성SDS는 클라우드·스마트팩토리 부문 영업력을 집중해서 사업을 확대할 예정입니다. 관계 해외법인의 클라우드 전환 확대와 스마트팩토리 차세대 시스템의 해외법인 확산 사업이 활발히 진행될 것으로 예상된다.

삼성SDS는 클라우드 사업을 확대하기 위해 다음과 같은 전략을 추진할 계획이다.

- 국내외 기업들의 클라우드 전환 수요 적극 공략
- 스마트팩토리 내 시스템 구축 사업 확대

---

140) 삼성SDS, 하반기 클라우드 기세 잇고 글로벌 물류 강화한다, 아주경제, 2023.04

- 물류 사업을 북미, 유럽 등 지역 특화 서비스로 확대

삼성SDS는 이러한 전략을 통해 클라우드 사업을 확대하고, 글로벌 IT 기업으로 도약할 계획이다.

다) 에임 시스템

[그림 118] 에임시스템

비상장사인 에임 시스템은 반도체, 태양광, 자동차, 화학, 전자재료 등 다양한 분야에서 생산정보시스템 등을 구축해 SK하이닉스와 삼성전자 등을 고객사로 두고 있다. 또한, 공장, 장비자동화를 위한 MES 및 제어 솔루션을 보유하고 있다.

2020년 에임시스템은 중국 BOE로부터 플렉시블 유기발광다이오드(Flexible OLED) 생산공장인 B12의 장비자동화시스템(EAS) 솔루션 공급사업을 수주했다. BOE의 표준솔루션으로 채택된 에임시스템의 공장자동화솔루션은 현재까지 건설된 BOE의 모든 공장에 적용되고 있다. 향후 건설 예정인 B15, B16 역시 에임시스템이 관련 솔루션을 제공할 것으로 예상하고 있다.[141]

2021년 에임시스템이 '스마트공장·자동화산업전 2021(Smart Factory + Automation World 2021)'에서 자동화 솔루션 에임스마트코어를 선보였다. 에임시스템이 이번에 선보인 에임스마트코어(AimSmartCore)는 Web 및 최신 Mobile환경을 지원하는 최신기술을 적용해 개발된 제품으로, 일반제조의 다양한 업종에 적용가능한 MES기반의 공장자동화 솔루션이다. 또한, 하이테크의 자동화 기술력을 바탕으로 신규 업종에 구축이 용이한 Flexible한 스마트팩토리 솔루션이다. 첨단소재, 전자조립, PCB, 소재화학, 반도체가공 등의 업종에 즉시 적용 가능하다는 장점이 있다.[142]

---

141) 에임시스템, 中 BOE에 장비자동화시스템 공급, ZDNet, 2020.11.03
142) [스마트팩토리+오토메이션월드 2021] 에임시스템, 최신기술 적용한 자동화 솔루션 '눈길', HelloT, 2021.09.09

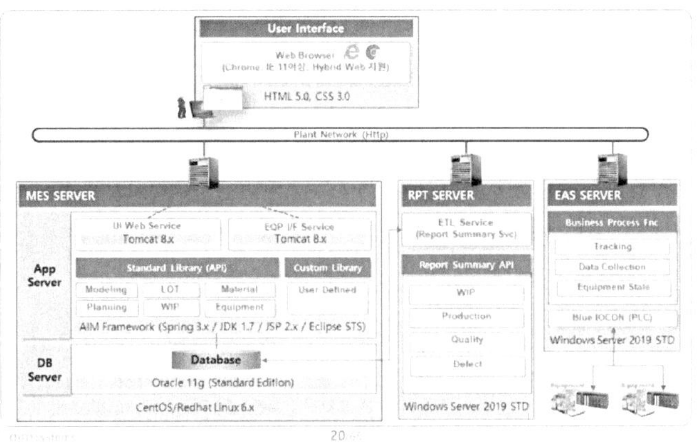

[그림 119] 에임스마트코어 시스템 구조도

143)지난 2월, 스마트팩토리 솔루션 기업인 에임시스템은 수년간의 체질개선 작업을 통해 공장 자동화 솔루션 다변화와 수직적 통합 강화를 이뤘다고 밝혔다.

에임시스템은 글로벌 기업들이 독점해왔던 디스플레이 및 반도체 관련 스마트팩토리 솔루션 국산화를 국내 최초로 성공한 기업으로, 지난 20여년간 국내외 고객사들의 핵심 파트너로 참여했다.

최근 에임시스템은 국내 및 해외 사업본부로 조직 및 인력을 재편하고 주력사업인 반도체, 디스플레이, 스마트팩토리 사업을 지속적으로 확대하고 있다. 지난달 중소벤처기업부는 '스마트 제조혁신 지원사업 통합공고'를 통해 고도화 중심의 스마트팩토리 구축 계획을 발표한 바 있다.

또한 에임시스템은 물류자동화솔루션 분야 대, 중견기업들과 업무협약을 체결하고 공동 개발 및 프로젝트를 수행중이다. 올해초에는 인천국제공항공사의 셀프백드랍(SBD) 플랫폼 구축 사업을 수주하는 등 신수종 사업으로 수년간 육성해왔던 인프라 자동화 분야에서도 지속적인 실적 확대가 전망된다.

에임시스템은 올해 이후 빠른 성장을 바탕으로 관련 기업과의 합병 및 전략적 투자 등을 통해 내년 기업공개(IPO)를 준비중이다.

---

143) 에임시스템, 공장자동화 솔루션 다변화, 2023.02

라) SK텔레콤

[그림 120] SK텔레콤

 2018년 SK 텔레콤은 5G 스마트팩토리 확산 전략을 발표하고, 5G 다기능 협업 로봇, 5G 스마트 유연생산 설비(Smart Base Block), 5G 소형 자율주행 로봇(AMR), AR스마트 글래스, 5G-AI머신비전 등 5G와 첨단 ICT를 접목한 솔루션 5종을 선보였다.[144]

 2021년 SK 텔레콤은 밸류컴패니언, 보쉬렉스로스코리아와 손잡고 스마트공장 구축의 원스톱 지원을 위한 전문팀을 만들었다. SK 텔레콤은 자사 빅데이터 분석 솔루션인 '메타트론 디스커버리'와 클라우드 분석 환경을 제공한다. 각 생산 공정에서 수집된 실시간 생산 정보를 저장하고 생산 정보와 검사 공정에서의 불량품 정보 연관성 분석에 기반해 머신러닝 모델을 구현한다. 또한 이를 '메타트론'에 탑재하고 머신러닝 모델 결과를 시각화해 도입 기업에 제공한다.[145]

 최근 SK 텔레콤은 철강, 금속, 화학 공장의 환경 설비를 스마트하게 관리할 수 있는 인공지능(AI)·클라우드 기반의 스마트 공장 솔루션 구독형 서비스를 선보였다. SK 텔레콤은 스마트팩토리 사업 추진을 위해 산업용 송풍기 생산 업체인 동양과 제휴협약을 맺고, 본 협약을 통해 송풍기 설비의 핵심 부품인 모터 및 베어링에 진동 및 전류센서와 LTE Cat.M1 모뎀을 부착, 원격으로 SKT '메타트론 그랜드뷰(Metatron Grandview)' 서비스와 연결한다.

 메타트론 그랜드뷰 는 SKT가 자체 개발한 AI와 클라우드 서버 기반의 스마트공장 솔루션으로 월 구독형 서비스로 제공되며 실시간 모니터링, 설비의 이상치 및 고장 전조의 알람, 설비 유지보수 기록 및 DB화, AI 분석 모델링 등의 서비스를 제공한다. 이처럼 SK 텔레콤의 저렴한 구독형 서비스를 통해 송풍기 설비 도입 공장의 운영 인력 절감 및 하자 보수 등의 문제점 해결에 크게 기여할 것으로 예상된다.[146]

---

144) SKT, 5G 스마트팩토리 솔루션 공개 "대한민국 제조업, 5G로 다시 뛴다", SK뉴스룸, 2018.12.20
145) SKT, 스마트공장 구축 전문팀 만든다, NewsWire, 2021.08.16
146) SK텔레콤, 스마트 팩토리 사업 박차, 정보통신신문, 2021.04.01

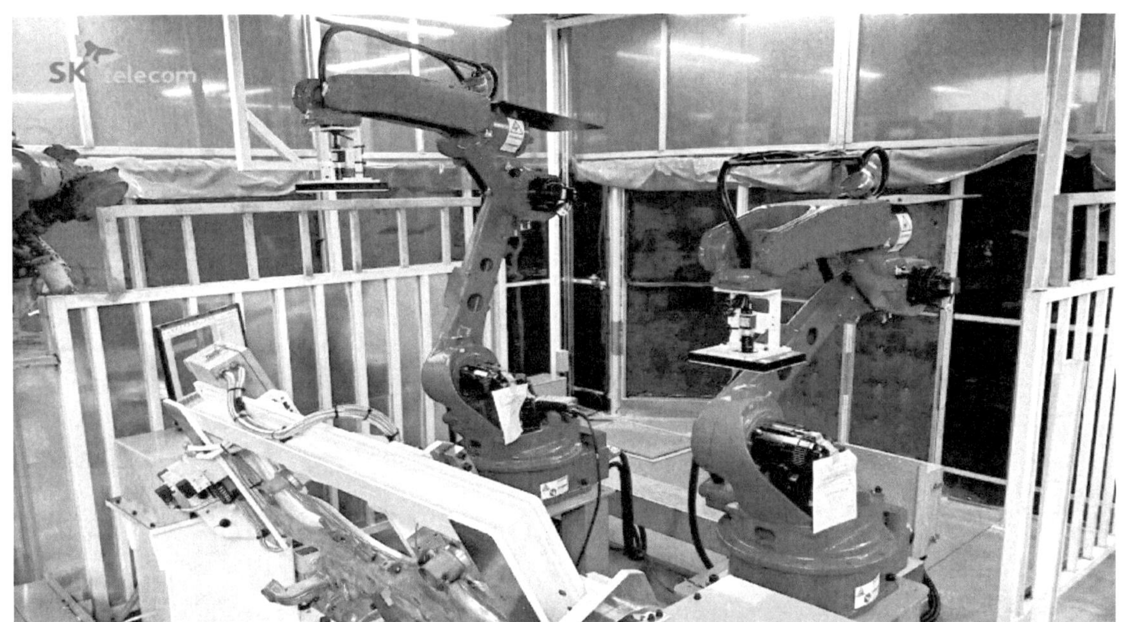

[그림 121] SK웰딩 AI솔루션을 통한 용접 품질 검사

[147)SK텔레콤과 화신이 AI를 활용한 용접 품질 관리 솔루션인 '웰딩 AI'의 상용화 계약을 체결했다. 이번 계약으로 SK텔레콤은 인더스트리얼 AI 사업을 확대하게 되었다.

웰딩 AI는 음향 방출 센서와 머신 비전 카메라, 제조 설비로부터 수집된 데이터를 딥러닝 기반 AI 분석을 통해 자동차 부품 제조의 핵심 중 하나인 용접 공장의 내외부 불량을 판별하는 특화 솔루션이다.

용접 부위의 내부 부량까지 판별 가능한 상용화 솔류션은 현재 국내외 통틀어 SK텔레콤의 웰딩 AI가 유일하다. 자동차의 골격에 해당되는 샤시 및 최근 급속도로 확산 중인 전기 자동차의 배터리 케이스, 알루미늄 부품 용접 등에 특히 효과적일 것으로 기대된다. 향후에는 조선 · 중공업 영역까지도 적용 범위가 확대될 것으로 전망된다.

SK텔레콤은 이번 계약을 통해 인더스트리얼 AI 사업을 확대하고, 국내 제조업 경쟁력 강화에 기여한다는 방침이다. AI 분야는 AI 기술과 제조 현장의 전문성이 결합해 최고의 시너지를 창출할 수 있어 국내 1위 자동차 샤시 제조사인 화신과의 협력이 의미가 크다고 밝혔습니다.

---

147) SK텔레콤, '인더스트리얼 AI' 사업 확대…공정 완전 자동화 돕는다. , 한국금융, 2022.07

마) KT

[그림 122] KT

2020년 KT는 산업용 머신비전 전문기업 코그넥스와 함께 5G 머신비전 서비스 '5G 스마트팩토리 비전(5G Smart Factory Vision)'을 출시한다고 밝혔다. 'KT 5G 스마트팩토리 비전'은 공장에 설치된 카메라들을 통해 이미지를 수집하고 데이터를 분석해 불량검사, 제품식별, 치수측정 등 기존에 사람이 육안으로 하던 검사 작업을 인공지능을 활용해 효과적으로 수행할 수 있는 서비스다.

KT 5G 스마트팩토리 비전을 사용하면 5G 네트워크 기반으로 원하는 위치에 카메라 설치가 가능하며, 촬영된 검사 이미지와 수집 데이터를 지연 없이 실시간으로 관리 플랫폼에 전송할 수 있다. 이렇게 수집된 정보는 사용자가 KT 5G 팩토리메이커스(KT 스마트팩토리 전용 플랫폼)를 통해 원격으로 확인할 수 있으며, AI로 자동 분석되어 기계의 동작을 결정한다. 특히, 데이터의 손실이나 분실을 막기 위해 촬영 이미지는 클라우드에 저장돼 운영 및 유지보수 관련 비용을 최소화할 수 있다.

KT 5G 스마트팩토리 비전은 정해진 규칙에 따라 검사작업을 진행하는 '룰(Rule) 기반의 머신비전' 솔루션과, 비정형 항목의 검사가 가능한 '딥러닝(Deep Learning) 기반의 머신비전' 솔루션으로 구성돼 있다. 이 때문에 다양한 공장의 환경과 공정에 따라 맞춤 서비스를 제공할 수 있어 자동차, 반도체, 식품, 의료제약, 디스플레이 등 다양한 종류의 공장에 적용 가능하다.[148]

또한 2020년 KT는 현대로보틱스와 함께 5G 스마트 팩토리 산업용 로봇을 출시했다. 이 로봇은 산업현장에서 사람이 수행하기 어려운 고속, 고중량, 고위험 공정 수행을 목적으로 만들어진 것으로 협동로봇보다 작업 속도가 빠르고 더 무거운 하중을 지탱할 수 있다.[149]

---

148) KT, 5G 스마트 팩토리 출시… AI가 불량검사·치수측정, 조선비즈, 2020.06.02
149) KT-현대로보틱스, 5G 스마트팩토리 산업용 로봇 출시, 오토데일리, 2020.10.06

[그림 123] KT와 팬직, 모비드림 'KT Air Blowing 솔루션'을 적용한 '산업용 대형 스마트 실링팬' 제품 출시 및 공급을 위한 업무협약을 체결

출처 : 전기신문(https://www.electimes.com)

150)KT는 팬직과 모비드림과 함께 산업용 대형 스마트 실링팬 개발을 위한 업무 협약을 체결했다. 이번 협약으로 3사는 그동안 수동으로 설치 및 운영됐던 대형 실링팬에 ICT 기술을 접목한 산업용 대형 스마트 실링팬을 개발하기로 했다.

산업용 대현 스마트 실링팬은 곡물 건조장, 제조공장, 물류창고 등 산업현장에 도·습도 관리와 제습, 환기, 결로방지, 공기순환 등 쾌적한 작업환경을 제공할 수 있다. 천장형 공기순환기 방식의 스마트 산업용 대형 실링팬 1대는 기존 스탠딩팬 20대의 효율성 및 에너지 절감 양과 비슷한 효과를 낸다.

KT는 제품 개발을 위해 KT Air Blowing 솔루션을 접목한다. 해당 솔루션은 IoT 통신을 통한 원격제어, 클라우드 서버를 활용한 안전한 데이터 저장, 작업환경 빅데이터화, 웹 기반으로 제어기 간편 제어를 할 수 있다. 팬직은 대형 실링팬 제조를 담당하고, 모비드림은 관제 솔루션을 제공한다.

이번 협약을 통해 3사는 산업용 대형 스마트 실링팬을 개발하고, 국내 산업현장에 보급함으로써 에너지 절감과 쾌적한 작업환경 조성에 기여할 것으로 기대하고 있다.

---

150) KT-팬직-모비드림, '산업용 대형 스마트 실링팬' 사업 맞손, 전기신문, 2023.06

[그림 124] 현대위아

2020년 현대위아는 스마트팩토리 사업을 주력 사업으로 삼았다. 현대위아가 개발한 스마트팩토리 플랫폼은 'iRiS'로 스마트팩토리용 공작기계 소프트웨어는 물론 제어 및 모니터링 시스템까지 갖췄다. 'iRiS'의 대표 시스템인 HW-MMS는 사물인터넷(IoT)을 이용해 공작기계의 상태를 확인할 수 있는 원격 모니터링 장치로, 태블릿PC나 스마트폰으로 공장 관리자가 공장의 가동 현황과 장비의 이상 유무를 살필 수 있다. 또 원격지원 시스템을 활용해 경남 창원 본사에서 문제점을 확인하고 선제적으로 A/S를 진행할 수 있다. 현재 현대위아의 스마트팩토리 솔루션은 경남 창원과 충남 서산의 현대위아 공장에 도입된 상태다.

현대위아는 원격 모니터링 시스템 'HW-MMS Edge'는 물론 자체적으로 개발한 'HW-MMS IoT' 시스템도 시범 도입해 공장 내 기계를 인터넷으로 연결해 각종 정보를 수집하고 분석할 수 있다. 현대위아는 이 시스템을 통해 쌓은 빅데이터를 기반으로 인공지능을 활용해 장비의 문제점을 사전에 찾도록 발전시킬 계획이다. 누적된 데이터를 장비에 탑재한 'AI 스마트솔루션'이 분석해 장비에 문제가 생길 확률을 분석하고 사전에 스스로 고치는 방식이다.[151]

최근 현대위아는 2022년 완공 예정인 현대차그룹 싱가포르 글로벌 혁신센터에 자율주행, 로봇 등을 활용한 '스마트 팩토리'를 도입할 예정이다. 이를 통해 기존 컨베이어벨트 방식 대신 제조 전과정을 하나의 '셀'로 고도화하고, 자율주행과 로봇 기술을 활용해 생산효율성도 극대화한다. 현대위아의 'RnA 통합 솔루션'은 컨베이어 벨트를 따라 가공 및 조립이 이뤄지던 방식에서 벗어나 가공·조립·이송·검사 등 모든 제조 과정을 하나의 작은 셀로 구성하는 것이 핵심이다. 셀 방식은 유연하고 신속하게 다양한 생산품을 만들 수 있어 다품종을 생산하는 미래 제조 형태에 적합하다. 유지보수 관점에서도 컨베이어 벨트 방식보다 유리하다.

현대위아는 셀 안에서 금속을 가공하는 공작기계와 로봇이 협동하면서 일 하도록 해 조립과 가공의 속도를 크게 향상시킨다는 계획이다. 협동로봇, 자율주행 물류 로봇(AMR)과 공작기계를 연동하는 알고리즘을 독자 개발하고 3차원 비전 인식 기술을 이용한 BPR 기술을 적용해 생산성도 높인다.[152]

---

151) 현대위아, 스마트팩토리 사업 힘준다...사업목적에 추가, CEOSCORE DAILY, 2020.03.25
152) 현대위아, 컨베이어 벨트 걷어내고 '셀' 중심 스마트 팩토리 구축, 한국일보, 2020.11.19

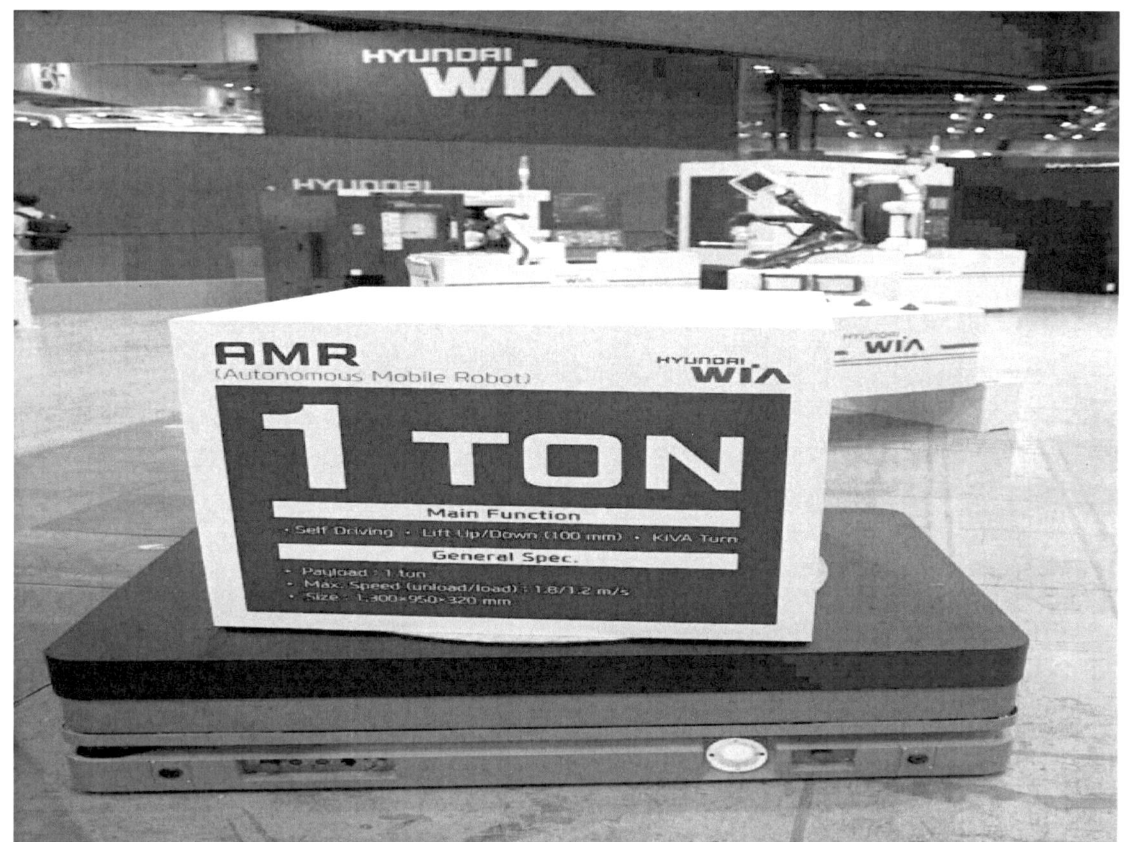

[그림 125] 현대위아, 자율주행 물류로봇

153)현대위아는 자율주행 물류로봇(AMR)과 고정노선 물류로봇(AGV)을 상용화합니다. AMR과 AGV는 목적지까지 자동으로 물건을 운송하는 로봇으로, 현대위아는 이 물류로봇을 현대자동차그룹의 미국 전기차 전용공장인 메타플랜트 아메리카(HMGMA)와 현대모비스의 미국 공장에 오는 2024년부터 공급한다.

현대위아가 상용화하는 AMR은 최대 적재 하중이 각각 1000kg과 300kg입니다. 이 AMR은 자율주행 기술을 기반으로 공장 안을 자유롭게 주행하며 물건을 운송하는 것이 특징입니다. 현대위아는 특히 AMR의 자율주행 기능에 집중해 개발했다.

라이다 센서 등을 통해 로봇이 실시간으로 공장 내 지도를 작성하고 스스로 돌아다닐 수 있도록 했다. 현대위아는 또 물류로봇이 지도를 작성할 때 위험 지역을 별도로 분류해 최적의 경로를 생성할 수 있도록 했다. 장애물을 만날 때 스스로 회피하며 이동하는 것도 가능하다.

현대위아는 또한 라이다 센서에 3D 카메라를 추가, 물류로봇의 주행 안정성을 대폭 높였다 라이다 센서를 이용해 일차적으로 장애물을 파악하고, 라이다가 인식할 수 없는 상황은 카메라를 이용해 DJej난 상황에서도 충돌 없이 물건을 이송할 수 있도록 했다.

또한 현대위아는 사물인터넷(IoT) 기술과 인공지능(AI) 기술을 융합해 언제나 최적의 경로를

---

153) 현대위아, 자율주행 물류로봇 상용화, 쿠키뉴스, 2023.04

찾아 물건을 이송할 수 있도록 통합 관제 시스템을 개발했다. 공장 내 상황과 환경을 파악하고 스케줄링 작업을 통해 물류 효율을 극대화한다. 공정과 수량이 바뀌거나 다양한 종류의 물류로봇이 동시에 사용하는 상황에도 유연하게 대응할 수 있도록 했다.

현대위아가 공급하는 AGV는 가이드라인을 따라 물건을 이송하는 로봇으로, 차체, 부품 등을 정해진 경로에 따라 정확하게 옮기며 생산성을 높이는 역할을 담당합니다.

현대위아는 AMR과 AGV를 다른 물류로봇 업체와 달리 '통합 모듈러 아키텍처(IMA, Integrated Modular Architecture)' 체계를 적용해 개발할 계획이다. 이를 통해 급성장하는 물류로봇 시장에서 제품 경쟁력을 확보하고, 고객의 다양한 요구에 신속히 대응할 수 있도록 한다는 것이다.

현대위아는 이번 AMR과 AGV의 상용화로 물류로봇 시장에서 선두주자로 자리매김할 것으로 기대하고 있다.

사) LG전자

[그림 126] LG전자

최근 LG전자의 생활가전 생산거점인 창원사업장이 스마트팩토리로 탈바꿈하고 있다. 창원사업장은 빅데이터로 생산 시스템을 관리하고, 로봇이 자재와 완제품을 나르는 최첨단 시설로, 창원사업장에서 LG스마트파크로 이름도 변경했다. 신축 통합생산동은 조립, 검사, 포장 등 주방가전 전체 생산공정의 자동화율을 크게 높였다. 설비, 부품, 제품 등 생산 프로세스 관련 빅데이터를 기반으로 한 통합 모니터링 시스템을 도입해 생산 효율성과 품질 경쟁력을 동시에 향상시켰다. 또 딥러닝을 통한 사전 품질 예측 시스템을 구축하는 등 생활가전 생산공정의 디지털 전환(Digital Transformation)을 구현했다.

LG전자는 최고의 생산성을 확보하기 위해 물류 체계도 획기적으로 개선했다. 지능형 무인창고, 고공 컨베이어와 같은 신기술을 대거 도입한 입체물류 기반 자동공급 시스템 등을 통해 부품 물류 자동화를 확대했다. LG유플러스의 '5G 전용망 기반 AGV(Automated Guided Vehicles)'은 공장 내에서도 끊김 없는 안정적인 통신 연결을 통해 가전 생산에 필요한 자재를 자동으로 운반한다. 이러한 첨단 설비와 최신 기술이 적용된 통합생산동이 최종 완공되면 최대 200만대 수준이던 기존 창원1사업장의 연간 생산능력은 300만대 이상으로 대폭 늘어났다.154)

또한 2020년 LG전자는 스마트팩토리 구축 속도를 올리기 위한 전담조직을 신설했으며, 협력사의 스마트 팩토리 구축을 지원하고 있다. LG전자는 협력사에 생산기술 전문가를 파견해 제품 구조나 제조 공법 변경, 부품 복잡도 완화 등 스마트 팩토리 구축 노하우를 전수한다. 회사는 지난해 협력사 직원 대상 로봇 자동화 교육과정을 신설하기도 했다.155)

---

154) LG전자, 지능형 스마트팩토리 창원 'LG스마트파크' 통합생산동 본격 가동, 인더스트리뉴스, 2021.09.16
155) LG전자, 협력사 스마트 팩토리 구축 지원, 디일렉, 2020.04.26

[그림 127] LG전자, 포스코홀딩스 스마트팩토리 업무 협약

156)LG전자와 포스코홀딩스는 로봇, 인공지능, 무선통신 기술을 적용하여 스마트팩토리를 한 단계 업그레이드하기 위한 기술개발에 협력한다.

양사는 인공지능 센싱 기술을 결합한 자율주행 로봇을 활용하여 제철소 내 사람이 접근하기 어려운 설비의 안전 점검 및 시설 관리 업무를 수행하고, 무선통신 기술을 통해 실시간 제어로 공장의 제조 및 물류 효율을 높이는 등 세계 최고 수준의 제조 경쟁력을 확보하기 위해 협력한다.

LG그룹은 포스코그룹과 철강, 배터리 소재 등에서 서로 협력하며 대한민국 경제발전에 기여해왔으며, 양사 모두 등대공장을 보유하고 있다. 이번 협약은 스마트팩토리 분야까지 협력을 확대하는 계기가 될 것이다.

이번 업무협약은 LG전자의 첨단 기술을 포스코그룹의 제조현장을 통해 검증하고 고도화하는 계기가 될 것이다.

---

156) 포스코홀딩스-LG전자, 로봇과 AI로 스마트공장 한단계 높인다, 헬로티, 2023.06

아) 포스코ICT

POSCO
ICT

[그림 128] POSCO ICT

포스코ICT는 포스코와 함께 2025년까지 제철소 모든 공정에 스마트팩토리 플랫폼인 포스프레임을 적용할 예정이다. 포스코ICT는 포스프레임을 적용해 제철소의 대규모 스마트팩토리를 구축한 경험 기반으로 대외 사업도 진행한다. 포스프레임은 생산현장의 다양한 데이터를 고속으로 수집 후 빅데이터를 적용해 분석 및 예측을비롯해 인공지능(AI) 솔루션이 최적의 운영제어를 지원한다.[157]

포 스코ICT는 네트워크 전문기업 시스코, 보안 전문기업 안랩, SK인포섹과 손잡고 스마트팩토리 전용 보안 솔루션 포쉴드(Poshield)를 개발했다. 포쉴드는 머신러닝을 적용해 산업현장 제어시스템에 내려지는 제어명령 패턴을 스스로 학습하고, 평소와 다른 비정상적인 명령이 내려지면 관리자에게 즉시 경고하는 똑똑한 솔루션이다. AI를 적용해 평소 하달되는 제어명령 패턴과 기준 데이터를 스스로 학습하고, 설비 운영정보 등 핵심기술이 외부로 유출되는 우려도 불식시킨다.

포스코ICT는 스마트팩토리에서 근무하는 작업자들을 위한 안전관리시스템도 마련했다. 중대재해처벌법 등 산업안전이 크게 이슈로 떠오르면서 IoT, 드론 등 스마트기술을 접목한 안전관리 솔루션이 등장하고 있지만 모두 제각기 다른 시스템으로 효과가 미비하다는 반응이다. 포스코ICT는 공정안전관리, 작업허가, 설비관리점검, 교육, 협력업체 관리 등을 하나로 모으고 계획수립부터 실행점검, 개선조치까지 용이하도록 구현했다. 특히, 이 솔루션은 모듈형 컴포넌트 구성으로 맞춤형 적용 가능하고, 스마트폰, 태블릿 등 다양한 디바이 지원도 포함하고 있다.

또한 포스코ICT는 한진이 2023년까지 추진하는 '메가 허브 물류센터' 내 물류자동화 사업을 수주하고, 1,070억원 규모의 본 계약을 체결했다. 시스템 구축을 맡은 포스코ICT는 메가 허브 센터로 도착한 택배의 입고에서 분류를 거쳐 출고에 이르는 전 과정을 자동으로 처리하기 위한 설비와 시스템을 구현할 예정이다. 특히 AI 기반의 형상인식 솔루션을 적용해 입고되는 택배의 부피, 모양 등에 따라 자동으로 분류하는 무인 분류시스템을 탑재할 계획이다. 포스코ICT는 배송지별로 택배를 최종 분류하는 핵심시스템인 자동분류기(Sorter)로 몰리는 물량을 감지해 부하를 자동으로 분산시켜주는 다이나믹 밸런싱(Dynamic Balancing) 시스템도 적용해 가동 효율을 최대로 높일 것으로 기대된다.[158]

---

157) 포스코ICT, 스마트팩토리·물류 사업 강화, ZDNet, 2021.02.19
158) 개화기 맞은 스마트팩토리, 뚝심 이어온 포스코ICT '파죽지세' 기대 고조, 인더스트리뉴스, 2021.01.11

[그림 129]심팩 포항공장에 구축된 대기오염방지 전처리시설

159)포스코ICT와 심팩 포항1공장이 스마트 생태공장을 구축했다. 심팩 포항1공장은 제철소에서 사용하는 부원료인 망간계 합금철을 생산하는 곳으로, 제조 공정상 대기 오염물질이 발생한다. 또한, 기존 설비들의 에너지 효율이 낮아 에너지 절감이 필요했다.

포스코ICT는 환경부 지원사업인 '스마트 생태공장 구축 사업'에 참여하여 심팩 포항1공장의 대기 오염원을 최소화하고, 에너지 효율을 극대화하는 스마트 생태공장을 구축했다.

스마트 생태공장에는 기존 전기로 집진시스템을 고효율 시스템으로 개선하여 배출되는 오염물질을 저감하고 에너지 절감 효과를 거두었다. 또한, 집진기를 통해 포집된 분진을 재처리하여 아연을 회수함으로써 자원 재활용도 기대할 수 있게 되었다.

특히 포스코ICT는 자사의 스마트팩토리 제어시스템인 PosMaster를 적용하여 제품 생산과 에너지 소비에 대한 데이터를 수집 및 분석함으로써 데이터 기반의 공장 운영 체계를 갖췄다. 이를 활용하여 향후 데이터 기반의 작업 표준화와 전력 원가 개선 프로젝트를 추진하고, 실시간 설비 모니터링을 통해 유지보수 체계 구현 실적 자동 집계 등의 프로젝트를 추진함으로써 업무 효율을 한층 높여나갈 계획이다.

이러한 노력을 통해 심팩 포항1공장은 기존 대비 오염 배출량을 낮추는 한편 분진 자원 재활용도를 25% 이상 개선했으며, 에너지 절감 등을 통해 연간 2억 3천만원의 비용 절감을 기대하고 있다.

포스코ICT와 심팩 포항1공장은 이번 스마트 생태공장 구축을 통해 제조 공정의 효율성과 환경성을 향상시켰다. 또한, 포스코ICT는 이번 프로젝트 경험을 기반으로 유사 제조 사업장 대상으로 스마트생태공장 사업 발굴을 확대해 나갈 계획이다.

---

159) 포스코ICT, 심팩과 함께 스마트 생태공장 만든다, 아주경제, 2023.02

[그림 130] 롯데정보통신

160)롯데정보통신은 2018년부터 디지털 트랜스포메이션 기술을 선보이며 롯데그룹 계열사의 경쟁력 강화에 기여하고 있다. 2019년에는 글로벌 솔루션 기업 지멘스 인더스트리 소프트웨어와 파트너십을 체결하고 스마트 팩토리 시장 공략에 나섰다. 2020년에는 롯데칠성음료 안성공장에 스마트 팩토리를 구축하고, 식품, 제조 등 다양한 산업군에 자동화, 지능화된 서비스와 플랫폼을 확산하고 있다.

2023년에는 생산 효율 증대를 위해 '생산 공정 포장 자동화'서비스를 출시했다. 이 서비스는 기존에 모두 수동으로 이뤄졌던 포장 과정을 모두 자동화해 생산 운영 효율화를 돕는다. 자동화 설비 도입을 통해 생산 능력을 키운 것은 물론 공정 통합 모니터링 시스템을 구축해 실시간 가동현황, 생산 실적 등 공정 운영현황을 한눈에 볼 수 있다. 이는 효율적으로 생산관리를 할 수 있게 돕는다. 또한 창고에서 생산라인까지 이르는 포장 부자재 공급부터 완제품 포장까지 전 과정을 인라인 자동화로 구축했기 때문에 공정 간 이송 과정이 크게 단축될 수 있다. 그뿐만 아니라 자동화 설비를 대체해 수작업에 따른 각종 휴먼에러 발생 가능성을 크게 낮추고 비전 검사기, 중량 측정기 등을 도입해 불량품을 방지한다. 이를 통해 라인 효율화 및 최적화가 가능해 생산 품질을 더욱 높일 수 있다. 롯데정보통신은 앞으로 다양한 산업군에 맞춰 제조 공정을 최적화하는 생산 설비 자동화 서비스를 지속 제공해나갈 계획이다.

---

160) 롯데정보통신 홈페이지

5) 스마트 그리드
　가) 피앤씨테크

[그림 131] 피앤씨테크

　피앤씨테크는 1999년 설립 이후 전력IT 전문기술력을 바탕으로 꾸준히 전력인프라 비대면화, 디지털화 사업을 추진해오며 배전자동화 설비 국내 1위 업체로 발돋움했다. 자체기술로 배전자동화용 단말장치(FRTU), 디지털보호 계전기, 전기설비 원격 감시제어 시스템(SCADA), 양방향전력량계(AMI), 철도 고장점 표시장치 등을 개발해 사업 중이다.

　피앤씨테크의 주력제품인 배전자동화 설비와 디지털복합 계전기는 전력망을 실시간으로 감시하고 원격으로 제어하는 스마트그리드 핵심 설비다. 두 제품은 우수한 기술력과 가격 경쟁력을 갖춰 정부로부터 세계일류상품으로 지정되기도 했다.

　피앤씨테크는 전력기기 제품 이외에 SCADA 소프트웨어(Pylon 1.0)도 자체 개발했다. SCADA는 변전소를 자동관리하는 스마트그리드 대표기술로 원거리 현장을 감시 제어할 수 있다. 이미 국내 및 해외의 에너지·발전부문의 현장에서 SCADA를 구축한 다양한 경험을 확보하고있다. 또 스마트그리드 필수 인프라인 AMI도 개발해 한국전력에 제품 등록을 완료했다.

　피앤씨테크의 철도고장점 표정장치도 주목할 만하다. 한국판 뉴딜의 핵심사업 중 하나가 전력인프라를 비롯한 사회간접자본(SOC)을 언택트 인프라로 구축하는 것이기 때문이다. 해당 제품은 선로가 단락됐을 경우 고장 위치를 신속하고 정확하게 찾는 철도 조기복구를 위한 필수 시스템이다. 한국철도 기술연구원과 공동으로 개발해 국내에 독점 공급 중이다. 기존 일본 기업에서 독점하고 있던 제품을 국산화해 수입 대체 효과를 누리고 있다.[161]

[162]피앤씨테크는 스마트그리드 분야에서 지속적으로 기술개발을 진행하고 있다. 2023년에는 스마트그리드 분야에서 새로운 기술을 개발하여, 국내 스마트그리드 시장에서 경쟁력을 강화할 계획이다. 개발중인 기술은 다음과 같다.

- 전력명 상태를 실시간으로 모니터링하고 제어하는 기술
- 전력 수요를 예측하고 관리하는 기술

161) 피앤씨테크, 스마트그리드 배전자동화 설비 국내 1위…'그린뉴딜' 수혜 전망, 매일경제, 2020.05.28
162) 피앤씨테크 홈페이지

- 전력 소비를 효율화하는 기술
- 신재생에너지를 효율적으로 관리하는 기술

피앤씨테크는 스마트그리드 분야에서 국내외 시장을 선도하는 기업으로 성장할 것으로 기대됩니다. 피앤씨테크는 스마트그리드 분야에서 독보적인 기술력을 보유하고 있으며, 지속적으로 기술개발을 진행하고 있다.

나) 한국전력

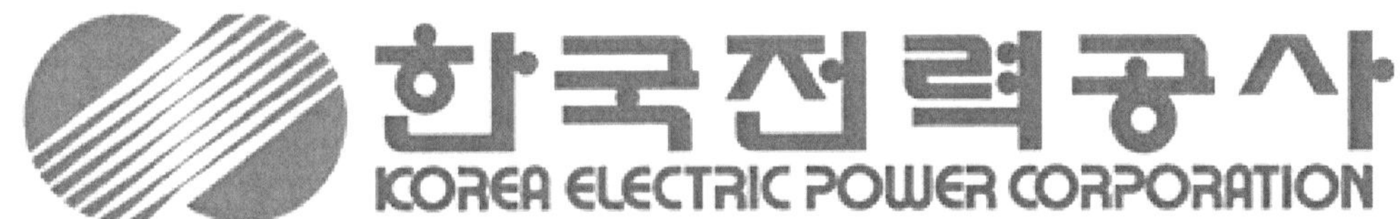

[그림 132] 한국전력

국내 대표 에너지 공기업인 한국전력은 스마트그리드 사업 필두에 '한전형 에너지관리시시스템(K-BEMS)'을 내세우고 있다. 이 회사는 기업 사옥과 빌딩, 공장, 대학교에 K-BEMS를 보급하고 있다. 지난 2월에는 도미니카에 이 기술을 수출하기도 했다. EMS의 일종인 K-BEMS는 전기·가스·열 등 다양한 에너지원의 사용 정보를 실시간으로 수집·분석·제어해 최적의 에너지 믹스를 제공한다. 에너지 효율 향상과 비용 절감에도 유용하다는 평가다.[163]

2020년 한국전력 전력연구원은 지능형 전력망 구축을 위해 사물인터넷과 광센서, 프로세스 버스를 활용한 '디지털변전소 네트워크시스템' 개발에 착수한다고 밝혔다. 지능형 전력망은 정보통신기술을 적용해 실시간으로 정보를 수집·이용하고 전기 소비와 생산을 효율화한 전력망이다. 지능형 전력망 구축을 위한 필수 시설인 디지털변전소는 전력설비 감시, 계측, 제어·보호 기능을 자동화한 설비다. 전력설비 자동화를 위한 국제표준 통신규격인 IEC 61850을 따른다. 한전 전력연구원에 따르면 해당 연구는 2020년부터 2022년까지 수행된다. 한국전력 송변전운영처에서 2017년부터 추진 중인 '변전소 운영체계 지능화를 위한 변전소 자동화' 계획을 바탕으로 진행될 예정이다[164]

최근 한국전력은 스마트그리드가 설치된 아파트 단지를 대상으로 전력에 더해 가스까지 원격 검침해 실시간 사용량 데이터를 제공하는 시범서비스를 선보였다. 한국전력은 서울도시가스와 '원격검침 인프라(AMI) 서비스 협력 시범사업 추진을 위한 업무협약(MOU)'을 체결했다.

이번 협약에 따라 양 기관은 스마트그리드 확산사업을 통해 세대별 AMI가 설치돼 있는 서울지역 8개 아파트 단지 7917세대를 대상으로 오는 2022년까지 전력량계 AMI를 활용해 가스

---

163) 기후변화가 불러온 코로나, 스마트그리드로 예방한다, ZDNet, 2020.05.19
164) 한전 전력연구원, '디지털 변전소'로 지능형 전력망 확충나서, 매일경제, 2020.02.24

사용량까지 검침해 데이터를 제공하는 서비스를 개시할할 계획이다. 한전의 AMI를 활용해 전력과 가스 데이터를 수집한 뒤 사용자와 서울도시가스에 제공하는 방식이다.

 구체적으로 한전은 사업 대상 아파트의 AMI 인프라를 활용한 전력·가스 데이터 제공, 한전 AMI 인프라를 통한 전력·가스 원격검침을 담당하고, 양 기관은 △전기·가스 검침 데이터 및 고객자원 정보 상호 공유, AMI 통신 기술 공동개발 및 관련 서비스 공동 발굴 등에서 상호협력키로 했다.[165]

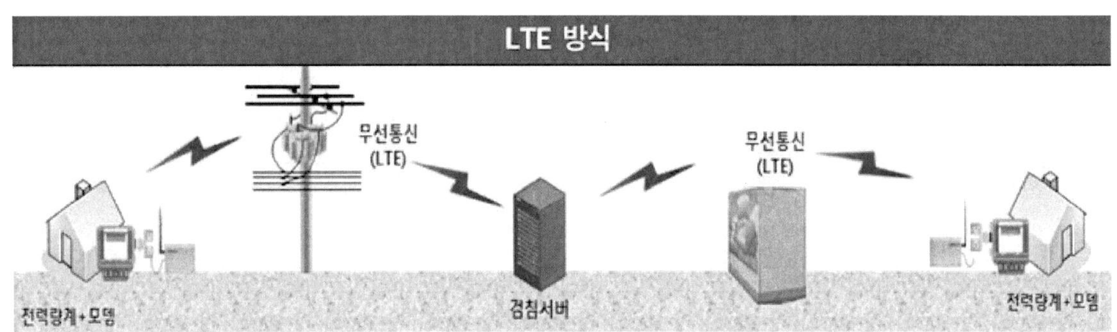

[그림 133] 한국전력이 도입 중인 LTE 방식의 지능형에너지 검침 시스템(AMI) 개념도

[166]한국전력이 전력 소비 효율화를 위해 지능형 에너지 검침 시스템(AMI)을 도입한다. AMI는 전기 사용량을 실시간으로 측정하고 분석하여 제공하는 시스템으로, 한국전력은 AMI를 통해 연간 200만MWh의 전력 사용량을 절감하고, 온실가스 배출량도 연간 109만tCO₂eq을 줄일 것으로 기대하고 있다.

한국전력은 이달부터 AMI 보급 사업에 2,800억원 규모의 녹색금융을 투입할 계획이다. 이 금액은 전체 AMI 보급 사업비 4,021억원 중 약 70%에 해당합니다. 한국전력은 이를 바탕으로 내년까지 아파트를 제외한 단독주택, 공단, 상가 등 1,014만 가구에 AMI를 설치할 계획이다.

한국전력은 이번 AMI 구축을 완료한 2025년부터 에너지 사용 효율화에 따라 연간 전력량의 3.7%(약 200MWh)를 절감할 수 있을 것으로 내다보고 있다. 이는 4인 가구 기준 5만5,000가구가 쓸 수 있는 전력량이다. 여기에 전력망 사용이 줄어들면서 생기는 온실가스 배출 저감량도 연간 109만tCO₂eq에 이를 것이란 관측이다.

한국전력은 AMI 및 에너지 관리 시스템(EMS)와 함께 적절한 전력망(재생에너지 통합 관제 시스템), 실시간 요금 제도를 도입해 '스마트 그리드'를 구현한다는 계획이다. 스마트 그리드는 전력 수요의 분산과 실시간 제어가 가능하기 때문에 에너지 이용 효율을 극대화할 수 있다.

한국전력의 AMI 도입은 전력 소비 효율화와 온실가스 감축에 기여할 것으로 기대된다. 또한, 스마트 그리드 구축을 통해 전력망의 효율성을 높일 수 있을 것으로 기대된다.

---

165) 한전, 스마트그리드 기반 전력·가스 원격검침서비스 추진, CCTV 뉴스, 2021.09.13
166) 한전, 4000억 들여 2250만가구 AMI 보급,대한경제, 2023.07

다) 한국전기연구원

[그림 134] 한국전기연구원

 한국전기연구원이(KERI) '스마트그리드연구단'을 신설한다는 소식을 전했다. 주요조직은 4개 본부(전력망연구본부, 전력기기연구본부, 전기응용연구본부, 전기재료연구본부), 1연구단(스마트그리드연구단)으로 구성된다. 또한 시험인증 부문은 기존 지역 중심의 조직편성이 아닌 고객 관점의 사업 (시험유형) 중심으로, 총 3개의 본부 (시험기획기술본부, 대전력평가본부, 고전압평가본부)로 구성된다.[167]

 최근 한국전기연구원 스마트그리드연구단은 국립목포대 산학협력단과 기술협력 및 인적교류를 위한 상호 협력 협약을 체결했다. 이번 협약은 전기에너지 기반 스마트그리드 핵심 기술 개발에 대한 상호 협력으로 전력 신산업 선도 기술개발 협조체계를 구축하기 위해 마련했다. 양 기관은 스마트그리드 관련 각종 연구 활동 공동 수행, 기술협력 및 인적교류 활성화, 전기에너지 분야 지역 산업 발전 및 국가경쟁력 강화 기여 등에 협력하기로 했다.[168]

 또한 한국전기연구원 스마트그리드연구단은 태양광·에너지 IT 기업 해줌과 가상발전소(VPP), 마이크로그리드, 수요반응(DR) 기술개발 및 에너지 신서비스 사업화를 위한 업무 협약을 체결했다. 이번 협약을 통해 해줌과 한국전기연구원은 분산자원 통합운영 기술 및 x-EMS 개발, 분산자원 기반 에너지 신서비스 개발 및 실증, 분산자원 통합운영 기술 관련 국내외 사업 공동기획 및 발굴, 분산자원 통합운영 솔루션 사업화 및 국내외 시장 진출 협력 등 상호 발전관계를 구축해 나가기로 뜻을 모았다.

 이번 협약으로, 해줌에서 진행하고 있는 재생에너지, 수요자원 및 전력중개사업 운영시스템에 한국전기연구원이 축적한 전기에너지 시스템의 제어 및 운영 분야의 기술력이 적용된다. 본격적인 VPP 플랫폼 기술을 완성하고 해당 기술의 서비스·비즈니스 모델을 실증하는 목표다. 더불어 에너지·IT 융합 기술 기반의 VPP 플랫폼 구현에도 나설 계획이다.[169]

---

167) 전기연구원, 스마트그리드연구단·전략정책부 신설/경남신문
168) 목포대 산학협력단-한국전기연구원 스마트그리드연구단, 기술협력·인적교류 업무 협약, 전자신문, 2021.09.14
169) 해줌, 가상발전소 기술개발 위해 한국전기연구원과 '맞손', 인더스트리뉴스, 2021.03.31

[그림 135] 한국전기연구원 광주 레독스흐름전지 시험인증센터

170)한국전기연구원(KERI)은 광주 스마트그리드본부에 레독스흐름전지 시험인증센터를 구축했다. 레독스흐름전지는 친환경적이고 대용량의 이차전지로, ESS(Energy Storage System) 산업을 이끌 것으로 기대된다.

센터는 국내 최초의 레독스흐름전지 시험인증 센터로, 기업들이 레독스흐름전지를 빠르게 시험·인증 받을 수 있도록 지원한다. 센터는 7월부터 본격적으로 운영을 시작했으며, 올해 3분기만 6개 기업으로부터 20건 이상의 시험을 수행했다.

센터는 국내 업체들이 빠르게 시험·인증을 받을 수 있어, 제품 상용화 기간을 단축시키고 수출 경쟁력도 높일 수 있게 됐다. 한국전기연구원(KERI) 에너지기기시험실에 따르면 이번 센터로 인한 레독스흐름전지의 조기 상용화를 통해 ESS 시스템 구축 비용을 연간 약 30% 절감할 수 있을 것으로 보고 있다.

많은 양의 전기를 안전하게 저장할 수 있는 레독스흐름전지는 대용량 ESS의 보급 확대에 크게 기여할 것이며, 이를 시험·인증하는 센터는 그 상용화 시기를 더욱 앞당기고, 관련 기업들을 지원하는 데 큰 역할을 할 것이다. 레독스흐름전지 시험인증센터는 더 나아가 올해 말까지 대용량 배터리 및 전기차 충전기에 대한 전자기적 환경 평가를 수행하는 국내 최대 시험설비를 구축하고, 내년부터 관련 기업들에게 본격적으로 시험·인증 서비스를 제공한다는 목표이다.

센터가 위치한 광주광역시 등과 협력해 국내 업체 경쟁력 제고를 위한 기술 지원 및 각종 정보 제공을 통한 지역 내 배터리 기반 혁신 인프라 조성, 광주 에너지밸리 입주기업 지원 및 시험·인증 수수료 지원 방안 모색, 전지 분야 미래 에너지 인력 양성 교육 실시 등을 추진한다는 계획이다.

---

170) 한국전기연구원, ESS 산업 이끌 '레독스흐름전지 시험인증센터' 기업 활용 '활발', 일요신문, 2022.10

라) LS 일렉트릭

[그림 136] LS 일렉트릭

 LS일렉트릭은 지난 1974년 럭키포장을 모태로 1987년 3월 금성산전, 1994년 LG산전을 거쳐 2003년 LG그룹에서 계열 분리 이후 2005년 LS산전으로 이어지는 등 언제고 '산전'을 달고 다녔다. 2020년 산업용 전기, 자동화 분야만 대표하는 듯한 '산전' 및 영문 'LS IS'을 배제하고 LS Electric으로 과감하게 사명을 바꿨다.

 LS일렉트릭은 전력과 자동화 분야에서 확보한 기술력에 정보통신기술을 적용한 융·복합 스마트 솔루션을 앞세워 마이크로그리드 사업에 박차를 가하고 있다. LS 일렉트릭은 부산, 전남 영암, 일본 홋카이도, 하나미즈키 등에 에너지저장장치(ESS)와 연계한 MW(메가와트)급 대규모 태양광 발전소를 준공해 상업발전을 시작했다. 2019년 전남 서거차도를 세계 최대 '직류 에너지 자립섬'으로 구축해 기술력을 인정받았다.[171]

 최근 LS일렉트릭은 글로벌 태양광 시장에 뛰어들기 위해 중국 ESS 시장에 전초기지를 마련했다. LS일렉트릭은 현지 3위 ESS용 전력변환장치(PCS, Power Conditioning System) 제조업체 쿤란(KLNE)으로부터 자회사 창저우 쿤란 지분 19%를 확보했다. 이는 LS일렉트릭이 중국 현지 ESS 시장 진출을 위해 배터리 기업 '나라다(NARADA)'와 지난해 체결한 포괄적 사업 협력의 일환으로, 중국 현지에서 PCS 사업을 본격화 할 수 있는 포석을 마련하게 된 것이다. 본 계약에 따라 LS일렉트릭은 PCS 핵심 부품인 PEBB(Power Electronic Building Block)를 창저우 쿤란으로 수출하며, 창저우 쿤란은 한국산 PEBB으로 제조한 PCS에 나라다 배터리를 탑재한 ESS 완제품을 중국 전역에 판매한다.

 또한, LS일렉트릭은 광 기술을 활용, 배터리 셀(Cell) 단위까지 실시간으로 온도를 측정하고 일정 수준 이상 과열될 경우 ESS 가동을 중단시키는 'BTS(Battery Temperature Sensing)'를 개발했다. ESS 효율운전을 위한 온도 기준은 25±5℃로, 이 구간에서 1℃ 차이만 발생해도 효율이 급격히 낮아져 그 만큼 미세한 온도 변화까지 감지해 ESS 운전성능을 최적화할 수 있으며, 배터리 과열로 인한 ESS 중단 시 고객이 원할 경우 원격으로 냉방·공조 시스템을 즉시 가동시켜 신속한 운전 재개가 가능한 서비스도 제공해 고객의 피해를 최소화 할 수 있다.[172]

---

171) LS, 스마트그리드 등 친환경 첨단기술 선점 나서, 한경, 2020.07.30
172) 막 오른 바이든 시대… LS일렉트릭, 공들인 스마트그리드로 비상할 채비, 인더스트리뉴스, 2020.11.10

[그림 137]LS일렉트릭, 태국 SCG그룹과 마이크로그리드 사업 협력

[173]LS일렉트릭과 SCG그룹은 업무협약(MOU)을 체결하고, 태국과 동남아시아 마이크로그리드 시장 확대를 위해 협력하기로 했다.

양사는 SCG 본사와 공장, 관계사에 LS일렉트릭의 마이크로그리드 EMS(에너지관리시스템)를 단계적으로 적용하고, 이후 태국을 중심으로 동남아시아 마이크로그리드 시장에 진출해 사업 영역을 확대해 나갈 계획이다.

LS일렉트릭은 EMS는 물론 설계에 필요한 소프트웨어와 프로그래밍 전반에 걸친 기술적 지원을 맡고, SCG는 태양광 설비, ESS(에너지저장장치), 기타 하드웨어와 설치 작업 등 EMS 운용에 필요한 장비 일체를 제공한다.

양사는 LS일렉트릭의 마이크로그리드와 EMS를 접목한 신사업도 추진합니다. SCG그룹 내 시범적용을 거쳐 태국을 시작으로 동남아 전역에 걸쳐 사업을 확대해 나갈 계획입니다."로 변경했다.

이번 협력은 LS일렉트릭과 SCG그룹이 태국 및 동남아시아 마이크로그리드 시장에서 주도적인 역할을 하기 위한 전략적 제휴이다. 양사는 이번 협력을 통해 태국 및 동남아시아 지역의 마이크로그리드 시장을 선점하고, 신재생 에너지 보급 확대와 에너지 효율 향상에도 기여할 것으로 기대하고 있다.

---

173) LS일렉트릭, 태국 SCG그룹과 마이크로그리드 사업 협력,헤럴드경제, 2023.05

6

사물인터넷 기술연구 현황

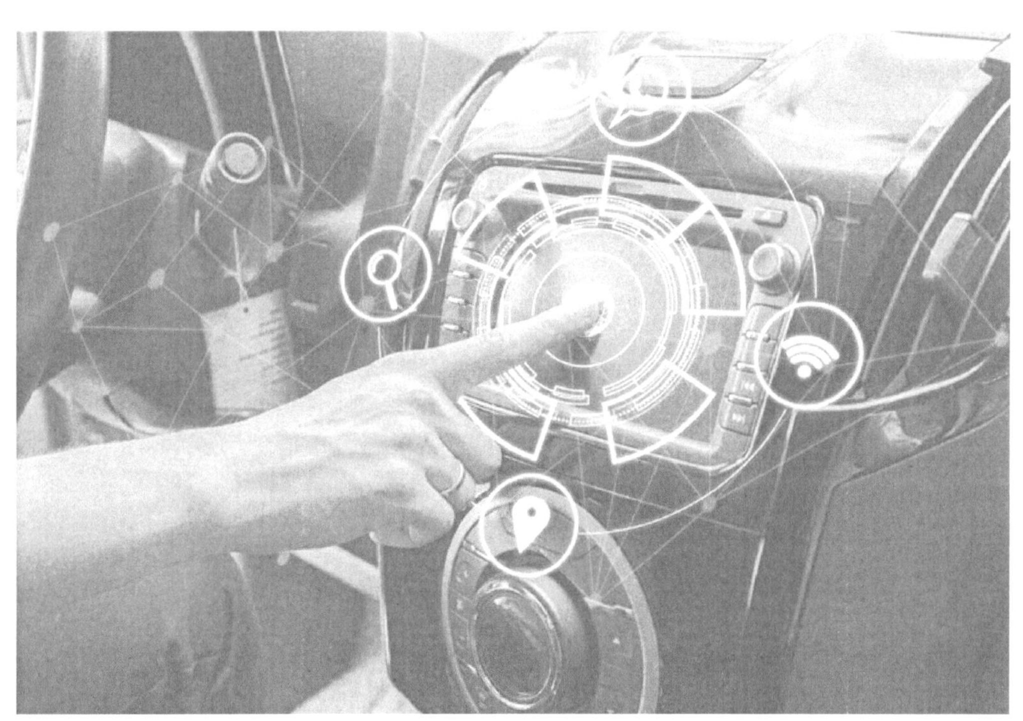

6. 사물인터넷 기술연구 현황

가. 사물인터넷 기술 현황 분석

1) 스마트 홈

스마트홈은 가정집의 각종 기기를 네트워크망을 통해 결합하여 동작 편리성 및 안정성을 향상시킨 시스템으로서, 무선인터넷 및 IoT 기술의 발전에 힘입어 현관 도어캠 기반의 출입통제, 각종 보안관리, 냉난방 및 조명 제어 등 댁내 홈 서비스와 CCTV 영상감시, 주차 관리 연동 등 공동주택에서 이루어지는 다양한 편의 기능이 추가되며 발전하고 있다.

스마트홈 시스템을 위한 유선 네트워크 기술은 전력선 통신과 이더넷, IEEE1394, HomePNA, 광홈랜 등이 있으며, 무선 네트워크 기술은 Wireless LAN, WPAN, ZigBee, UWB, Wireless1394, IEEE 802.11, 블루투스 등이 있고, 고속화 및 저전력화되면서 유무선을 연동하는 기술이 주목받고 있다.

스마트홈 시스템을 구축하기 위한 핵심 장치인 홈플랫폼은 홈네트워크를 외부망과 연결해주는 역할을 하며, 대표적으로 홈서버와 홈게이트웨이, 홈네트워크 미들웨어가 있다. 홈서버는 홈네트워크에 접속된 각종 가전기기의 제어, 관리 및 연동을 담당하는 기능과 멀티미디어 데이터를 저장, 관리, 분배하는 통합 디지털 홈서비스를 제공하기 위한 중추 시스템이다.

정보 단말기기와 통신하기 위한 유무선 홈네트워크 장치, 방송과 스트리밍을 위한 코덱, 스토리지 장치 등의 하드웨어 플랫폼 등으로 구성된다. 홈서버의 종류로는 미디어 저장장치기능, 인코딩 및 디코딩 기능, 미디어 인덱스 및 관리 기능 등을 수행하는 엔터테인먼트 서버, 가전 조명기기 제어와 방범/방재 및 홈시큐리티 서비스를 제공하는 홈오토메이션 서버, 외부망과 연계된 서비스를 전달하는 웹서버가 있다. 최근에는 다양한 기능을 하나로 합친 단일칩(SoC) 형태의 융합형 홈서버가 출시되었고, 실시간 서비스를 제공하기 위해 24시간 가동되어야 하며, 이를 위해 저소음, 저진동, 저전력 기술 적용이 중요하다.

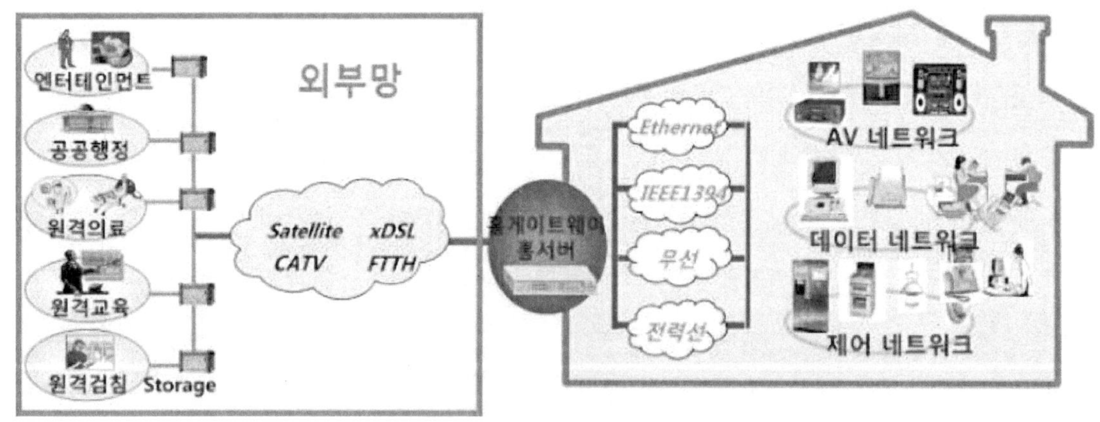

[그림 139] 스마트홈 개념도

홈게이트웨이는 가정 내 네트워크망과 xDSL, 케이블, 광전송 장치, 위성 등 외부망을 서로 접속하거나 중계하고, 미들웨어를 통해 사용자에게 다양한 멀티미디어 서비스를 제공해 주는 클라이언트 장치이다. 다양한 초고속 인터넷 서비스와의 호환성이 우수하고, NAT 기능을 이용하여 내부 IP주소 정보를 외부에 유출하지 않으며, 무선 AP를 갖춰 다수의 무선 클라이언트를 동시에 접속할 수 있는 유무선 인터넷 공유기가 대표적인 제품이다. 홈게이트웨이는 가정 내의 여러 장치를 연결 및 제어하는 지능적인 통합 서비스형태로 발전하고 있고, 최근에는 홈서버와 홈게이트웨이가 융합되어 셋톱박스, 스마트 TV, PC 기반 홈미디어 서버, 콘솔 게임기 등 통합형 시스템으로 출시되고 있다.[174]

구분	전용선 (RS-485)	Wi-Fi	ZigBee, Z-Wave	블루투스
통신배선	필요	없음	없음	없음
상대적 침 가격	낮음	고	저	저
에너지 소비	낮음	높음(1일)	낮음(1년)	낮음(2주)
상대적 속도	저속	고속	저속	저속
데이터 전송량	적음	큼	적음	적음

[표 15] 스마트 홈 통신방식별 특성 비교

무선통신기술은 다양하지만 사용용도에 적합한 방식을 선정하기 위해서는 전송속도, 신뢰성, 가격, 표준화 등을 고려하여야 한다. ZigBee, Z-Wave는 유사한 통신기술이지만 Z-Wave는 독점회사가 생산하고 있어 통신모듈이 적용된 기기 간 호환성은 용이하나 독과점으로 인한 가격이 문제가 될 수 있다. 또한 ZigBee는 여러 회사가 생산하고 있어 IoT 디바이스 제조사간 호환성이 상대적으로 떨어지나 경쟁으로 인해 가격이 저렴해지고 있으므로 사물인터넷 기술 도입을 위해서는 해외 기술에 종속되지 않고 국내 상용화 및 발전추이를 고려하여 선정하여야 한다.

그 동안의 홈 네트워크가 신축 공동주택에만 한정된 서비스라면, 스마트 홈은 사물인터넷을 이용해 기축 공동주택, 다가구, 단독주택 등 모든 주택에 적용 가능한 서비스이다. 국내외 방문객이 찾아와서 건설사의 홈 네트워크가 적용된 홍보관을 보고, 적용하고 싶다고 해도 세대 네트워크 설치의 어려움, 단지서버 구축, 월패드의 입출력 장치 매입 곤란 등 기축, 단독, 다가구, 복층 등 다양한 주거형태의 수요에 대응하지 못하였다. 그러나 IoT 스마트 홈에서는 무선통신기기와 국내의 클라우드 플랫폼 이용, 스마트 폰 연동 등으로 유연하게 적용이 가능해졌다.

사물인터넷 스마트 홈에서 IoT 디바이스는 단독으로 사용하기 보다는 ICBM 플랫폼을 기반으로 서비스를 연계하여 활용 할 때 사용 가치가 높아진다. ICBM 플랫폼이란 사물인터넷(IoT) 기기가 인터넷 클라우드(Cloud) 서버와 연동되고 서버에서 빅 데이터(Big Data)를 수집·

---

174) 코맥스(036690), 한국 IR 협의회, 2021.03.18

분석하며, 모바일(Mobile)에서 모니터링, 조절, 동작 설정에 따라 스스로 자율 운전이 가능 하게 한다. 세대 내 IoT 디바이스는 다양한 표준화된 무선통신 기술로 스마트 허브에 접속되어, 클라우드 서버의 플랫폼에서 빅 데이터 분석과 모바일 연동으로 인공지능(딥 러닝) 학습기능 등은 효율을 높이며 발전하게 될 것이다.[175]

구분	홈 네트워크	사물인터넷(IoT) 스마트 홈
세대 네트워크	전 용 선 통 신 (RS-485)	무선통신 (WiFi, ZigBee, Z-Wave, 블루투스 등)
단지 네트워크	전용 네트워크 단지 망 구축	통신사업자망 이용
단지 서버	세대기기와 연동	클라우드 서버 이 용
입출력 장치	월 패드	모바일(스마트 폰, 스마트패드)
가전제품 연동	인터넷을 통해 직접 가전사 플랫폼과 연동	가전사의 플랫폼 또는 IoT 회사의 플랫폼 이용
서비스 추가	전용선 배관·배선 증설 곤란으로 어려움 발생	무선방식 가능

[표 16] 홈 네트워크와 사물인터넷 스마트 홈 기술 비교

홈네트워크 환경에서는 실내에서 발생하는 재난을 감지하거나 가전기기의 제어 및 관리를 위해 다양한 센서가 필요하고, 해당 센서에는 온도/조도/적외선/가스/습도 센서 등이 있다. 홈 네트워크와 연동되는 다양한 센서를 이용하여 집안 환경, 주변 상황, 사용자 정보 등을 수집하고 데이터를 송수신하는 스마트 가전기기는 홈서버를 통해 홈오토메이션, 홈시큐리티, 홈쇼핑 등 다양한 서비스를 제공한다.

국내에서는 '스마트융합 가전포럼'을 중심으로 IoT 기반의 스마트 홈 표준화가 진행 중이며, 삼성전자, LG전자 외에도 코웨이나 모뉴엘, 경동원 등이 참여 중이다. 이 포럼은 특히 스마트 홈과 가전기기의 융복합을 위한 ICT 서비스 접속 규격 표준화를 추진 중이다.

IoT가 다양하고 스마트 홈 산업 영역도 매우 넓기 때문에, 두 개의 기술 표준을 통합하기보다는 다양한 제휴를 통해 다수의 표준을 복수로 지원할 가능성이 더 높아 보인다. 위의 그림은 2014년 기준으로 애플과 구글, 삼성전자 등이 각자 연합군을 형성해 요소기술 플랫폼 경쟁을 진행하는 모습인데, 2015년부터 지금까지의 동향을 좀 더 살펴보자.

---

[175] 스마트 홈 적용 및 추진방향, 남기범, 2021년도대한전기학회하계학술대회논문집2021.7.15~17

가) 올신얼라이언스(AllSeen Alliance)

이 제휴 전선은 2013년 12월 리눅스 재단이 IoT 확산을 위해 설립한 범산업 컨소시엄으로서 2015년 중반기 기준으로 LG전자, 퀄컴, 파나소닉, 샤프 등 140개 회원사가 참여 중이며, IoT의 접속 표준화로 기기 간, 플랫폼 간 연결 호환성 확보를 목표로 하며 사용자 중심의 킬러 앱도 적극 개발 중이다.

퀄컴이 개발한 오픈소스 소프트웨어 프레임워크인 올조인(AllJoyn)을 통해 각기 다른 제조사에서 만들어진 기기들의 호환성을 강화 중이며, LG전자의 스마트TV와 하이얼(Haier)의 에어컨 등 주요 제품이 퀄컴의 올조인 플랫폼을 활용해 유기적으로 연결됐고, 주요 기업의 신제품 출시가 이어질 전망이다. CES 2016에서는 올조인과 네스트가 연동되는 스마트씬큐(SmartThinQ) 허브가 전시되어 자사 기기 연결을 넘은 타사 기기 간 연결 사례를 보여주었다.

나) IIC(Industrial Internet Consortium)

IIC는 2014년 3월 GE, 시스코, IBM, 인텔, AT&T 주도로 엔터프라이즈 IoT에 초점을 맞춘 단체로 창립되어 2021년 9월 27일 기준 159개 회원사를 가진다. 이 컨소시엄의 목표는 B2B 등 산업용 IoT 활성화를 위한 표준을 개발하는 것이며, 기존의 인프라를 활용한 최적화를 특히 지향한다. 표준 기구와 협력해 비즈니스 부문의 기술 호환성을 확보하는 데 일조하고, IoT와 기존 M2M 기술이 별개로 개발된 산업을 조율 중이다. 특히 에너지, 유틸리티, 헬스케어, 공공서비스, 제조, 교통 등 광범위한 영역의 표준화를 추진 중이다.

다) OIC(Open Interconnect Consortium)

OIC는 2014년 7월 삼성전자가 인텔, 브로드컴, 델, 아트멜 등과 함께 결성한 IoT 통신 표준 공동 개발 컨소시엄으로 2015년 72개 회원사가 참여 중인데, 중도적 관점의 오픈소스 형태로 IoT의 접속 표준화로 기기 간, 플랫폼 간 연결 호환성을 확보하는 것을 목표로 하여 올신과 동일하다. 올신에서의 퀄컴이 가진 지배적 구조를 탈피해보려는 기업들의 니즈가 반영됐으며, 오픈소스를 지향(리눅스 재단 참여)한다. 소스 코드인 아이오티비티(IoTivity)는 OIC의 신규 IoT 표준 구현에 필요한 소프트웨어 프레임워크로 비회원인 기업들도 이 코드를 자사 상품에 적용해 상업화할 수 있게 됐다. 즉, 개방형 기술 플랫폼이 된 것이다.

아이오티비티1.0과 OIC 표준에 기반을 둔 제품들이 상용화될 것으로 전망되는 가운데, CES 2016에서 삼성전자가 이종 산업 간 협력을 특히 강조하면서 아이오티비티 오픈 플랫폼 및 낙스(Knox) 보안 솔루션을 발표했고, OIC 컨소시엄을 토대로 하여 디바이스는 스마트씽즈를 중심으로 하고, IoT 플랫폼은 아이오티비티, 모바일 OS는 타이젠(Tizen), 그리고 IoT 개발 모듈은 아틱(Artik)을 활용하는 개방형 생태계 구축 계획을 발표했다. 인텔도 OIC 기반 게이트웨이와 연동하는 아트멜(Atmel), 어거스트(August), 허나리릭(Honey Lyric) 등의 홈 제품을 전시하고, SKT, 삼성, KETI 등과 OneM2M 및 OIC 연동 시연을 실시했다.

라) 스레드그룹(Thread Group)

이 그룹은 2014년 7월 구글이 인수한 네스트랩스가 주도해 삼성전자, ARM, 프리스케일 등 7개 기업이 설립했으며, 2021년 회원사는 90개 사다. 이 그룹은 특히 지그비 무선 네트워크 기술의 단점을 보완하여 간편한 연결, 향상된 보안 및 저전력 기술의 표준화를 목표로 네스트를 중심으로 하는 확산을 지향한다. 네스트 및 기존 지그비 기술 기반 제품을 하드웨어 변경 없이 활용 가능하며, 회원사에는 로열티를 면제해주는 스레드그룹은 안정성 테스트인 UL(Underwriters Laboratory)을 통해 인증 서비스를 받기로 함에 따라 플랫폼에 대한 신뢰성을 높일 전망이다.

[176][177]스레드 그룹은 2023년 3월, 1.3버전의 프로토콜을 발표했다. 스레드 1.3은 다음과 같은 새로운 기능을 제공한다.
- 5G 연결지원: 5G의 고속, 저지연, 고용량 특성을 활용하여 더욱 빠르고 안정적인 서비스 제공
- 세션 데이터 수집 및 분석 기능 향상: 센서 데이터 수집 및 분석 기능을 향상시켜 사용자의 행동을 보다 정확하게 파악하고, 사용자의 요구에 맞는 맞춤화된 서비스 제공
- 보안 기능 강화: 보안 기능을 강화하여 사용자의 개인정보와 자산을 보다 안전하게 보호
- 홈 어시스턴트와의 통합 개선: 홈 어시스턴트와의 통합을 개선하여 사용자는 홈 어시스턴트를 통해 스마트홈 IoT를 보다 편리하게 제어

스레드 1.3은 스마트홈 IoT의 새로운 표준으로 자리매김할 것으로 기대된다. 스레드 1.3을 통해 스마트홈 IoT는 더욱 편리하고 안전하며, 사용자에게 맞춤화된 경험을 제공할 수 있을 것이다.

---

[176] New Thread 1.3.0 wireless protocol improves seamless connectivity in smart homes, buildings, iot-now, 2023.03
[177]

2) 스마트 시티[178]

① ITU-T

ITU-T에서는 스마트시티 플랫폼에 대한 참조구조를 아래와 같이 제시하고 있다

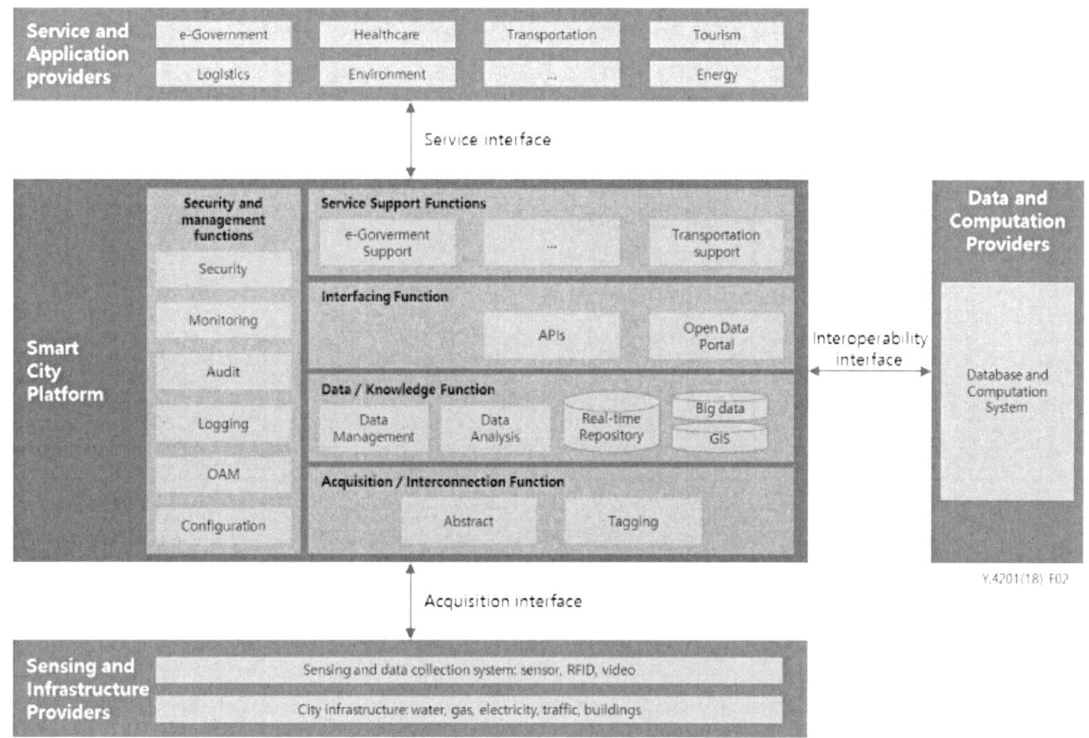

[그림 93] ITU-T Y.4201 스마트시티 플랫폼 참조구조

스마트시티 플랫폼은 서비스 / 어플리케이션 제공자, 센서 / 인프라 제공자, 데이터 및 컴퓨팅 제공자와 인터페이스를 맺고 있다. 플랫폼 내부에서 보안 / 관리 기능, 서비스 지원 기능, 연계 기능, 데이터 / 지식 기능, 취득 / 상호연결 기능으로 구성되어 있다.

이 중 정보보안과 관련한 구조는 "보안 및 관리 기능"에 포함되어 있으며, Security / Monitoring / Audit / Logging / OAM / Configuration을 제시하고 있다.

---

178) 스마트시티 보안모델, 한국인터넷진흥원, 2020

② ISO/IEC 30145

ISO/IEC 30145는 스마트시티의 참조구조를 아래와 같이 구성하고 있다.

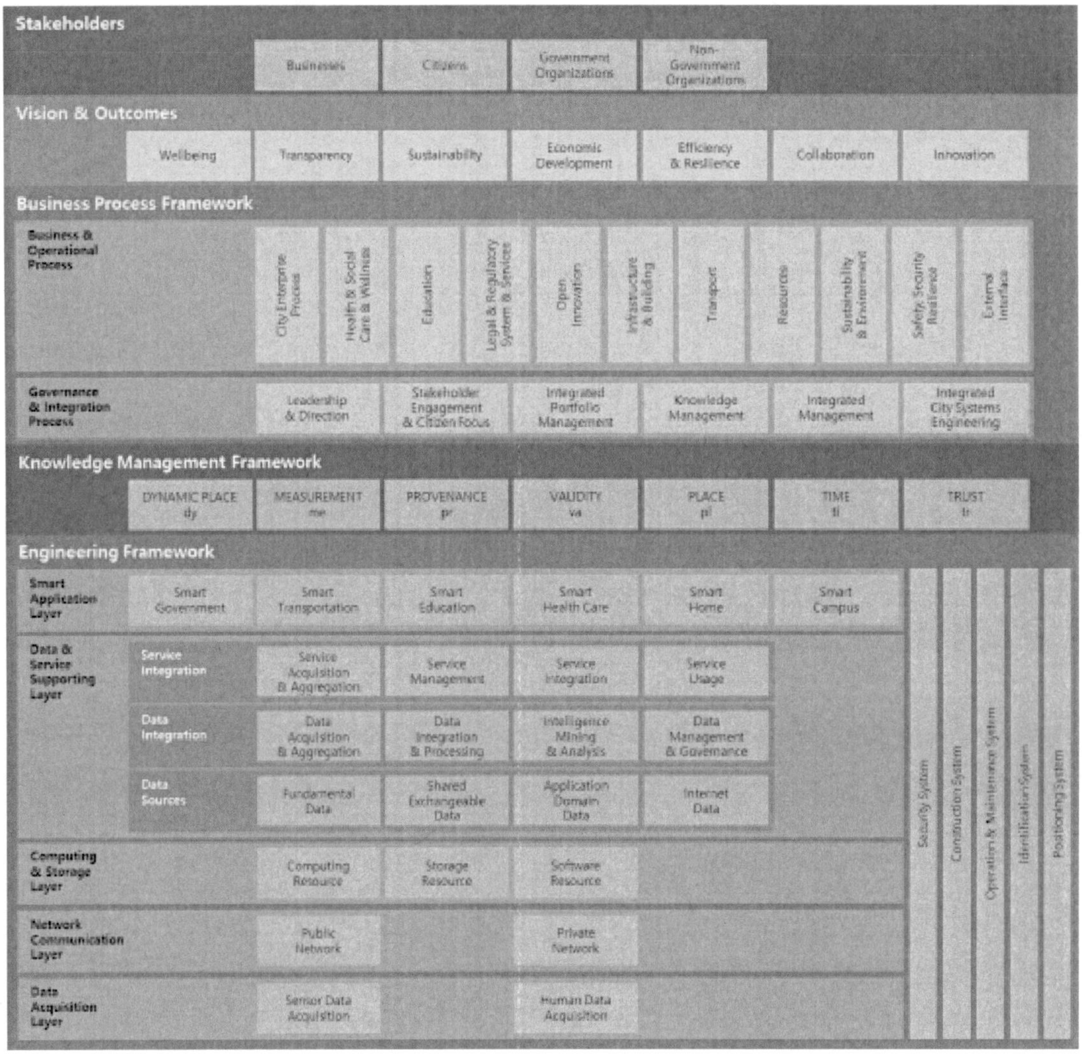

[그림 94] ISO/IEC 30145의 스마트시티 참조구조

스마트시티의 이해관계자 및 목표를 제시하며 이에 따른 비즈니스 프로세스 / 지식관리 / 엔지니어링 프레임워크로 구성하고 있다. 이 중 정보보안과 관련된 기능은 엔지니어링 프레임워크 중 정보보호 시스템이 대표적이다.

가) 해외
(1) 스마트시티 인프라 분야

표준화 개발 기구에 따라 국제 표준화가 진행되고 있으나 대부분 스마트시티의 성능평가 지표와 성능평가 지침에 대한 표준을 개발하고 있다. 하지만 성능평가 지표에 대한 정의는 완료되었으나 구체적인 성능평가 지침은 정의되지 않았다.

표준화기구	표준번호	개발연도	관련 중점 표준화항목
IEC SyC SC	IEC63205	진행 중(2020)	스마트시티 참조구조 표준
JTC1 WG11	ISO/IEC30146	진행 중(2019)	
	ISO/IEC30145-1	진행 중(2019)	
	SO/IEC30145-2	진행 중(2019)	
ETSI ISG CDP	DGR/CDP-002	2018	
ISO TC268	ISO37122	진행 중(2019)	스마트시티 성능평가 지표 표준
	ISO37123	진행 중(2019)	
	ISO37120	2018	
ITU-T SG20	L.1600	2016	
	L.1601	2016	
	L.1602	2016	
	L.1603	2016	

[표 17] 국제 표준화 현황

(2) 스마트시티 플랫폼 분야

스마트시티 플랫폼 기술은 종래 IoT 표준 기술과 연계 가능한 스마트시티 플랫폼 기술 표준화가 선행 진행 중으로 통합 도시 관제 플랫폼뿐만 아니라 스마트시티 데이터의 중요성이 증대되어 데이터 중심 플랫폼, 정보(데이터) 모델 표준화 그리고 공공 데이터 관련 표준 개발이 진행 중이다.

표준화기구	표준(안)명	개발연도	표준화항목
ITU-T SG20	Y.SC-Open Data, Framework of Open Data in Smart Cities	진행 중 (2019)	스마트시티 데이터플랫폼 표준
	Y.API4IOT, API for IoT Open Data in Smart Cities	진행 중 (2019)	
	Y.ODI, Open Data Indicator in smart cities	진행 중 (2019)	
	Y.4201, High-level requirements and reference framework of smart city platform	2018	스마트시티 관제플랫폼 표준
JTC1 WG11	ISO/IEC30145-3, Smart City ICT Reference Framework - Part3: Smart City Engineering Framework	진행 중 (2020)	스마트시티 관제플랫폼 표준
ETSI ISG CDP	DGS/CIM-005, Data Publication Platform	진행 중 (2019)	스마트시티 데이터플랫폼 표준
	DGS/CIM-006, Information Model	진행 중 (2019)	스마트시티 정보모델 표준
	DGR/CIM-008, NGSI-LD Primer	진행 중 (2019)	스마트시티 데이터플랫폼 표준
	DGS/CIM-009, NGSI-LD API	진행 중 (2019)	
	DGS/CIM-004, API Preliminary	2018	스마트시티 데이터플랫폼 표준
oneM2M	TR-0036, Smart City	2018	스마트시티 데이터플랫폼 표준

[표 18] 국제 표준화 현황

(3) 스마트시티 서비스 분야

스마트시티 서비스 관점의 표준화는 ITU-T 및 ISO, IEC 등 국제공식 표준화기구를 중심으로 다양한 스마트시티 서비스에 대한 표준화가 시작되고 있으며, 각종 표준화기구는 각 기구 특성에 맞는 서비스 표준을 개발 및 보급하고 있다.

표준화기구	표준(안)명	개발연도	표준화항목
ITU-T SG20	Y.SSL, Requirements and Reference Framework for SmartStreet Light	진행 중 (2019)	스마트 가로등서비스 참조구조표준
	Y.smartport, Requirements of smart management of supply services in smart port	진행 중 (2018)	스마트 항구서비스 요구사항표준
	Y.SPL, Requirements and Functional Architecture for Smart Parking Lots in Smart City	2018	스마트 주차장서비스 참조구조표준

[표 19] 국제 표준화 현황

나) 국내
(1) 스마트시티 인프라 분야

 스마트시티 성능 평가 지표 등 인프라 기술과 관련된 표준화의 추진이 미흡한 상황이나, 국가전략프로젝트 등과 연계하여 표준 개발이 본격화 될 것으로 전망하고 있다. 특히 스마트도시 표준화 포럼(SSF)는 스마트시티 통합관리 및 운영을 위한 플랫폼 소프트웨어 기능 및 상호연동 기능을 시험하기 위한 시험규격을 제정하기도 하였다.

개발기구	표준(안)명	개발연도	관련 중점 표준화항목
스마트도시 표준화포럼	SSF-ST-2020, 스마트시티 참조구조	2016	스마트시티 참조 구조 표준

[표 20] 국내 표준화 현황

(2) 스마트시티 플랫폼 분야

 플랫폼 기술 표준화는 주로 국제 표준화를 중심으로 진행되고 있으며, 국내 표준화는 포럼을 통해 국내 환경에 요구되는 플랫폼 기술 표준의 제정이 완료된 상태이다.

개발기구	표준(안)명	개발 연도	관련 중점 표준화항목
스마트 도시 표준화 포럼	SSF-ST-2021, 스마트시티 정보의 통합 관리 및 운영을 위한 플랫폼 소프트웨어 요구사항	2017	스마트시티 관제 플랫폼 표준
	SSF-ST-2022, 119 긴급출동 지원서비스 시스템과 스마트시티 정보의 통합 관리 및 운영을 위한 플랫폼 연계규격		
	SSF-ST-2023, 긴급재난상황 지원서비스 시스템과 스마트시티 정보의 통합 관리 및 운영을 위한 플랫폼 연계규격		
	SSF-ST-2023, 사회적 약자 지원서비스 시스템과 스마트시티 정보의 통합 관리 및 운영을 위한 플랫폼 연계규격		
	SSF-ST-2023, 112 긴급출동 지원서비스 시스템과 스마트시티 정보의 통합 관리 및 운영을 위한 플랫폼 연계규격		
	SSF-ST-2023, 112 종합상황실 긴급영상 지원서비스 시스템과 스마트시티 정보의 통합 관리 및 운영을 위한 플랫폼 연계규격		
	SSF-ST-2023, 스마트시티 통합 관리 및 운영을 위한 플랫폼 소프트웨어 기능 및 상호연동 시험규격 1.0		

[표 21] 국내 표준화 현황

(3) 스마트시티 서비스 분야

 스마트시티 서비스 분야는 각 산업분야별 데이터 호환성 확보를 위한 플랫폼 기술 및 인터페이스, 프로파일명세 등에 대한 표준화가 진행 중이다.

개발기구	표준(안)명	개발 연도	관련 중점 표준화항목
TTA SPG11	TTAK.KO-10.0965-Part1, 도시 지하매설물 모니터링 시스템 - 제1부: 요구사항	2016	도시행정을 위한 디지털트윈 기술 표준
	TTAK.KO-10.0965-Part2, 도시 지하매설물 모니터링 시스템 - 제2부: 참조 구조		
	TTAK.KO-10.0965-Part3, 도시 지하매설물 모니터링 시스템 - 제3부: 상구관로 누수탐지 장치와 수집장치간 인터페이스		

[표 22] 국내 표준화 현황

3) 스마트 카[179)]

가) 자율주행 인지 기술

인지 기술은 센서를 이용하여 자신의 위치, 진행 방향, 속도 등을 파악하는 자차위치인지기술과 자차 주변의 다른 차량 또는 사람, 신호등, 횡단보도 등을 파악하는 주변인지기술로 구분됩니다. 이러한 기술은 특화된 센서와 자동차 산업의 전문성을 갖은 전문가들에 의해 규칙기반 접근 방식으로 구현되고 있어 기술 진입 장벽이 매우 높았습니다. 하지만, 신규 스타트업과 ICT 기업 중심으로 딥러닝 기반 기술을 구현하면서 단시간에 진입 장벽을 넘어 기술경쟁에 대응하고 있습니다.

안전성 문제로 기존 방식을 신뢰하던 완성차 제조사들도 최근에는 시스템의 성능 개선을 위해 관련 역량을 확보하려고 노력 중이며, 관련 스타트업에 대한 투자/인수를 통해 발 빠르게 기술 도입을 진행하고 있습니다. 이러한 인공지능 분야의 역량을 확보하기 위해서는 사람이 운전을 배워가는 과정과 같이 주행 환경에서 수집된 데이터를 통해 딥러닝 알고리즘을 학습시키는 과정이 매우 중요한 상황이다. 이러한 실제 주행 데이터 확보와 딥러닝 적용의 필요성을 일찍 인지한 세계적인 ICT 기업들은 이미 수백만에서 수억 km에 달하는 주행 데이터를 수집하여 자율주행 지능 학습 과정에 활용하고 있습니다.

센서 기술, 인공지능 기술, 지도 기술, 통신 기술은 스마트카 자율주행 인지 기술의 핵심 기술입니다. 이러한 기술은 자율주행 차량이 주변 환경을 인식하고, 주행을 제어하고, 최적의 경로를 설정하는 데 도움을 줍니다. 이러한 기술의 발전은 향후 자율주행 차량의 상용화를 앞당길 것으로 기대됩니다.

센서 기술은 자율주행 차량이 주변 환경을 인식하는 데 사용됩니다. 센서에는 카메라, 레이더, LIDAR 등이 포함됩니다.

인공지능 기술은 센서에서 수집한 데이터를 분석하여 자율주행 차량의 주행을 제어합니다. 인공지능 기술은 자율주행 차량이 주변 환경을 인식하고, 주행 경로를 계획하고, 장애물을 피하는 데 사용됩니다.

지도 기술은 자율주행 차량이 최적의 경로를 설정하는 데 사용됩니다. 지도에는 도로의 위치, 차선, 교통 표지판 등이 표시되어 있습니다.

통신 기술은 자율주행 차량이 다른 차량, 도로 인프라, 통신 네트워크와 연결되도록 합니다. 통신 기술은 자율주행 차량이 교통 정보를 공유하고, 주행을 조정하는 데 사용됩니다.

이러한 기술의 발전은 향후 자율주행 차량의 상용화를 앞당길 것으로 기대됩니다. 자율주행 차량은 교통사고를 예방하고, 교통 흐름을 개선하며, 운전자의 편의를 향상시킬 것으로 기대됩니다.

---

179) 자율주행 기술 및 평가 동향, 주간기술동향, 2021.09.15

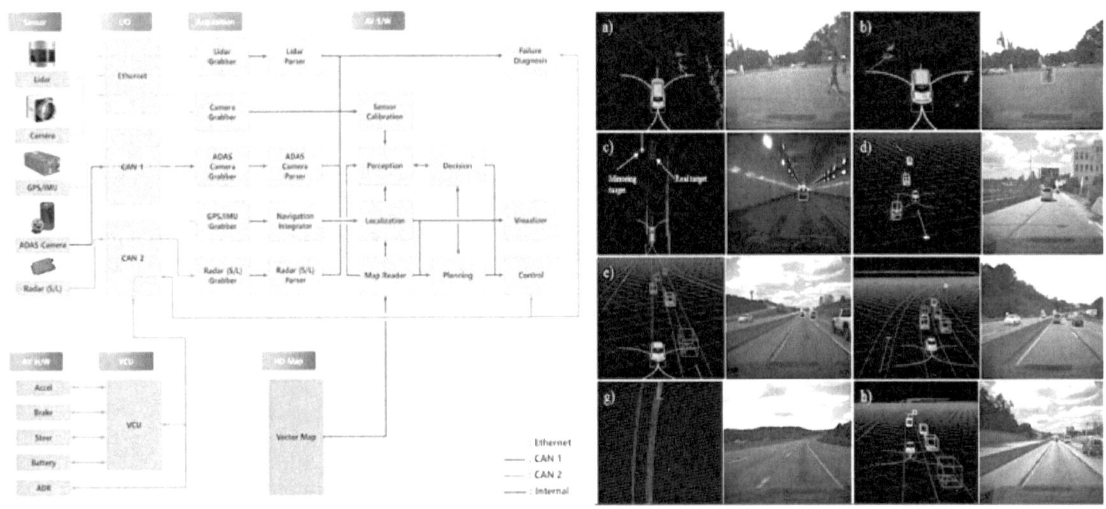

[그림 95] 자율주행 인지기술 아키텍처 및 인지 결과

 인공지능 기술은 기계학습 과정에 활용되는 학습 데이터의 양과 품질에 따라 알고리즘의 성능이 달라지기에 방대한 주행 데이터를 확보하는 것과 함께 최적화된 알고리즘 개발을 통해 오인지를 줄여 자율주행 지능을 고도화시키는 전략적 기술 개발이 필요하다.

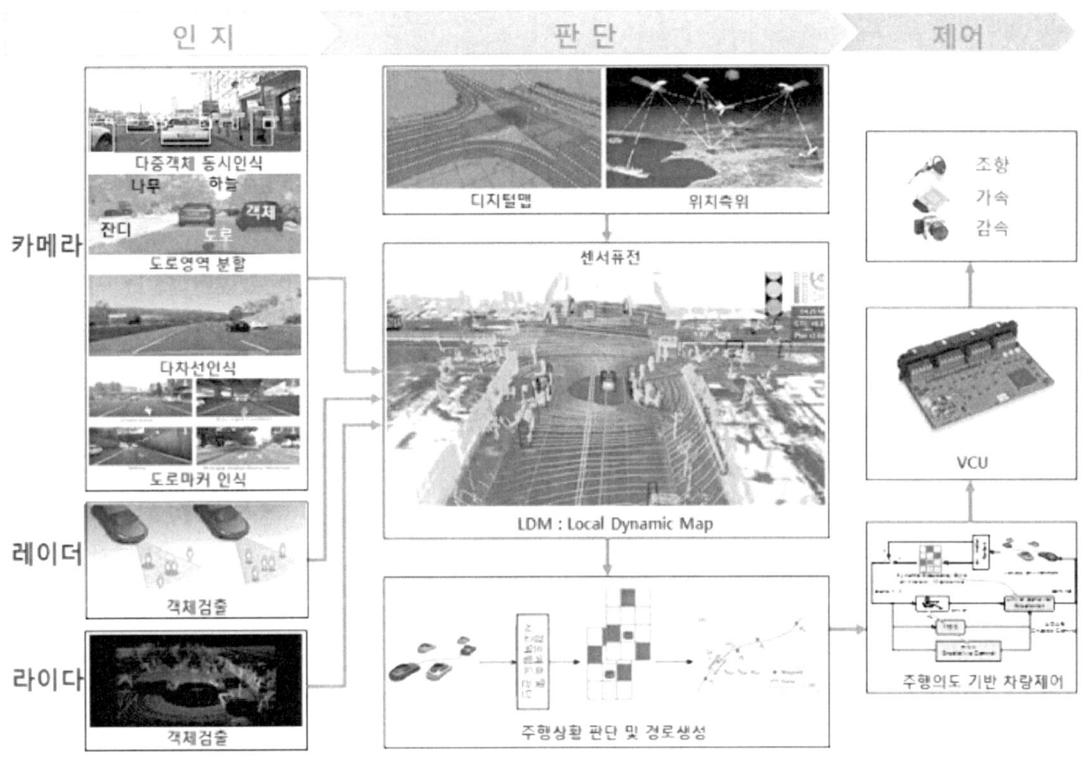

[그림 96] 자율주행 인지/판단/제어 통합 구성

나) 자율주행 판단/제어 기술 동향

 인지 기술을 통해 차량의 위치가 인지되고, 주변 장애물에 대한 정보를 획득한 이후에 자율

주행차량의 움직임에 대한 전략을 수립하고 판단 결과에 따라 차량을 제어하게 된다. 자율주행자동차의 판단 기술은 전역 경로 생성, 주행 전략 수립, 지역 경로 생성 등의 주요기능으로 구성된다. 전역 경로 생성은 정밀지도와 C-ITS 정보를 활용하여 안전하게 운행이 가능한 운행구간 전체에 대한 최적 경로를 생성하는 것으로서 기존의 내비게이션 시스템과 유사한 기능이다. 차량을 운행하기 위한 속도, 차선유지민감도, 차선변경기능 활성화, 차간거리 유지간격, 신호등인지 기반 속도조절 등은 주행 전략 수립에 포함된다. 지역 경로 생성은 정적/동적 장애물을 전역 경로에 매핑하고 이를 기반으로 주행 상황에 따른 실시간 경로변경이 필요한 구간에 대해 지역 경로를 생성한다. 이렇게 주행상황을 판단/예측하여 최적경로를 생성하고 주행 의도를 기반으로 자율주행차량의 조향, 감/가속, 기어, 점멸등 등을 제어하여 운행하도록 구성한다.

기존에는 전자제어장치(Electronic Control Unit: ECU)들이 개별 동작하는 도메인 컨트롤러 기반의 분산형 방식을 사용하였다. 그러나 자율주행 기술은 대량의 데이터를 고속으로 처리할 수 있는 네트워크가 요구되고 있으며, 이를 효과적으로 처리할 수 있는 중앙 집중형 방식의 아키텍처가 자율주행을 위한 시스템으로 개발되는 추세이다.

중앙 게이트웨이	도메인 컨트롤러	중앙 집중화

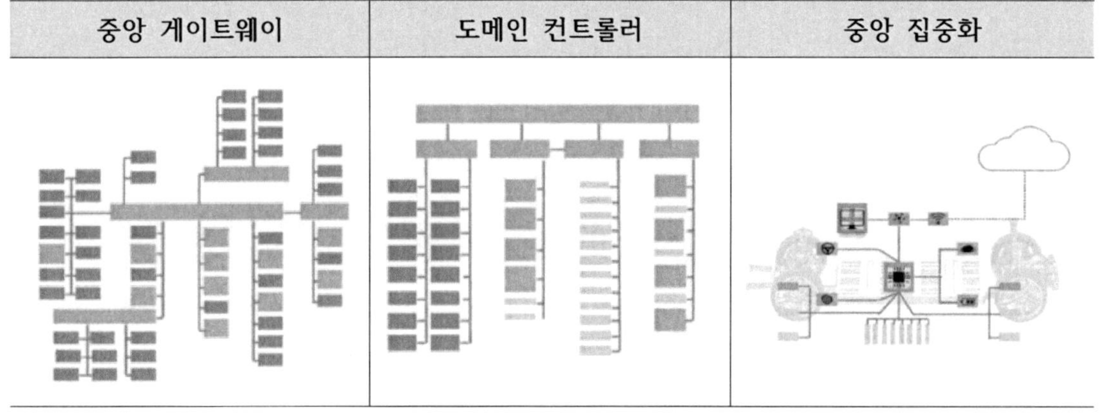

[표 23] 차량용 ECU 구성 방식 비교

다) 자율주행 관련 법규 추진 현황

유엔유럽경제위원회(United Nations Economic Commission for Europe: UNECE)에서는 54개 협약국의 자동차 안전기준 국제조화 및 상호인증에 관한 협정에 따라 자동차산업의 국제표준 법규를 제정하고 있다.

그 외 미국, 영국과 같은 불문법 국가의 경우 새로운 기술이 출현 시 이를 제재할 법령이없어 규제가 어려운 상황이며, 성문법 국가로 대변되는 독일을 포함한 유럽, 일본, 한국의 경우 비엔나 협약 개정 이후 자율주행 관련 입법을 추진하고 있다.

UNECE는 산하의 자동차 기준 국제조화 회의(WP29) 내 실무그룹인 GRVA를 통해 자율주행 기술에 대한 기준을 제정하고 있다. 특히, GRVA 내 FRAV(Functional Requirements for Automated/Autonomous Vehicles)에서는 차량의 전/후방 제어, 주변 환경 모니터링, 최소

위험운전(Minimum Risk Maneuver: MRM), 제어권 전환, 운전자 모니터링 등에 대한 기준 제정 논의가 진행 중이며, VMAD(Validation Method for Automated Driving)에서는 신규 기술의 안전성능 확인 방법에 대한 안전기준을 제정하고 있다.

최근 독일에서는 무인 자율주행 운행 허가 요건에 대하여 법규 제정이 진행 중이다. 동 법규에서 무인 자율주행자동차는 지정 구역 내에서 인간의 개입 없이 운행 가능해야 하고, 인간 생명 보호를 최우선으로 하는 사고방지시스템 및 유사시 위험을 최소화할 수 있는 기술적 조건을 갖추도록 제안하고 있다. 그리고 자율주행 개발 및 운영 당사자의 시스템 및 보안관리, 운행 안전 관리, 법규 준수, 사고 시 배상 책임에 대한 의무를 명확화 하였다. 또한, 자율주행 운행 시 필수 제공 데이터 13종에 대한 저장 및 제공 의무를 법규화 하였다.

라) 자율주행 관련 표준 추진 현황

자율주행 관련 표준의 경우 국제표준화기구(International Organization for Standardization:ISO)의 TC204(Intelligent Transport System), TC22(Road Vehicles), ITU-T(전기통신표준화연구반)의 SG16(Multimedia Coding, Systems and Applications), SG17(Security) 기술위원회에서 자율주행차량 관련 표준 제정 논의를 진행하고 있다. ISO TC204에서는 자율주행 지원을 위한 맵 데이터베이스, 교통운행관리, 자율주행시스템, 차량통신시스템, 노매딕 장치를 이용한 자율주행차량 거동정보 수집, 협력형 ITS 등의 표준화를 진행하고 있다.

TC22에서는 차내 통신, 전장제품, 주행환경 및 자율주행시스템과 운전자의 인터랙션, 자율주행 애드혹 시스템에 대한 표준화를 진행하고 있다. ITU-T의 경우 V2X 통신 및 보안에 대해 표준화를 진행하고 있다.

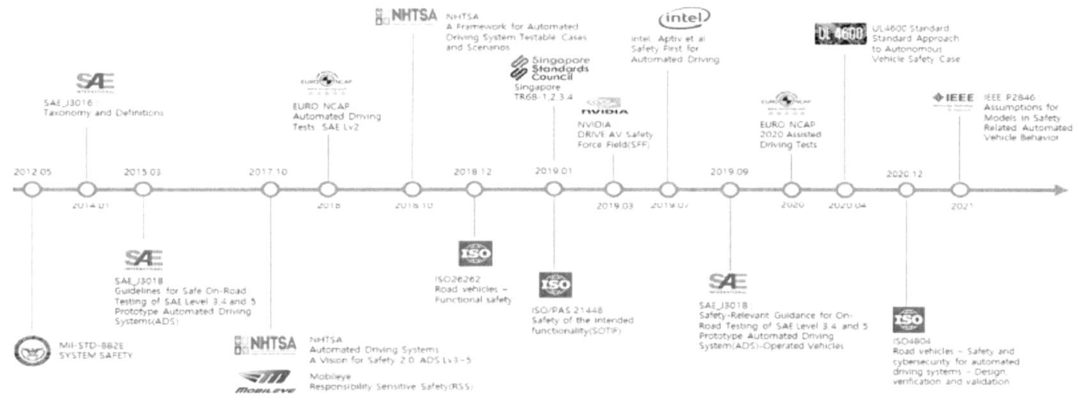

[그림 100] 자율주행 관련 표준/법규/가이드라인 제정 현황

4) 스마트 팩토리[180]

기존 제조 공정에 최신 기술을 도입하면서 스마트팩토리로 제조업의 패러다임이 변화하고 있다. 스마트팩토리의 주요 기반 기술들로는 빅데이터와 인공지능, 로보틱스, 클라우드 컴퓨팅, 3D 프린팅, 사이버 물리 시스템 및 사이버 보안 기술 등이 있다. 이러한 기반 기술들을 바탕으로 가상 공간에서 필요한 데이터들을 처리하고, 그러한 데이터들을 현실 공간에서 획득하거나 활용하여 설비 프로세스 등이 운영되도록 한다.

스마트팩토리 솔루션을 통해 제조업이 혁신적으로 변화하고 있다. 제품 수명 주기 관리(Product Lifecycle Management, PLM)와 모바일 단말 관리(Mobile Device Management, MDM) 정보를 이용하여 맞춤형 생산을 진행함으로써, 불필요한 재고를 줄이고 인건비 등의 비용을 절감할 수 있다. 클라우드 컴퓨팅 및 데이터 분석 기술들을 이용하여 공장에서의 생산뿐만 아니라, 기획·설계 및 유통·판매 단계까지 전체 프로세스가 유기적으로 연결되고 있다. 3D 프린팅을 활용한 첨단 소재가 개발되고, 초정밀 공정에 활용되는 첨단 신소재도 개발되고 있다. 그리고, 기존에는 생산 공정에 사용되었던 기계, 부품 등의 자산 보안에서 빅데이터 중심의 사이버 보안으로 보안의 대상이 변경되고 있다.

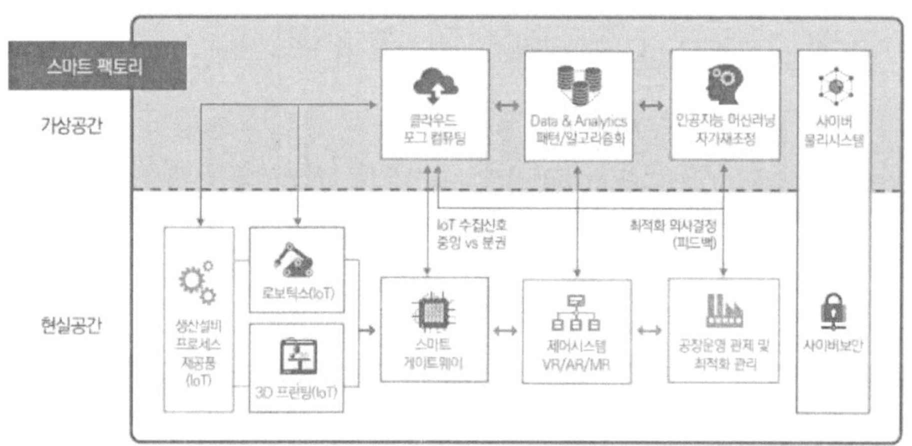

[그림 101] 스마트팩토리 기술 개요

가) 빅데이터·인공지능 기술

4차 산업혁명 시대의 대표적인 핵심기술은 빅데이터와 인공지능이다. 방대한 정보를 순식간에 분석하고 처리할 수 있는 빅데이터 기술과 빅데이터를 기반으로 한 인공지능 모델로 분석·추론·학습 능력을 강화하고 있다. 빅데이터 및 인공지능 기술을 통해 효율적인 의사결정과 운영지원을 수행하여 스마트팩토리를 구축한다. 이러한 스마트팩토리 구축이 새로운 경쟁력 확보를 위한 경영 고도화 전략의 일환으로 자리매김 하고 있다.

---

180) 스마트팩토리 솔루션, 한국 IR 협의회, 2021.07.02

빅데이터와 인공지능 기술을 이용하여 다양한 생산 요소(제조 응용 솔루션, 생산 설비 등)가 스스로 상황을 인지하고, 판단하도록 하여 자율적응형 제조 환경을 구축한다. 그리고, 공장 내 생산 요소들을 빅데이터 기술을 이용하여 수집·분석하고, 공장의 자율적인 운영과 최적화된 운영을 추구한다.

국내 제조업 내 인공지능 및 빅데이터 기술을 활용한 스마트팩토리 사례들이 있다. 포스코에서는 자체 개발한 빅데이터 및 인공지능 플랫폼인 포스프레임(PosFrame)을 이용하여 생산 관련데이터를 수집하고, 작업자 의사 결정을 지원하고, 설비 이상 징후를 사전에 감지하고, 품질 결함 요인을 분석하고, 현장 위험 요소를 모니터링하는 등 생산 전반에 활용 중이다. 이와 같이 포스코는 연속 공정을 적용한 공장 생산 전반에 빅데이터 및 인공지능 플랫폼 기술을 적용하여 생산성을 향상시키고, 작업자 안전을 확보하고 있다. 삼성SDS는 자체 인공지능 플랫폼인 Nexplant를 개발하여 반도체 공장에 적용하였다. Nexplant를 통해 공정 품질을 30%, 불량 검출률을 3.5배, 불량 분류 정확도를 32% 증가시키는 등 제품의 품질 향상 및 생산성 향상에 기여하고 있다.

인공지능을 이용한 머신 비전 기술은 제조 공정에 융합되어, 수동 작업을 줄이고 제조 정확성을 향상시킴으로써 스마트팩토리 성장을 주도하고 있다. 머신 비전 기술을 통해 제조 과정에서의 결함 추적, 표면 마무리 검사, 부품들의 결합 검사 등의 수행이 가능하며, 기존 공장의 작업자들을 대체하면서 인건비를 감소시키고 불량 검출율 향상이 가능하다.

나) 로보틱스 기술

스마트팩토리는 제조 공정의 로봇화라는 개념을 수반한다. 자동화를 통해 스마트팩토리 공정을 효율적으로 운영하도록 하는 것은 작은 범주에서는 로봇화라고 해석할 수 있다. 종전의 공장자동화에서는 특정 생산 공정에 필요한 전용기기를 사용했다. 자동화된 전용기기와 로봇들이 유연하게 함께 작동하는 것이 어려워, 결국 사람이 투입되어야 했다. 스마트팩토리에서는 로봇중심의 자동화를 추구하고 있다. 사람의 개입 없이 로봇들 간의 유기적인 연결을 통해 제조를 수행하고, 특정 작업에만 국한된 로봇이 아니라 상황에 따라 사람처럼 다양한 제조 환경에 유연하게 활용 가능한 로봇 제작을 목표로 하고 있다.

산업용 로봇 시장을 이끄는 기업으로는 화낙(Fanuc), 야스카와(Yaskawa), ABB, 카와사키(Kawasaki) 등이 있다. 최근 산업용 로봇 기업들도 딥러닝을 이용한 로봇 제어에 대한 다양한 학습을 수행하고 있다. 특히, 화낙에서는 강화 학습을 통해 제조 공정의 효율성을 꾀하기 위한 연구를 다수 수행하고, 관련된 상당량의 특허들을 출원하고 있다.

다) 클라우드·엣지 컴퓨팅

 전 산업에 걸쳐, 수집되는 데이터들의 양이 폭발적으로 증가하고 있다. 제조업에서도 데이터의 폭증이 두드러지게 나타나고 있다. 이러한 데이터들을 관리하기 위한 클라우드 컴퓨팅이 주목을 받았다. 클라우드 컴퓨팅은 데이터를 클라우드(데이터 센터)에 전송하고, 정보를 데이터 센터에서 저장하고 분석하는 것을 의미한다. 그러나, 클라우드 컴퓨팅은 데이터 센터가 물리적으로 먼 거리에 위치할 경우 데이터 송수신 시간이 증가하고, 많은 양의 데이터를 처리할 경우 데이터병목 현상으로 인해 처리 시간이 지연된다는 문제가 있었다. 이러한 클라우드 컴퓨팅의 한계를 보완하기 위해 나온 기술이 엣지 컴퓨팅이다. 엣지 컴퓨팅은 사용자 근처에 위치해 있다는 것이 가장 큰 특징이다. 즉, 사용자 근처에 있는 작은 클라우드라고 할 수 있다.

 스마트팩토리에서 수집되는 데이터를 이용하여 실시간으로 변화하는 공정 상태를 분석하고, 설비 고장, 품질 불량과 같은 공정 문제를 분석하여 대처해야 한다. 이러한 분석에는 실시간으로 수집되는 데이터뿐만 아니라, 기존에 축적된 데이터들을 활용해야 한다. 클라우드에서는 기존 데이터들을 이용한 모델링을 수행하며, 실시간으로 수집된 데이터들에 맞는 최적의 모델을 엣지로 전송하여, 엣지에서 관련 데이터들을 처리할 수 있도록 한다.

 엣지에서는 클라우드에서 분석된 모델을 이용하여 설비, 공정에서의 문제를 해결하기 위한 피드백을 주며 실시간 분석을 수행한다. 엣지에서는 모델이 현재 공정에 최적화된 모델인지 여부를 판단하고, 그렇지 않을 경우 클라우드에 모델을 다시 요청함으로써 분석 성능을 향상시킨다.

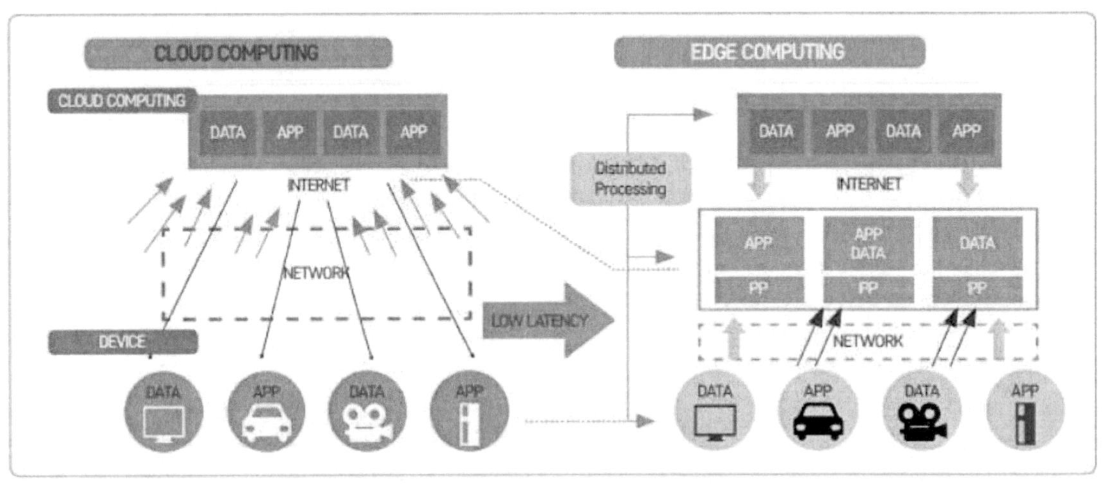

[그림 102] 클라우드 및 엣지 컴퓨팅 개념도

라) 3D 프린팅

3D 프린팅 기술은 연속적인 계층 물질을 뿌려서 3차원 물체를 만들어내는 제조 기술이다. 산업용 3D 프린팅 시장은 국내 스마트팩토리 요소 기술들의 개별 시장 중 가장 작은 비중을 차지하는 시장이나, 점차 비중이 확대될 전망이다. 3D 프린팅 기술은 제조업 분야의 시제품 개발 단계에 주로 사용되며, 다품종 소량 생산과 개인 맞춤형 제작에 활용 가능성이 높다.

3D 프린팅 기술을 이용해 GE는 LEAP 제트 엔진용 노즐을 금속 3D 프린팅 기술로 3만 개 이상 인쇄하였고, 이를 통해 30% 비용 절감, 25% 경량화, 95% 재고 절감, 5배 내구성 강화 등의 효과를 볼 수 있었다.

마) 사이버 보안

사이버 보안은 주요 기반 시설과 멀리 떨어진 곳에 위치한 시스템의 효과적인 제어를 위해 필수적으로 활용되는 기술이다. 제조 현장에서 상호 연결된 기기들의 수가 급증하였으며 IoT를 통해 설계부터 생산, 유통, 서비스까지 각 프로세스가 가상공간 상에 통합됨에 따라 정보 및 기술 유출의 위험성이 더욱 커지고 있다.

사이버 보안 기술은 네트워크, 데이터, 신원 및 접근, 엔드 포인트, 그리고 클라우드 보안 기술들로 구성된다. 네트워크 보안 기술은 네트워크에 부적절한 접근 및 방해를 감시하는 기술이고, 데이터 보안은 데이터베이스나 데이터 센터에 허가되지 않은 접근으로부터 보호하는 기술이고, 신원 및 접근 보안은 시스템 또는 서비스에 대한 사용자의 접근 허용성을 검토하는 기술이다. 엔트 포인트 보안 기술은 네트워크에 연결된 사물에 대한 보안 기술이고, 클라우드 보안 기술은 사이버 공격으로부터 클라우드 및 엣지 컴퓨팅을 보호하는 기술이다.

스마트팩토리는 모든 사물들이 유기적으로 긴밀하게 연결되어 있으며, 설계부터 서비스 단계까지 수많은 데이터가 연결되어 공유되고 있다. 스마트팩토리 내의 일부 정보가 노출되더라도 유기적으로 연결된 속성으로 인해 플랫폼 상에 축적된 전반적인 데이터들까지 유출될 위험성이 존재한다. 따라서, 치밀한 사이버 보안 전략이 필수적으로 요구된다.

바) 사이버 물리 시스템

스마트팩토리는 효율적이고 유연한 자율적인 지능형 설계와 공장 운영을 수행하는 공장이다. 이를 위해 적용되는 핵심 개념이 인지, 판단, 행동을 능동적이고 자율적으로 수행하는 사이버 물리 시스템이다. 사이버 물리 시스템은 사이버 시스템과 물리적 시스템을 통칭하는 시스템으로, 기존의 실시간 임베디드 시스템이 확장된 개념이라고 볼 수 있다. 사이버 물리 시스템은 기존의 임베디드 시스템과 달리 실제 물리 세계와의 상호작용을 강조하는 시스템으로 연산, 조작, 통신의 세 가지 요소를 중심으로 구축된다. 사이버 물리 시스템은 주로 통신 기술을 활용해 물리적인 현상을 통한 데이터를 계산하고, 분석하여 물리 시스템을 구성하는 시스템 객체들에 피드백을 준다.

 제조업에 사이버 물리 시스템을 활용하여 비용과 시간을 절감하고 생산 시뮬레이션을 통해 효율적인 생산을 할 수 있도록 한다. 사이버 물리 시스템을 구현하기 위해서는 모든 사물들을 연결시키는 IoT와 데이터를 수집하는 플랫폼, 의사결정을 지원하는 빅데이터 분석 기술, 인공지능 기술 등 다양한 기술들이 필요하다.

 사이버 물리 시스템은 공장을 구축하거나, 생산 라인을 구축하기 전, 또는 제품의 기획 및 설계 단계에서 가상으로 시뮬레이션을 수행하는데 사용되며 생산 과정에서도 시뮬레이션 동기화를 통해 데이터를 수집하여 분석함으로써 효율화 및 최적화를 꾀할 수 있다.

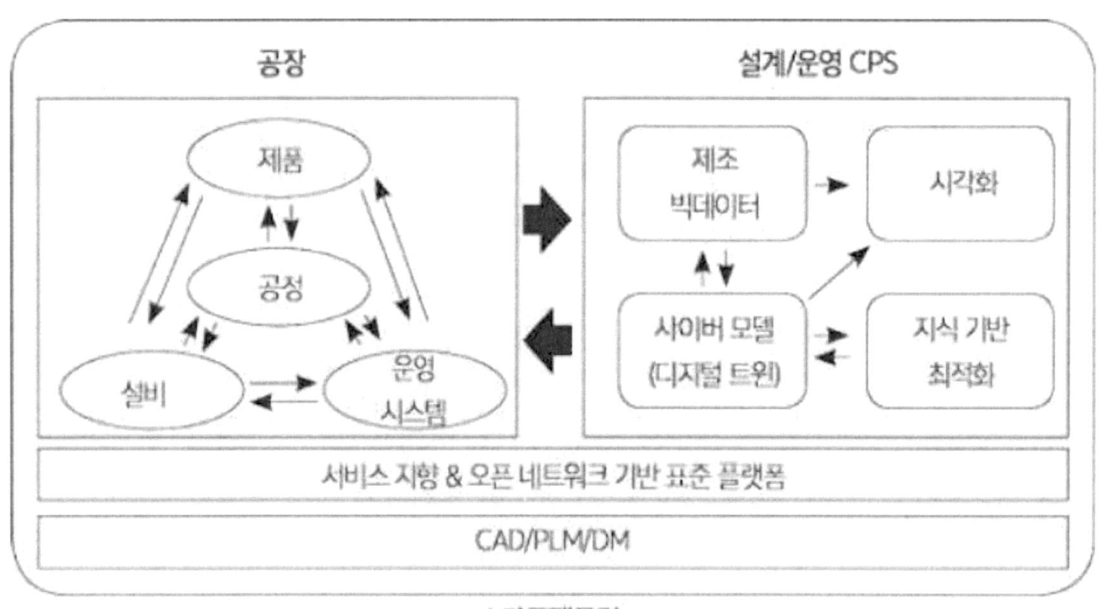

[그림 103] 사이버 물리 시스템 기반 스마트팩토리 개념도

5) 스마트 그리드[181)

스마트그리드의 주요 구성요소로는 에너지저장시스템(Energy Storage System, ESS), 지능형 원격검침 인프라(Advanced Metering Infrastructure, AMI), 에너지관리시스템(Energy Management System, EMS), V2G(Vehicle to Grid), 마이크로그리드, 양방향 정보통신 기술, 지능형 송·배전시스템 등을 들 수 있다.

기존 전력망	지능형 전력망
아날로그/전기기계적	디지털/지능형
중앙 집중 체계	분산 체계
방사상 구조	네트워크 구조
수동 복구	자동 복구
고정 요금	실시간 요금
단방향 정보흐름	양방향 정보교류
소비자 선택권 없음	다양한 소비자 선택권

[표 24] 기존 전력망과 지능형 전력망 비교

가) 에너지저장시스템(Energy Storage System, ESS)

에너지 저장장치(ESS)는 생산된 전기를 저장장치(배터리 등)에 저장했다가 전력이 필요할 때 공급하여 사용함으로써 전력 사용의 효율성을 높일 수 있도록 해주며, 일반적으로 건전지나 소형 배터리 같은 소규모 전력저장장치를 ESS라고 칭하지는 않고, 일반적으로 수 백 kWh 이상의 전력을 저장하는 단독 시스템을 ESS라고 한다. 특히, 스마트그리드용 ESS는 기존의 전력망에 정보기술(IT)을 접목하여 전력 공급자와 소비자가 양방향으로 실시간 정보를 교환하고, 전력저장장치를 이용하여 가장 필요한 시기에 전기 에너지를 공급하여 에너지 효율을 향상시키며 전기를 많이 사용하지 않는 야간에는 잉여전력을 저장하여 전력 소비가 많은 주간에 사용하는 부하평준화(Load leveling)를 통해 전력 운영의 최적화에 기여할 수 있다. ESS는 전력저장원(배터리, 압축공기 등)과 전력변환장치(PCS), 전력관리시스템 등 제반 운영시스템 등으로 구성된다.

나) 지능형 원격검침 인프라(Advanced Metering Infrastructure, AMI)

AMI는 에너지 부하자원의 효율적인 관리와 에너지 소비 절감을 위하여 에너지 공급자와 사용자간 양방향 정보교환을 위한 인프라로서 에너지 사용정보를 측정·수집·저장·분석하고, 이를 활용하기 위한 총체적인 시스템을 의미하며, 또한, 협의의 의미로는 유틸리티 사업자가 에너지 사용자의 에너지 사용정보를 취득하여 과금을 하기 위한 인프라를 의미한다.

---

181) 스마트그리드, 한국IR협의회, 2021.02.25

AMI는 전력선 통신 방식(PLC) 또는 무선 통신 방식(LTE)를 사용할 수 있으며, 일반적으로 유럽은 전력선 통신 방식을, 북미 지역은 무선 통신 방식을 선호하는 것으로 알려져 있다. AMI는 전력 사용량 검침 계기인 전자식 전력량계(스마트 미터), 데이터 집중장치(DCU)와 전력량계 간 검침정보를 전송하는 모뎀, 전력량계에서 검침된 데이터를 취합하여 서버로 전송하는 데이터 집중장치(Data concentration Unit, DCU), 전력량계로부터 데이터 취득, 저장, 분석 및 장애관리 등을 수행하는 AMI 서버로 구성된다.

다) 에너지 관리 시스템(Energy Management System, EMS)

에너지 관리 시스템(EMS)는 에너지 효율을 높일 수 있도록 제어하는 IT 소프트웨어를 일컫는 말로, 이를 통해 전기에너지를 필요한 만큼만 생산/공급/사용함으로써 효율을 높이고, 청정한 신재생에너지원으로부터 발전된 전기를 전력계통과 연계 운용하여 경제성과 안정성을 꾀할 수 있다.

ISO 500001의 에너지 관리시스템에 관한 일반론적 정의에 근거한 단위 조직별 에너지 관리 시스템을 살펴보면, 가장 상위의 국가용(K-EMS), 지역용(마이크로그리드 EMS), 공장에 적용하는 FEMS(Factory EMS), 상업용 건물에 적용하는 BEMS(Building EMS), 가정에 적용하는 HEMS(Home EMS)로 나누어 볼 수 있고 기능은 유사하지만 용도에 맞게 디자인과 UI 등을 다르게 적용한 것으로 이해할 수 있다.

라) V2G(Vehicle to Grid) 기술

스마트그리드 환경에서의 전기자동차는 단순히 전기를 소모하는 이동 수단이 아닌 에너지저장장치로서의 역할을 수행할 수 있으며, 필요에 따라서 전기자동차에 저장된 에너지를 전력망에 전송(V2G)하여 주파수 조정, 예비전력 확보, 백업 서비스, 피크 관리 등을 수행할 수 있다. 또한, V2G는 V2H(Vehicle to Home)이나 V2B(Vehicle to Building), V2D(Vehicle to Device) 등의 분야로 확장이 가능하며, V2D의 경우 야외 캠핑을 예로 들 수 있는데, TV, 전등, 컴퓨터, 냉장고 등과 같은 전자제품과 연동하여 야외에서 원활하게 전기를 사용할 수 있도록 할 수 있다.

V2G 기술을 구현하기 위해서는 1)양방향(bi-directional) 인버터를 통해 에너지 전송이 가능한 전기자동차 기술, 2)V2G 구현 시 전력망의 품질확보 기술, 3)V2G 구성요소를 모니터링하고 운영하기 위한 EMS 기술, 4)V2G용 EV에 활용이 가능한 다양한 배터리 기술(Ni-MH, LiFePO4-cathode, Li4Ti5O12-anode 등), 5) V2G를 위한 기술표준 마련 등의 기술적 요소가 구비되어야 한다. V2G 시스템은 탄소배출 감축에 일조할 수 있는 친환경적인 방식임과 동시에 경제성까지 갖추어 지속 가능한 성장을 이어갈 수 있는 산업 모델이며, 향후 V2G 사업자와 수요관리 사업자 등 V2G를 활용한 피크 절감 효과뿐 아니라 선진국과 같은 전력계통 주파수 조정 등 다양한 전력보조서비스 및 부가가치를 창출할 수 있는 시스템으로 평가받고 있다.

마) 마이크로그리드(Micro Grid)

마이크로그리드는 스마트그리드를 구성하는 집합시설(빌딩, 아파트, 공장, 오지, 섬 등)에 신재생에너지(풍력, 태양광, 바이오매스, 전기자동차, 기타 에너지원)와 EESS 같은 분산전원을 활용하여 계통에 연동하여 독립적인 형태로 전력을 공급함으로써 다양한 전력계통상 환경 변화에도 불구하고 안정적인 전력을 공급할 수 있는 시스템을 의미한다.

마이크로그리드 기술은 전력시스템, 전력전자, 통신 및 제어기술이 융합된 기술로 다양한 참조모델 개발, 자원 확보, 모델링/해석기법, 제어 및 알고리즘, 에너지 최적화 및 IT 기술에 기반을 둔 통합관리 기법들을 적용한 플랫폼 개발과 다양한 데이터를 처리하는 빅데이터 기술, 실시간 배전 및 발전 기술, 통신기술 등이 융복합되어야만 완성된 하나의 시스템을 구성했다고 할 수 있다.

이와 관련된 세부 기술로는 SCADA(Supervisory Control And Data Acquisition), EMS 구축, 독립형 인버터, 유틸리티 연계형 인버터, 사이리스터, 보상기, 엔클로저, 보호 시스템, 변압기, SoC 기술, 불규칙한 신재생에너지원의 출력 변동을 최소화하기 위한 제어 기술, 평활(smoothing) 제어 기술, 정전력(Constant Power) 제어 기술, 통신기반 IoT, IoE, 보안 기술 등이 있으며, 이러한 기술들이 활용되는 대, 중, 소형 신재생에너지원에 대한 사례들에 기초한 표준화가 중요하다.

마이크로 그리드는 전력망에 ICT 기술을 적용하여 전력 소비자와 생산자의 실시간 정보 교환을 통해 효율적인 에너지 관리가 가능한 차세대 전력망이라는 점에서는 유사하지만, 발전원과 전력 소비자의 거리가 가깝고 규모가 작아 송전 설비가 따로 필요하지 않다는 점이 다르며, 스마트그리드를 소지역 특성에 맞게 적용한 것이라고 생각할 수 있다.

마이크로그리드는 각종 사물에 센서를 부착하여 데이터를 실시간으로 주고받는 기술이나 환경을 의미하는 사물인터넷(IoT) 기술과도 밀접한 관련이 있으며, 신재생에너지 외에 따로 한국전력공사에서 전력을 공급받는 스마트그리드와 달리 마이크로그리드는 모든 전력을 태양광, 풍력, 수력 발전 등 신재생에너지를 통해서만 얻기 때문에 대도시 보다는 오지, 사막, 도서지역 등 전력망을 갖추기 어려운 지역에서 주로 추진된다.

바) 스마트그리드와 사물인터넷 기술

IoT는 우리가 일상생활에서 접하는 다양한 전자기기, 차량, 건물, 센서, 기계장치 기반시설 등이 정보통신 네트워크를 통해 인터넷에 연결되어 각종 데이터를 수집하고 사용자 또는 기기들 간에 서로 주고받는 것을 의미한다. 사물인터넷이 센서, 기계장치, 기반시설을 포함하는 경우 단순한 정보교환에 머무는 것이 아니라 사이버 물리시스템과 융합되어 스마트그리드, 가상전력발전소, 스마트 홈, 더 넓게는 스마트시티를 구축하고 운용하는데 매우 중요한 구성요소가 될 수 있다.

스마트그리드는 전력 부문에 정보기술, 통신기술, 디지털 제어기술이 결합되는 산물로 사물인터넷의 한 분야인 에너지 인터넷(Internet of Energy)의 중심무대라고 할 수 있으며, IoT의 연결성과 접근성이 좋아지면 사용자 경험이나 효율이 높아져 소비자 상호 작용이나 제어가 더욱 원활하게 이루어진다. 또한, 제조사와 유틸리티 업체에게 더 많은 정보를 제공하여 진단비용을 절감하고 마을 전체 계량기 값을 판독할 수 있게 되는 등 IoT로 인해 좀 더 촘촘하고 효율성이 높아진, 똑똑한 스마트그리드를 구축할 수 있다.

사) 스마트그리드와 인공지능 기술

스마트 그리드는 전기 사용의 패턴을 효율적으로 바꿔주는 차세대 전력망 기술로 전기 생산자들에게 전기사용 정보를 제공함으로써 보다 효과적인 전기사용 공급망의 구축을 가능케 하는'수요자 중심의 양방향성'이 핵심이다. IoT 기술을 이용하여 원격으로 에어컨이나 보일러 같은 기기들을 조작할 수 있고, 하루 중 어느 시간대에 어떤 가전제품을 많이 쓰는지도 확인이 가능하다. 향후 AI 기술과 5G가 보편화되면 스마트그리드 시장의 성장을 가속화 시킬 것으로 전망된다.

인공지능은 인간의 지능으로 할 수 있는 사고, 학습, 모방, 자기 계발 등을 컴퓨터가 할 수 있도록 연구하는 컴퓨터공학 및 정보기술 분야라고 할 수 있다. 초기에는 게임이나 바둑 등 일부 분야에 국한되어 사용되었으나, 현재는 의료, 법률, 교육 등 다양한 분야에서 인공지능이 적용되어 사용되고 있으며, 한국에너지정보문화재단 자료에 따르면, 에너지 분야에서는 데이터 기반의 정교한 머신러닝이 전력거래, 지능형 전력 소비, 지능형 에너지저장 기술 향상에 도움을 줄 수 있다.

① 전력거래
전력거래 시장이 효율적으로 작동하기 위해서는 전력 판매자와 구매자, 중개인이 기상 예측부터 전력망 수급 현황까지 방대한 양의 데이터를 지속적으로 분석해야 하고, 시장에서 우위를 차지하기 위해서는 관련 데이터를 잘 이해하고 있어야만 한다.

일례로 2018년 IBM의 딥 마인드(Deep Mind)는 미국의 700GW 규모의 구글 풍력발전소에 머신러닝 알고리즘을 적용하였다. 기상 예보와 과거 풍력 터빈 데이터를 입력한 인공 신경망(neural network)을 활용하여 36시간 전에 풍력 발전량을 미리 예측할 수 있었으며, 1년도 되지 않아 풍력에너지의 가치를 약 20% 향상시켰다.

② 지능형 전력 소비
미국의 전력 소비자들 중 약 절반정도는 전기 스마트 미터를 사용한다고 한다. 스마트 미터는 개인의 에너지 소비량 관련 데이터를 제공함으로써 소비자가 스스로 에너지 사용량을 관리할 수 있도록 도와준다. AI 기반 스마트미터와 스마트홈 솔루션이 아직 널리 보편화되어 있지는 않지만, 에너지 모니터링 기기들은 다른 가전제품과 연결되어 에너지 비용을 절약할 수 있도록 도와줄 수 있고, 궁극적으로 지능형 전력 소비기기의 광범위한 사용은 인류를 위한 친환경적이고 안정적인 전력망 구축에 기여할 수 있다.

최근 보도에 따르면 미국 피츠버그 대학교, 메사추세츠 암허스트 대학교, 마이크로소프트 (MS) 인도연구소 연구진은 그들이 개발한 와트스케일(WattScale)이라는 AI를 이용하여 도시 나 각 지역 모집단에서 에너지 효율이 가장 낮은 건물을 골라내기도 했는데, 주거용 건물 1만 107패 중 절반 이상에서 비효율성을 발견했으며, 이는 거의 95% 사례에 대한 결함을 확인한 것이다.

③ 지능형 에너지저장

인공지능은 재생에너지 전력 마이크로그리드, 유틸리티 규모의 배터리 저장, 양수발전 등의 개별적인 기술을 통해 쉽게 통합할 수 있도록 함으로써 현존하는 에너지저장 기술을 향상시킬 수 있다. 현대 전력망에서 에너지저장의 역할은 풍력, 태양광 등 간헐적인 전력원이 확산됨에 따라 빠르게 커지고 있다. 기술이 발전하고 비용이 절감됨에 따라, 지능형 에너지저장은 전력 망의 보조적 서비스에서 더욱 큰 역할을 맡게 되어 전력망 운영자가 수급 균형을 맞출 수 있 도록 돕고 발전소에서 소비자까지의 송전을 지원할 수 있으며, 수요와 공급 간 격차가 발생할 때 인공지능을 통해 더욱 효율적으로 전력을 배분할 수 있다.

아) 스마트 그리드와 보안기술

스마트그리드는 폐쇄망인 기존 전력망과 달리 개방형 구조를 기반으로 하며, 전력사용의 효 율성을 높이기 위래 사용자와의 정보교환이 증가하고, 고객 편의를 위한 수요반응(DR), 지능 형 검침(AMI) 등 새로운 전력 서비스를 제공하기 때문에 사이버 공격을 비롯한 여러 위협에 취약할 수 있다.

한국정보보호학회에서 발행한'AMI 공격 시나리오에 기반한 스마트그리드 보안 피해비용 산 정 사례'자료에 따르면 전국에 보급된 스마트 미터가 약 200만 개이고, 그 중 해당 사례에서 피해를 입은 스마트 미터가 전체의 약 10% 정도일 때 스마트 미터를 전량 교체하는 방법을 포함한 5가지 가정을 했을 때 1회 손실 비용은 총 371.9억 원에 달하는 것으로 나타났다.

또한, 미국의 사이버보안 연구기관인 United State Cyber Consequences Unit의 CEO이자 경제학자인 Scott Borg는 미국의 1/3 지역에서 정전이 발생하여 3달간 복구되지 않을 경우, 약 40~50개의 대형 허리케인으로 인한 피해와 비슷한 약 7,000억 달러에 가까운 경제적 손실 이 발생할 것으로 예측하기도 했다. 향후 스마트 미터의 보급이 확대되고 피해 규모가 큰 사 건이 발생하게 된다면 손실비용은 기하급수적으로 커질 수 있기 때문에 스마트그리드 상에 전 송되는 데이터의 보안은 굉장히 중요한 부분이라 할 수 있다. 스마트그리드의 본격적인 추진 을 위해 소비자 프라이버시가 보장될 수 있도록 하는 정책적 방안은 물론 이를 구현하는 다양 한 보안 기술의 연구가 수행되어야 하는 이유이다.

우리나라는 그 동안 각각의 제품 위주로 시장이 발전되어왔기 때문에 시스템에 대한 보안기 술이 취약한 편이다. 스마트그리드 기술의 경우 AMI, ESS 등 여러 가지 기기들로 구성이 되 어있어 외부로부터의 침투 경로가 다양하게 분포되어 있는 것이 특징이며, 따라서 사전에 모 든 공격을 방어하는 것은 사실상 불가능하다.

　정부는 '지능형전력망 정보의 보호조치에 관한 지침'제정(2012. 6) 및 '스마트그리드 보안기
수 구축/운용 가이드라인' 개발(2015), 분야별 보안 가이드라인 수립(2018~) 등을 통해 스마
트그리드 보안을 위한 법/제도 기반을 조성하였으며, 지능형전력망 보안성 시험/인증 체계 구
축(2019~)을 통해 인증기관을 지정하고 체계적인 보안 및 인증 시험이 이루어질 수 있도록 하
였다.

7

—

결론

7. 결론

사물인터넷은 공공안전 및 지역 보안, 지능형 교통산업, 건물 및 교량 등의 국가 사회 인프라를 활용한 다양한 분야에 새로운 서비스 시장이 성장할 것으로 전망된다. 개인화 서비스와 공공분야의 사물 인터넷 적용이 점차 늘어날 것으로 전망되는 등 사물 인터넷 시장이 향후 유망한 투자 분야임은 틀림없다.

창조와 융합의 시대에 걸맞게 이러한 추세는 국내뿐만 아니라 세계적으로 확산되고 있다. 글로벌 기업들 또한, IoT 제품 개발 및 사업화에 심혈을 기울이고 있다. IoT는 세계적으로 스마트 그리드, 클라우드 컴퓨팅, 스마트워크 등과 함께 각국의 신성장 동력 육성을 위한 주요 정책에 포함되고 있으며 미국, 일본, 중국, 유럽 등의 정부와 글로벌 기업은 투자와 서비스 개발을 서둘러 시장선점을 노리고 있다.

빠르게 성장하는 IoT 산업에서 주도권을 선점하기 위해서는 정책적 인식 제고와 지원 방안 마련이 필요하며, IoT산업의 테스트베드로서의 한국의 강점을 내세워 글로벌 IoT 산업 다지 조성 방안을 전략적으로 검토해야한다. 뿐만 아니라 기업의 IoT 관련 기술 개발 및 확보를 촉진하기위해 정책적 투자 및 지원을 확대해야하며, 기술발전에 따른 사회적 부작용을 최소화시킬 수 있도록 선제적인 대응책을 마련해야 한다.

또한, 최근 사물인터넷의 증가로 인해 사물인터넷 보안도 중요한 화두로 떠오르고 있다. 우리의 주변에 사물인터넷 기기가 늘어나면서 이를 해킹하여 피해를 보는 사례가 늘어나고 있다. 이처럼 사물인터넷은 우리에게 편리한 생활을 보장해주지만, 보안이 뚫리는 경우 사생활 노출과 범죄 피해로 이어질 수 있다. IDC의 예측에 따르면 2023년 전 세계 IoT 기기는 149억 개에 달해 1인당 3.6개의 네트워크 연결 기기를 보유할 것으로 전망된다. 이처럼 AI 스피커, 유무선 공유기, 홈 CCTV 등 IoT 기기·서비스가 확대됨에 따라, 2023년에는 개인정보 침해와 사생활 피해를 발생시키는 보안 위협 또한 더욱 높아질 것으로 예측된다.[182] 따라서 사물인터넷의 빠른 성장도 중요하지만 이에 따라 수반되는 다양한 문제들을 정부와 기업이 함께 힘을 합쳐 해결해나가야만 진정한 의미의 사물인터넷 발전이 이루어질 것이다.

---

182) 늘어나는 IoT 기기, "해킹 공포 여전해", cctv뉴스, 2021.01.08

8

—

참고자료

8. 참고자료

[1] 품목별 보고서 - 사물인터넷, 정보통신산업진흥원
[2] 펫케어를 위한 사물인터넷 기술 활용 방안, 지능정보기술동향, 2021.05
[3] 사물인터넷 기술 동향, 사물인터넷표준연구실, 2020.07
[4] 스마트시티 보안모델, 한국인터넷진흥원, 2020.12
[5] 융합연구리뷰, 융합연구정책센터, 2020.12
[6] 스마트그리드, 한국IR협의회, 2021.02.25
[7] 스마트 홈 시장, 연구개발특구진흥재단, 2019.03
[8] 자율주행이 만드는 새로운 변화, KPMG, 2020
[9] 첨단 운전자 보조 시스템 시장, 연구개발특구진흥재단, 2018.11
[10] 자동차 V2X시장, 연구개발특구진흥재단, 2018.11
[11] 스마트팩토리 솔루션, 한국 IR 협의회, 2021.07.02
[12] 스마트그리드, 한국IR협의회, 2021.02.25
[13] 스마트 변압기 시장, 연구개발특구진흥재단, 2019.01
[14] 코맥스(036690), IR협의회, 2021.03.18.
[15] 품목별 보고서 - 스마트 ICT, 정보통신산업진흥원, 2020
[16] 차량용 인포테인먼트 시장의 경쟁 전략, Korea Communication Agency, 2021
[17] 확대되는 일본 중소기업 스마트팩토리 시장을 잡아라, KOTRA, 2021.05.18.
[18] 포스트 코로나시대의 스마트홈산업 발전전략, KIET, 2021
[19] 글로벌 스마트시티 구축 동향, 정보통신기획평가원, 2021.05.26.
[20] 자율주행차 분야의 최근 D.N.A 동향, 정보통신기획평가원, 2020.12.31.
[21] 포스코ICT(022100), 한국 IR 협의회, 2020.09.03.
[22] 한국형 스마트 제조전략 수립의 중요성과 기본방향, KIET, 2020.01
[23] 스마트 시티 시장, 연구개발특구진흥재단, 2019.09
[24] 스마트 홈 적용 및 추진방향, 남기범, 2021년도대한전기학회하계학술대회논문집
    2021.7.15.~17
[25] 자율주행 기술 및 평가 동향, 주간기술동향, 2021.09.15.

초판 1쇄 인쇄 2017년 5월 11일
초판 1쇄 발행 2017년 5월 12일
개정판 1쇄 발행 2019년 5월 7일
개정2판 발행 2020년 7월 15일
개정3판 발행 2021년 11월 22일
개정4판 발행 2023년 8월 21일

편저 ㈜비피기술거래
펴낸곳 비티타임즈
발행자번호 959406
주소 전북 전주시 서신동 832번지 4층
대표전화 063 277 3557
팩스 063 277 3558
이메일 bpj3558@naver.com
ISBN 979-11-6345-466-3 (93560)
가격 66,000

이 도서의 국립중앙도서관 출판예정도서목록(CIP)은 서지정보유통지원시스템
홈페이지(http://seoji.nl.go.kr)와 국가자료공동목록시스템(http://www.nl.go.kr/kolisnet)에서
이용하실 수 있습니다.